1. 新疆生产建设兵团南疆重点产业创新发展支撑计划；（编号：2021DB023）

2. 塔里木大学研究生《高级生物化学》精品课程建设。

绵羊与小鼠的毛囊结构与基因研究

李树伟　张建萍　王海涛／主　编

史瑞军　宫淑娟　姜仁军　周航震／副主编

中国原子能出版社

图书在版编目 (CIP) 数据

绵羊与小鼠的毛囊结构与基因研究 / 李树伟, 张建萍, 王海涛主编 . -- 北京：中国原子能出版社, 2022.9
ISBN 978-7-5221-2121-5

Ⅰ.①绵… Ⅱ.①李…②张…③王… Ⅲ.①绵羊皮—研究②小鼠—毛皮—研究 Ⅳ.① Q959.842
② Q959.837

中国版本图书馆 CIP 数据核字（2022）第 168819 号

内 容 简 介

毛囊是绵羊和小鼠皮肤的重要附属器，在生产实践中对于羊毛产量的高低与羊毛品质的优劣起着决定性作用，对于皮肤正常行使其生物学功能也具有举足轻重的作用。然而，对于南疆地方品种绵羊毛囊的基本结构，以及毛囊发育相关基因及其生物学功能发挥的分子机制尚不清楚。本书对于地方品种绵羊毛纤维与毛囊的基本结构进行了解析，对于绵羊毛囊功能基因角蛋白关联蛋白（KAP）和角蛋白中间丝（KIF）等毛囊发育的主要功能基因进行了克隆表达分析，然后，以小鼠为模型动物，对影响毛囊发育的相关分子机制进行了探索，并阐述了一些与毛囊研究相关的试验技术。可以为动物生物化学与分子生物学、动物学、畜牧兽医等领域的研究人员与教师学生提供参考。

绵羊与小鼠的毛囊结构与基因研究

出版发行	中国原子能出版社（北京市海淀区阜成路 43 号 100048）
责任编辑	张 琳
责任校对	冯莲凤
印 刷	北京亚吉飞数码科技有限公司
经 销	全国新华书店
开 本	710 mm × 1000 mm 1/16
印 张	21.375
字 数	339 千字
版 次	2023 年 6 月第 1 版 2023 年 6 月第 1 次印刷
书 号	ISBN 978-7-5221-2121-5 定 价 98.00 元

网 址：http://www.aep.com.cn E-mail:atomep123@126.com
发行电话：010-68452845

前　言

　　和田羊在动物分类学上属于哺乳纲（*Mammalia*）、偶蹄目（*Artiodactyla*）、洞角科（牛科 *Bovidac*）、绵山羊亚科（*Capovinac*）、绵羊属（*Ovis*）。和田羊产于新疆南疆和田地区，是一个历史悠久的地方绵羊品种，其羊毛为半粗毛，是著名"和田地毯"的唯一最佳原料，2006年被列入国家级畜禽遗传资源保护品种名录。有平原型和山区型之分，是新疆特有的耐干旱、耐炎热和耐粗饲料的半粗毛品种。和田羊因长期在荒漠化与半荒漠化草原的生态环境和低营养的条件下生活，具有高度适应严酷环境的特点：例如被毛中粗毛长且均匀，两型毛居多，光泽度高，尤其是羊毛的弹性好，极具光泽，常用于织制地毯和毛毯。卡拉库尔羊产于新疆维吾尔自治区南部塔里木盆地的北部边缘（约90%以上繁殖在新疆南疆的库车、沙雅、新和、轮台、阿瓦提等县），其羊毛属于异质半粗毛，可制成织毡、粗呢，其中最珍贵的莫属羔皮用羊（出生3 d），可制作高档裘皮。和田羊（山区型与平原型）与卡拉库尔羊作为以毛、皮为主要畜产品的3个新疆南疆地方品种（系）绵羊是本小组的主要研究对象，同时小鼠作为模式动物也被选作毛囊研究的材料。

　　角蛋白是毛用绵羊中的重要性状，是毛纤维的主要组成部分，对于羊毛纤维的形成至关重要。角蛋白位于羊毛皮质内，皮质被一层薄的角质层所包裹，决定了毛纤维的基本特征，如细度、长度、强度、弯曲、光泽度、弹性等都是毛纤维的重要指标，是影响绵羊毛囊发育的重要相关基因。因此，研究人员很关注角蛋白基因的研究。目前国内外已对细毛羊，绒山羊的 *KAPs* 基因有了各方面的研究，但针对和田羊，卡拉库尔羊等半粗毛羊毛囊 *KAP* 基因到目前为止还是相对较少，对影响 *KAP* 基因表达的因素尚未明确。

　　和田羊作为和田地毯产业链中的重要环节，其羊毛品质的提高将直接促进地毯质量的全面提升，将有力支撑地方经济的可持续发展。所以,加快半粗毛羊的发展和育种水平,既是社会发展的需要,也是此领域进步的需要,对毛囊角蛋白基因与蛋白的深入研究意义重大。

目前,毛囊和皮肤是细胞生物学和皮肤创面修复及皮肤病学等学科研究的热点,它涉及毛囊干细胞的定位、毛囊的形态学分析、毛囊信号转导、生长因子、细胞因子和真皮和表皮之间的相互作用等多个方面的生物学功能研究。而且现在已经初步阐明和定位毛囊干细胞的所在位置,即毛囊外根鞘的隆突部。因此,如何利用毛囊干细胞研究毛囊再生机制以及研究干细胞对创面修复的机制已成为当前研究的发展趋势。

创面的瘢痕愈合一直是目前临床创面治疗中面临的主要问题,在目前的临床物理和药物治疗手段下,创面愈合后的瘢痕可以缩小,但不能完全消除。在创面无瘢痕愈合机制方面的研究中,到目前为止,创面无瘢痕愈合的机制依旧没有明确,创面无疤痕愈合的现象从目前的研究结果来看,无瘢痕这一现象仅仅发生在组织胚胎前中期,到胚胎后期却无法达到创面的无瘢痕愈合结局,在研究过程中所建立的无瘢痕愈合模型依附于母鼠子宫环境,因此所建立的模型不易操作也不易对其无瘢痕愈合模式进行研究。因此,建立一种具有一定生理功能的创面无疤痕模型,将对研究创面无疤痕愈合机制及干细胞在创面修复过程中的迁移机制具有重要现实意义和应用前景。

本课题组建立和完善体外培养触须毛囊外根鞘重建新生毛囊的方法,及对皮肤毛囊再生过程与相关机制的探讨,可为进一步对皮肤毛囊细胞生长、发育、分化、凋亡等规律的研究奠定基础。另外,对于胎鼠皮肤创面愈合培养的条件优化及细胞活跃区定位,可为后期建立胎鼠皮肤人工微创体外愈合模型奠定基础。同时,初步分析皮肤新生疤痕中短暂扩增细胞的形成及迁移方向,为干细胞在皮肤创面修复中的迁移提供理论支持。

本书的上篇为新疆南疆地方品种绵羊篇。上篇中第一章为绵羊毛纤维与毛囊结构概述,第二章为绵羊毛囊基因与蛋白概述,前面两章主要为国内外关于毛囊研究的文献概述,综述了该领域国内外研究进展。第三章为和田羊与卡拉库尔羊皮肤毛囊结构;第四章为和田羊与卡拉库尔羊羊毛纤维结构;第五章为和田羊与卡拉库尔羊毛囊 KAP1.1 基因研究;第六章为绵羊毛囊 KAP2.12 基因的原核表达;第七章为绵羊毛囊 KAP3.2 基因研究;第八章为绵羊毛囊 KAP4.2 基因研究;第九章为绵羊毛囊 KAP7 基因研究;第十章为和田羊皮肤毛囊角蛋白基因表达定量研究。第三至第十章的研究主要为本小组的近十几年的绵羊方面研究成果。

　　本书的下篇为模式动物小鼠皮肤毛囊干细胞篇，下篇中第十一章为小鼠触须毛囊体外再生及皮肤创面愈合形态学分析，主要综述了毛囊干细胞研究进展、试验技术及研究的目的意义。第十二章为体外培养毛囊外根鞘重塑新生毛囊三维形态；第十三章为皮肤无瘢痕愈合培养液优化及细胞增殖活跃区分析；第十四章为创面瘢痕中短暂扩增细胞的形成分布及干细胞迁移；第十五章为毛囊发育中细胞增殖区及干细胞巢的形成演化；第十六章为小鼠毛囊发育及密度的研究；第十七章为KM乳鼠背部皮肤毛囊发育及 Sox2 表达的研究，第十八章为小鼠断尾段愈合形态学观察及细胞增殖活跃区分析，第十一章至第十八章集合了本小组近十年在该领域的部分研究成果。

　　本研究受到了国家自然科学基金项目（30960272，31560685）、新疆生产建设兵团南疆重点产业创新发展支撑计划（2021DB023）、以及塔里木大学生物化学与分子生物学重点学科经费的支持。感谢本小组毕业硕士研究生李志刚、王丽、尹阔、郭景旭、王洪洋、余璐菲等的研究贡献，感谢本小组毕业本科生铁鑫、赵军、张远鹏、史俊杰、余孟启、朱龙、吴奇龙、李涛、李佳、吕恒兴等的研究贡献。感谢塔里木盆地生物资源保护利用兵团重点实验室提供的平台支持，感谢塔里木大学及生命科学与技术学院的支持。

李树伟

2022 年 5 月 于塔里木大学

目 录

上 篇 新疆南部地方品种绵羊篇

下 篇 小鼠皮肤毛囊生物学篇

上　篇

新疆南部地方品种绵羊篇

第一章 绵羊毛纤维与毛囊结构研究

第一节 羊毛纤维及毛囊研究概述

羊毛是一个终末分化组织,其结构由一些特色鲜明的纵向表达的蛋白组——羊毛角蛋白组成,虽然前人对于绵羊毛纤维和毛囊的组织学和蛋白组成进行了大量的研究,但目前对调控毛囊发育和角蛋白基因表达的分子机理还是知之甚少。现已清楚,有很多代谢过程都与毛囊的分化和纤维发育有关,其中最基本的调控是毛囊在特定的细胞类型中,可以选择性地表达或抑制某些基因和遗传物质。因此,目前需要解决的基本问题是:在毛囊干细胞存在多向性的基础上,如何产生不同细胞类型纤维中的特异基因产物。

重组 DNA 技术的发展,使纯化和提取个别蛋白基因简单易行,因而能够选择性地对毛发角蛋白基因进行探索。并且可将获得的基因与蛋白的研究结果应用于生产实践,如应用于羊毛生产与纺织工业、治疗相关疾病和开发新医药等方面,以及对毛发和皮肤的各种异常情况进行研究等。

绵羊体表被毛的密度取决于皮肤单位面积的毛囊数,因此绵羊的皮肤毛囊性状是绵羊的重要生产性状之一。从 20 世纪 50 年代开始[1],国内外学者从组织解剖学、细胞学、遗传学、分子生物学等多个角度对绵羊毛纤维与毛囊,以及羊毛生长性状进行了广泛研究,内容涉及影响羊毛生长发育的各个方面。

一、羊毛纤维及毛囊的形态学研究

毛发和羊毛都是角质化的纤维,其发育和结构基本上相同,哺乳动物的毛发和羊毛,是由柱状死的真皮细胞组成,是由真皮向下衍生在毛囊中形成的。采用形态学和组织学相结合的方法,国内研究人员进行了一系列的基础研究。例如,龚伟宏[2]、许向莉等研究了中卫山羊毛囊和毛纤维的分类,以及安哥拉山羊与中卫山羊杂交母羔的被毛生长变化规律。洪琼花、叶绍辉等研究了云南半细毛羊皮肤毛囊密度、S/P 值、平均毛囊毛纤维直径、真皮厚度;并比较了改良过程中出现的不同毛丛类型的半细毛羊皮肤毛囊性状的差异。

国外学者也进行了深入广泛的研究,如 Wilson 等[3]调查了 10 只美利奴绵羊毛囊球中的细胞分化及纤维皮质细胞生长与羊毛生长的关系。这些羊根据低、中、高的营养摄入水平分组,以确保研究的结果,即羊毛生长的水平具有广泛的代表性。该研究先加入秋水仙碱后检测毛囊球中生殖细胞的数量和有丝分裂活性,再用酸处理并分离纤维细胞,然后检测皮质细胞的大小。结果在这些绵羊中,毛囊的平均纤维生产从 4.1×10^4 到 13.2×10^4 $\mu m^3/d$ 不等。有些情况在绵羊个体之间也有所不同,如毛球中生殖细胞的有丝分裂活性。细胞的增生率与毛囊的日平均纤维生产量($r=+0.48$, $n=10$)高度相关。然而生殖细胞群的大小因不同的绵羊个体而异,与纤维生产水平($r=+0.48$, $n=10$)没有紧密相关。这些细胞的平均翻新时间与纤维生产呈负相关,其变化范围从 41.6 到 19.4 h($r=-0.82$, $n=10$)。对数据进行多元回归分析显示,毛囊的日平均纤维生产量在很大程度上,是由存在于毛囊球部的生殖细胞的数量,以及它们的增生率($R=+0.95$, $n=10$)所决定的。细胞的平均翻新时间及皮质细胞大小的变化对纤维的生产量没有显著影响。在这些绵羊中,皮质细胞的平均大小从 658 到 1279 μm^3 不等,并且细胞的平均大小和纤维生产量之间呈正相关($r=+0.83$, $n=10$)。增生细胞的比率对纤维皮质的作用很小,其变化范围也较大,从 9.4% 到 17.8% 不等,但这个比率与绵羊的营养水平没有相关关系。各种细胞在纤维中分布的可变性有可能造成绵羊间的遗传差异。

二、毛囊的发育生物学研究

毛囊作为真皮的衍生物,是一个结构和功能非常复杂的亚器官,其发生和维持涉及来自不同胚层的 20 多种不同种类的细胞,在发育生物学中被作为上皮和间充质相互作用的一个极有意义的研究模型。毛囊的发育,通常是从表皮开始管状内陷,逐渐向下延伸到真皮并被结缔组织包裹形成毛囊, 毛囊球的末端向内凹陷,凹陷处被真皮乳头(dermal papilla)填充,总体看来是真皮乳头被上皮基质细胞覆盖,这里的上皮基质细胞将会分化为毛纤维和根鞘细胞,最后形成毛根和毛鞘[4]。张燕军[5] 等研究了内蒙古阿尔巴斯绒山羊毛囊发生发育规律。李永军等对辽宁绒山羊皮肤毛囊群结构、毛囊密度和 S/P 值随年龄增长变化情况以及出生类型对毛囊性状的影响作了研究。乌日罕[6] 对毛囊凋亡细胞的形态及分布进行了研究,探索了毛囊生长周期与细胞凋亡的关系,季节的变化与细胞凋亡的关系以及毛囊中细胞凋亡的规律。

Short[7] 通过比较了随年龄增长而纤维发育成熟的次级毛囊与初级毛囊的比率,与出生时所有的次级毛囊(包括发育成熟的和未发育成熟的)与初级毛囊的比率,连续追踪了从出生到 6 个月的次级毛囊群的成熟分化过程。一般在各种绵羊类型中,羔羊在出生时已存在次级毛囊。次级毛囊成熟的比率在出生后 7 ~ 21 d 达到最大,随后在 28 d 时 65% 的次级毛囊成熟为纤维。他们的研究表明次级毛囊群的成熟可能长久地受环境条件影响:首先,次级毛囊的数量从开始发育一直到出生的这段时间,有可能被不利的胎儿生长环境所限制;其次,初始次级毛囊成熟的数量可能被胎儿出生后的早期生长环境所限制,特别是从出生一直到第 21 d 的生存环境的影响。

Schinckel[8] 等报道了澳大利亚美利奴品系的三群绵羊出生后生活时期毛囊群发育的观察结果。研究表明,在羔羊出生时,皮肤初级毛囊的数量是一定的,之后伴随着羔羊的成长皮肤进行正常的扩展,仅仅在初级毛囊的密度上有所改变。正是由于毛囊的这种随着绵羊生长时间的改变,其初级毛囊总数不变的这种稳定性,促使人们采用次级毛囊和初级毛囊的比率(S/P ratio)作为衡量次级毛囊发育的有效指标。S/P 比率一般呈 S 型曲线,即在羔羊出生的第一周该比率增加的幅度很小,在第二周增加幅度较大,之后次级毛囊的发育比率就持续的增长很缓慢。

Hard 等 [9] 对妊娠期 69 到 145 日龄的 24 只胎儿羊的躯干皮肤毛囊作了组织切片研究,其中 15 只胎儿在血缘上绝对是美利奴,其他胎羊也完全或主要是美利奴,他们检测了大量的平行于毛囊和皮肤表面的系列切片,同时也检测了美利奴羔羊和成年羊的皮肤。他们对哺乳动物毛囊发育的一系列阶段作了定义,并阐明了美利奴羊毛初级毛囊和次级毛囊发育的每个阶段的特征。美利奴次级毛囊的发育,与迄今描述的任何品种绵羊都不完全一样,具有明显的特异性,最重要的特征是,其后期的毛囊起源于早期的次级毛囊的分支。这样就具有两种类型的次级毛囊,即原始的和衍生的。从而获得了关于胎羊在出生前晚期和出生后早期生活发育和结构方面的初步信息。Carter[10] 又根据系列毛囊群发育的不同阶段,基于皮脂腺水平横切片的特征,重新定义了前人的观察结果,并绘出了每种类型毛囊发育阶段的研究简图。

三、毛囊的干细胞研究

毛囊的生长起始于毛囊球部的干细胞,在毛发的生长过程中,会受多种因素的影响,包括毛囊球部细胞数量的多少、它们的有丝分裂活动频率、以及毛发生长周期的长短。毛囊生长发育周期分为生长期(anagen)、退化期(catagen)和静止期(telogen)三个阶段,并依此周而复始。目前,调节毛囊发育进入各期的信号尚不清楚,但已发现,毛囊干细胞和真皮乳头细胞之间双向信息交流和相互诱导活动相当频繁,即在毛囊上半部竖毛肌的附着点附近区域,具有强大的自我更新和多潜能性,在一定条件下可生长为表皮和毛囊,体外培养条件下能够快速增殖并分化 [11]。吕中法等 [12] 对人毛囊上皮细胞的研究表明,编码干细胞因子的基因在毛囊上皮中部的局部区域表达特别明显,在毛囊上皮上、下部区域的表达则明显减弱;而干细胞因子蛋白则在毛囊上皮细胞中普遍表达,毛囊干细胞可能定位于毛囊上皮的中部区域。张艺 [13]、Morris[14]、林森 [15] 等研究了毛囊的 bulge 细胞,表明毛囊干细胞位于休止期毛囊基部的 bulge 位置 [16]。毛囊通过生长期、退化期和静止期的周期性变化来维持毛发不断地生长、脱落和再生。

在 20 世纪 60 年代中期,开始在探索控制毛囊周期的因素上进行毛囊研究,Oliver [17] 开展了系列动物实验,提出并证实了真皮乳头是感应和维持毛发生长的必要条件。研究者选用大鼠触须毛囊为模型,在动物体内实施显微外科操作,当切除毛囊远端的毛囊球或单纯切除真皮乳头时,可见到新的真皮乳头再生,重新长出毛发;若进而切除毛球和下1/3段毛囊,真皮乳头则无法再生,毛发停止生长。作者推测,真皮乳头或毛囊球切除后新生的真皮乳头可能来源于邻近的真皮鞘细胞的重建,当切除下1/3段毛囊导致真皮鞘缺失时,真皮乳头则无法再生,说明真皮鞘细胞可能具有维持和再生真皮乳头的作用。

随着近二十年对干细胞研究的深入,人们逐渐意识到干细胞在生命发生发展中的重要地位,尤其是许多成体细胞群比以往所认为的具有更多的干细胞特性。由于毛囊具有终生周期性生长和不断自我更新的能力,使其很早就成为干细胞研究的重要目标,并提出"毛囊干细胞(hair follicle stem cell)"这一专有名词。现在多数学者认为毛囊干细胞定位于毛囊隆突部的外根鞘细胞,干细胞是不断形成毛基质、上皮根鞘和毛干的细胞源泉,其同时参与表皮损伤的修复,被誉为"表皮干细胞库" [18,19]。目前大量研究中提到的"毛囊干细胞",特指毛囊内存在的表皮干细胞 [20,21],而这一名称似乎已排除了毛囊内存在其他干细胞的可能。如前所述,毛囊和皮肤一样,不但有上皮细胞,还有真皮细胞,且真皮细胞在毛囊的发生发展中同样起着重要作用,因此位于隆突部的"毛囊干细胞"应更准确地称为"毛囊表皮干细胞"。那么,在毛囊真皮成分中是否也存在干细胞呢? 近几年多项研究表明,毛囊真皮鞘细胞也具有低分化、多向分化的潜能和可塑性。

第二节 毛囊的基本结构

国外已经对皮肤毛囊结构进行了深入细致的研究,并发展成一门学科——皮肤组织学。国内主要针对人和小鼠的毛囊进行了大量研究,对绵羊毛囊的发育和形态结构作了一定的研究,但尚不系统全面,由于毛囊发育的优劣是影响羊毛产量的关键因素,对绵羊毛囊精细结构的全面解析,对提高产毛量和改善羊毛品质更具有理论与实践意义。

一、毛囊的解剖结构

毛囊是皮肤的主要附属器之一,在毛囊发育周期的生长期内,毛囊的毛根部角质化细胞分化成几个不同的细胞层,由外向内分别是:(1)真皮鞘(Dermal sheath),是在真皮侧与外根鞘毗邻的玻璃胶原层。(2)外根鞘(Out root sheath, ORS),是毛囊的最外层,其内侧与内根鞘相连。(3)内根鞘(Inner root sheath, IRS),内根鞘又可分为 Henle 层、Huxley 层及内根鞘的角质层(cuticle)三层,内根鞘的角质层与毛干的角质层相连(见图 1-1,图 1-2)。

根据毛囊的生长特征,一根毛囊从根部向上依次可分为:(1)毛囊球部或细胞增殖分化区,在该区可观察到真皮鞘、毛囊球、基底膜、真皮乳头等。(2)角质增生区,形成羊毛纤维及内根鞘的角蛋白在这里合成,在该区细胞停止分裂与分化,转变成纤维细胞并向上移行,细胞核降解。这里可清晰地观察到外根鞘、内根鞘、角质层、皮质及髓质(粗毛)。(3)毛纤维硬化区,在该区完成蛋白质的角质化,并硬化为纤维。(4)内根鞘退化区,在该区内根鞘细胞和相邻的外根鞘细胞都退化脱落到毛发管,可观察到皮脂腺、竖毛肌、成熟的毛干;皮脂腺和汗腺的导管也开口于毛发管,并排出腺体分泌物[31,32]。再向上为真皮与表皮层。

毛囊真皮细胞(hair follicle dermal cells)泛指构成毛囊真皮鞘和真皮乳头的间充质细胞。真皮乳头细胞是维持毛发生长和诱导毛囊再生的功能细胞。真皮鞘细胞较真皮乳头细胞更为原始,被视为真皮乳头细胞的前体细胞或祖细胞[33]。真皮乳头是毛发生长的必要条件,真皮鞘作为真皮乳头维持和再生的重要物质基础,已成为毛囊生物学研究的重点之一。

(一)毛囊球

在生长期,毛囊要发育成为一根毛纤维,首先进行的是毛囊球(bulb)部胚层上皮细胞的增生,这些胚层上皮细胞可分化为所有的毛囊各层终末分化的细胞谱系,由相应的调控程序合成细胞内的结构蛋白和黏附蛋白,将其紧紧包裹在圆柱状的毛纤维中[32]。

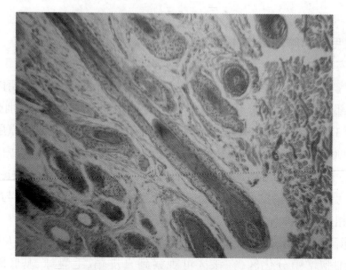

图 1-1 美利奴毛囊纵切图（10×）

Fig. 1-1 Longitudinalsection of Merino follicle（10×）

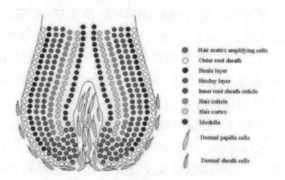

图 1-2 毛囊球结构简明示意图[34]

Fig.1-2 Carton of the follicle bulb[34]

注：英文注释从上至下分别为：毛发基质扩增细胞，外根鞘，Henle 层，Huxley 层，
内根鞘角质，毛发角质，毛发皮质，髓质，真皮乳头细胞，真皮鞘细胞。

球部细胞增生区的胚层细胞进行各层细胞的增生和分化，但毛纤维
角蛋白却由胚层细胞上面的角质增生区的皮质发育细胞合成，然后再固
化为硬的角蛋白。Kemp[35] 等对毛囊的角蛋白进行了免疫荧光研究，荧
光抗体研究显示毛囊的低硫蛋白抗原位于发育中皮质的细胞浆中。在
毛囊球的细胞增生区域没有特异荧光出现，表明角蛋白不在毛囊球部的
胚层细胞中合成，其合成只有胚层细胞有望成为皮层细胞系并开始发育

为毛囊时才开始。

蛋白质在毛囊中的合成效率很高[32]，一根直径 100 μm 的毛纤维，每小时可伸长大约 20 μm，单个毛囊每 24 小时即可产生 5 ~ 10 μg 蛋白质。为了维持毛囊球部细胞（细胞增殖与分化区）的高速分化和角质增生区蛋白质合成，基本上由糖来提供能量，维持高效的细胞增生，并引发其不断被分化为各种细胞系，最后生成毛纤维和内根鞘。但是，外根鞘的维持和再生不是由毛囊球的胚层细胞衍生而来的。

（二）皮质、角质和髓质

成熟的毛干由交错重叠的鳞片状角质层（cuticle）细胞，从外围环绕由纺锤形的皮层细胞构成的皮质层（cortex）组成，在一些粗毛中还有中央髓质（medulla）。

1. 皮质（cortex）

毛纤维的形成过程中，毛囊中的皮层细胞，先分化合成中间丝（Intermediate filament, IF），然后中间丝伸展并凝聚为束状的大原纤维。在分化后期，基质蛋白即中间丝相关蛋白（Intermediate filament association protein, IFAP）渗透到大原纤维中，中间丝和中间丝相关蛋白中的半胱氨酸残基被氧化形成二硫键连接成网络[36]。研究表明，在皮质形成时，中间丝聚集成大原纤维，基质蛋白也呈砖块状迁移填充到中间丝周围，中间丝的聚集和基质蛋白的嵌入几乎是同步进行的[34]。

皮层细胞是纺锤状的，大约长 100 μm，宽 5 ~ 10 μm，其呈指状交错重叠沿着皮质纵向排列，直径 20 μm 以下的优质羊毛有正皮质（orthocortex）和副皮质（paracortex）两种形态的细胞（见图 1-3）。沿着纤维的纵长方向，细胞呈双边沉积。副皮质较硬在波纹的内侧，而正皮质较软在波纹的外侧（见图 1-4），因此，两种形态的皮层细胞双边沉积，有利于维持纤维的波纹结构，与羊毛的弯曲频率和波纹形成有关[37]。

对羊毛纤维横切面的电镜图像观察表明，角质化的皮层细胞是由柱状的紧密排列的中间丝包埋在电子密度大的蛋白质基质中[38]。在副皮质区，电子密度较大，细胞在基质中先形成中间丝，中间丝呈半六角形（Quasi-hexagonal）弯曲状紧紧排列成点阵，构成较粗的大原纤维（macrofibril）。在正皮质区，大原纤维较小，成螺环（whorl）状排列，电子密度低,中间丝紧紧相连并向中轴倾斜,盘绕成组绳状后形成圆柱状点阵,螺环状大原纤维的平均直径是 345 nm。Fraser 等[36] 探讨了正皮质区和副皮质区的点阵排列方式,认为在两种大原纤维的排列中,片(sheet)的形成很重要,不同的片内相互作用导致了正、副皮质形态的不同,在正皮质区中,中间丝每层大约倾斜 0.5°,而在副皮质区中,中间丝每层大约倾斜 9.4°。

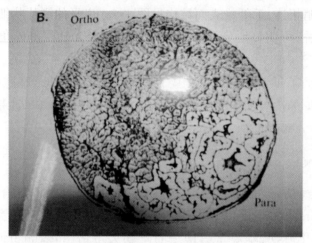

图 1-3 优质羊毛的纤维的透射电镜照片[39]

Fig.1-3 TEM picture of fine wool fibre[39]

注:Ortho: 正皮质,Para: 副皮质;Ortho: Ortho-cortex, Para: Para-cortex。

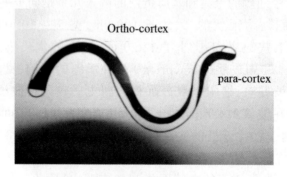

图 1-4 优质羊毛纤维的双边分布[39]

Fig.1-4 Bilateral depositing of cortex in the fine wool fibre[39]

注:Ortho-cortex: 正皮质,Para-cortex: 副皮质。

第三种细胞形态是中皮质区,其电子密度类似正皮质,但是中间丝排列成比副皮质区更加规则精确的六角形点阵[40]。

2. 角质(cuticle)

角质层是毛纤维中占比例最小的组织学成分,羊毛角质层只有单层,而人发为多层角质层。角质层细胞发育成扁平的向外倾斜形状,内层与内根鞘相连,毛纤维表面结构见图1-5。扁平的鳞片状细胞似瓦片般交错重叠,可明显地分为三层:内角质层、外角质层和外角质层边缘的"A"层[41]。

外角质层是鳞片细胞离开毛囊球部时开始出现的蛋白质粒子聚集衍生而来的[42],有趣的是这些蛋白粒子继续增大并移行到角质层的外部区域,浓缩形成外角质层。下面扁平区残留的细胞质浓缩脱水后形成内角质层。值得一提的是,毛纤维的表面疏水,是由于存在一个大约10 nm厚的上表皮(epicuticle)层,该层与许多纤维表面特征有关。

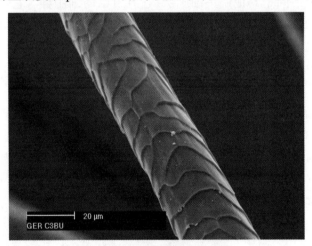

图1-5　美利奴羊毛纤维表面扫描电镜图(标尺为20 μm)

Fig.1-5　SEM photograph of Merino fibre surface(bar is 20 μm)

角质细胞无定型且富含半胱氨酸,至少有两个角蛋白相关蛋白家族(Keratin association protein,KAP5,KAP10),以及大约30%的半胱氨酸表达在角质层,特别是外角质层。

3. 髓质(medulla)

动物毛囊结构中存在髓质,但优质羊毛中没有髓质结构。中央髓质由毛透明蛋白构成,但被大的细胞间隙分开,由于捕获了空气,毛发因髓质的存在而具有了绝缘能力。

髓质位于皮质区的中央由固化的细胞组成,它们的形状和数量因物种不同而不同。但通常细胞都会排列成规则的梁柱状,楔在梁柱中间的不是髓质细胞而是最内层变形的皮质细胞的突出部分[43]。

4. 内根鞘和外根鞘

内根鞘的三层细胞结构,被称为内根鞘角质层、Huxley 层和 Henle 层,是从真皮乳头附近的胚层细胞分化而来的。内根鞘细胞中有丰富的桥粒[44],内根鞘在外根鞘内部向上移动支撑生长的纤维,但到了皮脂腺层,内根鞘细胞开始退化成碎片最后消失,释放出毛纤维。

外根鞘不同于其他中央细胞层,它有自己的细胞群。它一直伴随着真皮层,因此,真皮中的中间丝蛋白,而不是毛发类型的中间丝蛋白能够在外根鞘表达。例如,K2.5 和 K1.14 本是真皮中的基本角蛋白,但在外根鞘中也很丰富[45]。

二、毛囊的附属结构

毛囊的生长还有一些附属结构维持毛囊的发育和耸立,其中包括皮脂腺、汗腺(见图 1-6)和竖毛肌,皮脂腺和汗腺都有导管开口于毛发管,滋养毛纤维。

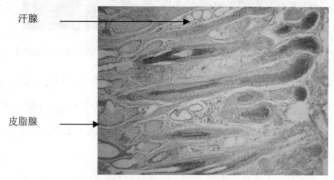

图 1-6　澳洲美利奴绵羊毛囊的汗腺和皮脂腺(10×)

Fig. 1-6　Sweet glands and sebace glands of Merino follicle(10×)

毛囊分为初级毛囊和次级毛囊,次级毛囊只有皮脂腺附着,而初级毛囊有皮脂腺、汗腺和立毛肌附着。一般美利奴绵羊的初级毛囊发育产生角质化纤维是在胎儿发育的 108 天至 110 天,在发育的 120 天到 145 天时一些次级毛囊也产生角质化纤维。胎儿出生后次级毛囊快速发育成熟,到出生后六个月接近尾声。因此,在毛囊的发育时期提供充足的营养对增加毛囊数是至关重要的 [31]。

皮脂腺和毛囊附着在一起,毛囊、毛干和皮质腺有时叫作毛囊皮脂腺器,在组织学上皮脂腺与其他腺体完全不同,它们是全分泌腺体,这意味着所有的细胞都在分泌腺体。全分泌的过程更类似于角质细胞的成熟,而不像普通的功能腺体。皮脂腺细胞的形成靠位于腺体基底部细胞的有丝分裂,新细胞形成后即从底部推向表面,随着这种过程,细胞被液体包裹然后死亡。分泌液即由细胞自身的崩解物组成,挤入附属的毛囊内腔。所以基本上,皮脂腺是脂肪(一种混合液体)聚集在其中的表皮细胞的小团块,而不是角蛋白。

单位面积皮脂腺的密度大约和毛囊的密度一样,因为每个毛囊都有一个,而且呈两叶。然而,成熟较晚的次级毛囊的皮脂腺相对较小。目前对皮脂腺的研究远不如对毛囊的研究,皮脂腺的大小和功能及如何与皮肤和羊毛的发育相关,至今还不甚清楚。

汗腺是单管状腺体,腺体的分泌部分位于真皮的深部,在那儿导管被扭曲呈现相当复杂的结构,对外界交流需要通过层层的真皮和表皮。单位面积皮肤汗腺的密度与初级毛囊的密度相同,因为每个初级毛囊都有一个汗腺,而次级毛囊没有汗腺。汗腺的主要产物汗液与羊毛的水提物不完全相同,主要成分是无机钾盐。汗腺最重要的作用是体温调节,当汗液蒸发时带走热量,使体温降低。同时,由于汗液中带有水盐,汗腺也影响水和离子的平衡。

第三节　影响羊毛组成与生长的因素

人们普遍认为,羊毛纤维中的角蛋白随着以下因素的变化而改变:遗传、日粮和生理因子 [46-48] 等,至少低硫蛋白和高硫蛋白的比率的变化,被认为是影响纤维结构发育最基本的变化,更深层次的变化是超高硫和高 Gly-Tyr 蛋白家族的比率变化。

一、遗传控制

对不同品种绵羊的羊毛进行比较研究,结果显示角蛋白组成因基质和微丝的比率不同,变化范围很广,并且两个基质蛋白族群的相对比率也在变化。例如,林肯羊正常生产的羊毛只含有不到 1% 的高 Gly-Tyr 蛋白和大约 20% 的高硫蛋白,相反,美利奴羊生产的优质羊毛分别含有大约 13% 和 30% 的这两种蛋白质族群。有趣的是,人们注意到硬蛋白产生在同一只羊的各种角蛋白结构中,这些角蛋白似乎含不同的蛋白质族群,尽管相对比例可能不同。同一品种绵羊的羊毛蛋白含量也有所不同,但这也可能是由其他原因造成的。

二、营养控制

通过日粮控制羊毛的生长和操纵其组成,目前人们已经进行了大量的研究。当 Cys 或 Met(硫含量氨基酸)被吸收到绵羊的皱胃时,羊毛的生长率实质上有所增加,并且,羊毛中的 Cys 的含量增加到 45%[49]。这种组成上的变化是由于合成超高硫蛋白(Ultra-high-sulphur, UHS),一个显然不同于高硫角蛋白家族的非常异源的得多肽家族。如果分别配置一些营养不平衡的日粮处理组,高 Gly-Tyr 蛋白的比率,会随着绵羊采食的各处理组日粮营养的不平衡而呈稳定下降的趋势,例如,给以小麦为日粮的绵羊灌入小麦谷蛋白、玉米蛋白或氨基酸的混合物,但缺乏 Lys 或 Phe,通常会开始增加超高硫蛋白的水平,但同时伴随着高 Gly-Tyr 蛋白合成的降低。推测是超高硫蛋白的增加需要大量的含硫氨基酸,导致羊毛生长率的降低[50]。供应 Phe 和 Tyr 不会刺激 HGT 蛋白的合成,所以不能肯定芳香族氨基酸在调控上的作用。目前还没有相应的机理指出日粮调控高 Gly-Tyr 蛋白的合成,也没有发现他们合成的增加。绵羊根据其营养状况产生不同的羊毛类型的能力,反映了动物需要根据可利用的资源来优化羊毛性状的复杂调控机制。

对绵羊皮肤条进行了短期培养,调查了羊毛囊吸收氨基酸 Cys、Leu、Ala、和 Lys 的情况,下述可靠的模式系统的证实[51],吸收放射性标记氨基酸的位点与它们在纤维产品中的不同作用有一定差异或者一致：如 Cys 出现在接近毛囊球远端的角质化区域；Lys 混合入毛囊球的生发细胞和内根鞘细胞；Leu 和 Ala 掺入到毛囊球、内根鞘和角质化纤维中；所有的氨基酸掺入到真皮乳头的量很低。氨基酸进入羊毛囊的相对吸收效率如下：L-Cys（100），L-Leu（5.5），L-Ala（2.5），L-Lys（0.8）。Cys 的吸收是可饱和的，并且遵循 Michaelis-Menten 动力学，即需要一个载体系统的介导，在吸收过程中有少量或者没有扩散。绝大多数（70%）的 Cys 吸收进入毛囊是通过 Na- 不依赖系统，不被 a 甲氨基异丁酸或 2- 氨基 -2- 降莰烷羧酸所抑制，因此不经过正常的 Cys 运输系统 A、ASC、或 L。Cys 的吸收是经过一个低亲和、高容量的运输系统，该运输系统对于毛囊纤维的生产可能是唯一的。绝大多数 Ala 的运输具有和系统 A 的功能一致的特征（Na- 依赖、被 α - 甲氨基异丁酸抑制和低底物亲和力）。Leu 的吸收不被 2- 氨基 -2- 降莰烷羧酸所抑制但是 Na- 依赖性的。可能在一个不同的系统的操纵下进入毛囊去运输 Leu。Lys 的吸收与操纵与通常的 Lys 运输系统也一致。这个研究证实，利用饮食来增加羊毛生长，应该提供反映相对吸收率的氨基酸谱。对毛囊中编码运输氨基酸蛋白基因可能具有的多态性的研究，可能揭示在羊毛生产潜能中所有基因型的遗传差异的来源。

三、生理控制

人们也观察到了大量羊毛组成上的变异与日粮无关的证据，说明在毛囊的合成活动中，可能也有生理学上的控制[50,52]。例如，在负责绵羊化学脱毛因子的诱导下，羊毛的生长率能够急剧降低。羊毛再生可以随着含羞草碱或环磷酰胺诱导脱毛而发生，其所显示的主要变化是在组成上过度延长各周期时间，例如实质上降低高 Gly-Tyr 蛋白的水平，会开始增加高硫蛋白的含量。10 周后高 Gly-Tyr 蛋白水平回到处理前的水平，而高硫蛋白降低到或持续低于处理前的水平则至少需要 12 周。

在有些羊毛的生长和再生研究中，也观察到了高 Gly-Tyr 蛋白含量的降低，这表明胎儿的羊毛蛋白谱随着脱毛而发生角蛋白比例的变化，可能是依赖新的或再生的毛囊来合成纤维，而不是化学因子的特异影响。

四、激素控制

肾上腺、性腺、甲状腺和脑下垂体都表现出有影响毛发和羊毛的生长 [53] 的作用。甲状腺切除术会降低 40% 的羊毛生长，而给予甲状腺素会刺激羊毛的生长率；促肾上腺皮质激素或肾上腺皮质激素明显促进羊毛生长，而垂体摘除术导致完全停止生长。当给予鼠表皮生长因子后，羊毛生长受到抑制 [54]。对于以上讨论的这些控制因子在毛囊内活动情况，在分子水平的活动模式人们目前仍然只知甚少。

综上所述，羊毛在纺织工业中的重要作用，国内外对羊毛产品的需求，羊毛市场对羊毛各种参数的精益求精，不断促使羊毛生产者和科研人员不断追求羊毛品质和产量的提高。结构是行使功能的基础，毛囊的发育情况与羊毛品质和产量直接相关，对其结构的深入探索为毛囊角蛋白和基因的表达、毛囊干细胞的定位及毛囊发育机理的研究奠定一定的理论基础，从而为有目的地改善和提高羊毛产量和品质提供依据。

毛囊发育的许多基因和蛋白表达在毛囊的不同部位，形成的机制也不同，例如，从组织化学、生物化学和免疫化学的角度研究，髓质中的毛透明蛋白粒子的形态、结构和内根鞘中的毛透明蛋白非常相似，它们发育的过程也很相似，但因其沉积方式不同，导致其终产物形态完全不同。在内根鞘中，毛透明蛋白粒子先分散在中间丝的周围，然后弥散并交联填充在中间丝周围；而在成熟的髓质细胞中，小的毛透明蛋白粒子直接融合在一起，缺乏有组织和规则的排列 [55]。

在发育的不同时期，角蛋白相关蛋白基因家族被一系列的调控途径所调控，分期分批表达在毛囊的不同部位，如角蛋白 I 型和 II 型都表达在皮质，KAP6、KAP 7、KAP 8 都表达在正皮质，KAP4 表达在副皮质，KAP5 和 KAP10 表达在角质。对毛囊结构的研究，使这些基因和蛋白的表达定位有了理论基础。

总之，毛囊的发育在理论和实践上的重要意义，使得毛囊结构的研究，毛囊发育的相关基因、蛋白、调控途径和干细胞的研究具有了光明的前景。

第四节　南疆地方品种绵羊和田羊研究概述

一、南疆地方品种和田羊简介

新疆古称西域,位于中国西北部($73°40'E \sim 96°23'E$、$34°22'N \sim 49°10'N$),干旱少雨(年均降水量 150 mm 左右),气候温差较大,牧场和耕地占地面积较多,是我国畜牧业、农业的大省。新疆地区深入亚欧大陆腹地,与周边的八国都互有交界区,不仅是历史上古丝绸之路的经济交通要道,还占据第二座"亚欧大陆桥"通过的必经之地,具有极高的战略地位。和田地区作为"丝绸之路"上必经之路的重镇之一,还具有丰富的物种资源[56]。此外,根据史书上的记载及已出土的羊毛手工织品可证实和田地区曾有饲养过白羊群的悠久历史。作为新疆古老绵羊品种的和田羊,其历史可以追溯到 1900 多年前的东汉时期。和田羊是属于短脂尾的异质半粗毛羊,它的抗逆性强、抗病力也强,极耐粗饲养殖、炎热环境下耐受力强,对干旱的耐受力也强,它以编织优质地毯毛而著称。此外,它还属于我国国家级地方优良遗传种质资源[57],和田地区也因此成为国家级和田羊保护区。和田羊在我国数量不多的粗毛绵羊品种资源库中牢牢占据了其中的重要地位。在和田地区这种特殊的自然条件下,新品系和田羊经人工培养繁育应运而生,它不仅是肉毛兼用的绵羊品种,还是从优胜劣汰中脱颖而出的优良品种。由和田羊毛作为原材料织制的"和田地毯"以方便、保暖、隔噪音、防寒的特点,以及独特的花纹、艳丽的色彩、精细的手工艺、柔软舒适的质感享誉国内外。虽然和田地区是一个干旱且少雨,土壤质地偏碱性,牧草生长不繁茂的地方,但正是这种恶劣条件造就了和田羊的善跋涉,易生存的特点,属于体格虽小,尤为健壮的品种。因此,和田羊对荒漠、半荒漠这种较为恶劣的生态环境具有很强的适应性。关于半荒漠环境[58],1992 年举行的联合国环境与发展大会就荒漠化的概念给出了较为标准的定义。荒漠化是由于气候异变和人类活动造成的土地干旱而贫瘠,逐渐沙化、退化。造成土地荒漠化的原因有很多,例如气候变异的发生,致使脆弱的生态环境变得极为不稳定,是荒漠化的形成,并且快速发展的原因之一；而人类频繁利用和破坏各种自然资源的活动则对荒漠化的进程起到了激发、促进和加速的不良作用，进而成为荒漠化现象形成的主要原因[59]。正因为草场的愈加珍贵，我们在经济发展的同时保护环境并且节约自然资源变得迫在眉睫。因此，当今畜牧养殖产业中，如何提高单位面积草场绵羊的产毛量，节约草场资源成为现在社会急需解决的问题。和田羊作为低营养环境下苗壮生存的优势品种之一，不仅能降低对草场资源的浪费，还能对新疆的羊养殖产业的经济发展起到很重要的作用。

　　和田羊产于新疆南部地区，牧区处于南昆仑与北盆地之间，地势特点为南高北低，并由东向西倾斜。新疆畜牧草场面积广阔，牧草虽稀疏，品种却很多，其中有药用价值的更是不在少数，和田羊因吃了各种草药、喝了纯净雪水变得极富营养。基于长期生活在牧草少、风沙多的恶劣环境和低营养水平下，和田羊体格小而健壮，肉质紧实，品质纯正。南疆独特的地理环境、温暖的气候以及贫瘠的饲草、特殊的饮水等多种条件共同作用下，使得和田羊具有肉质细嫩、膻味小、不油腻、营养价值突出、口感好、易于加工等优良品质[60]。它的羊肉不仅品质突出，有鲜嫩的口感、独特的香味，还具有低脂肪、高蛋白、低胆固醇等养生特点，是极为上乘的肉食品，极受广大市场中消费者的喜爱。和田羊体格较小，头部略显清秀，鼻梁稍显隆起，颈部较为细长，耳大且呈下垂状，并且公羊多数有螺旋形状的羊角，母羊多数没有羊角。它的四肢既高且直，肢势较为端正，蹄质地也很结实[61]。羊尾也被称为短脂尾，有"三角形""萝卜状""S形"尾等多种不同类型。它的毛色一般全身皆为白色，只有少数的和田羊体躯的羊毛呈现白色，头与四肢部位有杂色，而黑色较多的和田羊更是极为少见。和田羊的被毛光泽度极好，毛辫的结构很明显，像波浪一样弯弯曲曲，层层叠叠、层次极为分明，就像厚厚的草裙似的垂于羊的体侧，较长的羊毛会垂到绵羊腹部以下。另外，它的胡须部和四肢的羊毛比较硬，腹部的羊毛较为稀疏、没有什么光泽。

　　和田羊的羊毛纤维不仅长度好，而且很结实。春季牧草开始生长，非常鲜嫩多汁，羊的营养就很好。另外，它的春季采集的毛因其较长的生长持续期，大多数为7到8个月左右，使得春季的羊毛被非常厚实，绒毛触感极显柔软，绒毛量较多，毛辫长度较长可达18 cm。秋季则牧草开始枯萎，食物短缺，而秋毛生长期仅为4到5个月的时间，毛辫较短约11 cm、毛质较为干燥、毛量较为稀疏、绒毛含量少、毛纤维光泽差[62]。

从纤维类型的分析来看,粗毛和干死毛含量根据季节和营养状态的不同有不同程度的变化,春毛的粗毛和干、死毛占比比秋毛少,弹性、长度和细度都优于秋毛;而秋毛的无髓毛含量稍优于春毛,并且含油脂率低于春毛。综合分析,两种毛各有优势,但从总品质和产毛量来说春剪毛稍优于秋毛。新疆作为我国羊毛高产的地区之一,养羊业也在大力发展,因此,羊毛品质和绵羊繁育的相关研究具有重要意义。

二、和田羊发展现状

和田羊主要分布于和田地区的于田、民丰、洛浦、和田、策勒、墨玉等县。和田羊多为群养、自然繁殖,母羊的发情旺季在 4 ~ 5 月和 11 月两大阶段,发情周期一般介于 16 ~ 19 d,而发情期持续时间基本为 1 ~ 2 d。由于和田羊品种的特殊性,它一年基本只产一胎,产羔一般在春季或秋季,大多数情况只产单胎,因此,和田羊的出栏率一直较为低下。和田羊的羊毛一般一年剪两次,大多在春秋两季,每只羊全年产毛量仅为 1.2 ~ 1.6 kg[63]。此外,和田羊因存在哺乳期长的缘故,造成其繁殖率低下,体格小、营养水平差以及放养造成灌木和有刺植物挂落羊毛等因素,都在一定程度上影响其羊毛的产量。

和田羊的毛被大多为两型毛,毛纤维长且均匀,毛的韧性、伸展度和洁白度都非常好,是织制提花地毯和纺织成衣的优质原材料。但是,由于土地荒漠化造成饲草资源极度紧张,生产方式日渐落后和防疫体系的不完善,造成养殖成本高、经济效益低的现象,并且产出的羊毛在产量和质量上都难以达到高端市场的需求,使得和田羊养殖业日渐低迷。此外,影响羊毛产量的因素还有外界自然刺激、激素变化和遗传变异等诸多因素[64]。因此,如何最大限度地发挥和田羊优良地方品种的资源优势,如何使羊毛增产、品质提高,是当前畜牧业发展极为需要的热门研究课题之一。

三、绵羊皮肤毛囊生物学特性

皮肤包绕着整个机体,它不仅是动物机体抵御外界细菌、病毒、虫害等各种不良因素侵袭自身的重要保护屏障,也是机体对外部温度、刺激的感知传导部位[65]。它是动物机体展开面积最大的器官,皮肤中含有毛发、血管、竖毛肌、皮脂腺、汗腺等,其中的毛发的作用不仅仅是保持体温,而且还能够制成羊绒织品和漂亮的衣物继而产生高额的经济效益,另外,毛发因其结构功能复杂,且含有多种类型干细胞,对毛囊生长、细胞增殖和分化具有重要作用,目前已经成为国内外细胞生物学及创伤修复等方向的研究热点。毛囊作为动物皮肤中最大的附属物,它的形成、生长、发育,进而毛发的产生对于机体维持自身体温的恒定起到非常重要的作用,而毛发的各种不同的特性也赋予了动物对外界环境进行感知、对自身机体进行保护、抵御异常的气候变化及其为了繁殖吸引异性等诸多功能[66]。因此,对于毛发的形态发生和毛囊生长发育的功能及其相关机制的研究逐渐成为热点。

近 20 年来,国内外无数学者先后从组织学、遗传、分子生物学等多个水平层面对山羊、绵羊、细毛羊等多个品种羊的毛囊以及毛纤维的生长性状进行了广泛的研究,其中的内容极大地涵盖了影响羊毛生长发育的多个方面的因素。有研究表明角蛋白基因和多种信号通路与羊毛直径、细度、弯曲度、颜色等经济性状相关[67]。

四、绵羊皮肤毛囊发育特点

绵羊皮肤是由表皮和真皮构成,表皮由单层扁平细胞逐步增长变为复层细胞,再进一步分化为生发、颗粒和角化层;而汗腺、皮脂腺、竖毛肌、血管等从属于皮肤的器官,以及胶原纤维和弹性纤维之间形成的毛囊层和网状层均位于皮肤的真皮层,大量毛囊和皮脂腺等结构被结缔组织包围、一个个规律地囤积在真皮毛囊层[68]。毛囊的内根鞘(IRS)和外根鞘(ORS)位于上皮中;真皮的成分主要是毛乳头(DP)[69-70]。不同发育状态的毛囊尽管都具有相似的结构,但形态和大小都不一样。皮肤毛囊的毛球部,含有大量增殖的活跃的基质细胞。

早在胚胎发育时期,真皮层细胞通过一系列信号分子的诱导与表层细胞产生复杂的生理作用,使细胞经过增殖和分化,依次形成基质细胞,基质细胞向外围覆盖形成内、外根鞘,向内凹陷形成真皮乳头,最终形成成熟的毛囊[71]。绵羊毛囊可分为初级和次级毛囊:一般情况下初级毛囊先生成,大多数情况下伴有成对出现的附属皮脂腺结构[72]。比初级毛囊晚一步形成的毛囊,叫次级毛囊,数量较多,直径较小,成群排列在初级毛囊的夹角,没有汗腺和竖毛肌。毛囊群通常由少数几个大的初级毛囊以及若干个小的次级毛囊被结缔组织包围在一起构成,毛囊群存在一元、二元、三元,甚至更多元毛囊群,但常见的还是三元毛囊群。初级毛囊的形态发生大致可以分为毛基板前期、毛基板期、毛芽期、毛钉期,还有毛囊期。

有研究表明鼠类的毛囊发育可以分别为真皮乳头形成的诱导期、毛囊确定生长方向的器官发生期和成熟毛囊形成的细胞分化期。关于绵羊的毛囊生长发育规律已有大量学者进行了研究并阐述[73-74],毛干是由毛囊生长出来的,主要由角蛋白细胞高度分化形成。在发育时间上毛囊是与胎儿皮肤发育时间是相似的,它的整个发育过程主要由外胚层和中胚层交互作用来进行调节。毛囊的发育最重要的是表皮细胞和间充质细胞的复杂的相互作用[75]。它的生长发育成熟后会进入自发的、周期性循环的动态变化过程中。周期性循环分为活跃的生长期、细胞凋亡的退行期以及相对静止的休眠期。毛囊在生长期时,它的上皮和真皮具有增殖和分化功能,上皮部分向真皮层延伸,进而诱导细胞分化形成毛母质、内根鞘、毛乳头和毛干;紧接着进入到退化期,毛母质向上迁移,与此同时,毛乳头浓缩逐渐成熟呈现球状,直到下一周期开始。有研究表明[76]兴盛期和休止期的长度决定了毛干的长度和新生成毛干的速度[77]。

五、和田羊皮肤毛囊研究的意义

新疆和田羊不仅品种特殊,和田地毯的手工编织技术更是我国传统物质文化遗产的重要组成部分。和田羊的肉制品以膻味小、营养丰富、肉质细嫩、口感俱佳闻名于国内外。更重要的是它的羊毛以两型毛和绒毛居多,干死毛少,是织制羊毛地毯的最佳原料。针对如今的生活水平,羊毛地毯已成为常见的家用物品,但是对地毯的要求已经越来越向更高品质靠近;因此,对羊毛品质要求也越来越高,并且编织和田地毯优良传统手工艺也十分珍贵,更重要的是随着人类发展,草场资源日益紧张,应对日渐精益求精的市场发展,养殖地方特色品种和田羊的产业已略显吃力。

因此,作为低消耗、劣势环境下生存的优良品种,对提高单位面积草场载畜量与和田羊产毛量的研究是极为重要的。目前,国内外关于绒山羊、奶山羊、青山羊等已有大量的研究,而和田羊的研究资料还相对较少。因和田羊的生活环境不同、羊毛产量和品质的差异,选择平原型与山区型和田羊为研究对象,本研究从二者的具体差异可初步分析出有利于羊毛生产性状的相关因素。

综上所述,本试验首先通过毛囊结构观察和密度分析,发现毛囊生长呈周期性变化;再进一步利用分子克隆技术确认本试验所选 10 个角蛋白基因均存在于和田羊皮肤组织中;并进而以实时荧光相对定量来分析基因表达量的差异;通过结构和基因表达量的差异初步探讨和田羊的生产性状特点以及遗传方面的相互影响因素。本试验作为针对和田羊发展的一系列研究的基础研究,可以为新疆特色和田羊生长发育过程的研究提供组织学依据,也可以进一步为后续提高和田羊毛产量和改善羊毛品质等研究提供一些理论基础。

参考文献

[1] Hardy M H, Lynne A G.The pre-natal development of wool follicles in merino sheep[J]. Aust. J. Biol. Sci.,1956, 9: 423-441.

[2] 龚伟宏.中卫山羊皮肤毛囊和毛纤维的特点与分类研究 [J]. 畜牧兽医学报,1994, 25(4):323-328.

[3] Wilson P A, Short B F. Cell proliferation and cortical cell production in relation to wool growth[J]. Aust. J. Biol. Sci, 1979, 32(3): 317-27.

[4] William B M D, Donw F M D.A Textbook of histology[M].10th ed. Philadelphia, London, Toronto: Saunders W B Company, 1975.

[5] 张燕军,伊俊,李长青.内蒙古阿尔巴斯绒山羊胎儿期皮肤毛囊发生发育规律研究 [J]. 畜牧兽医学报,2006,37(8):761-768

[6] 乌日罕.蒙古绵羊皮肤组织结构与细胞凋亡的研究 [D]. 内蒙古:内蒙古农业大学,2003.

[7] Short B F. Development of the secondary follicle population in sheep. Division of Animal Health and Production [M].C.S.I.R.O. Sheep Biology Laboratory, Prospect, N.S.W.,1954.

[8] Schinckel P G. The post-natal development of the skin follicle population in a strain of Merino sheep[M]. Agriculture college, Roseworthy S.A. C.S.I.R.O. Sheep Biology Laboratory, Prospect,

N.S.W.,1954.

[9] Hard M H, Lyne A G. The Pre-natal development of wool follicles in merino sheep. Division of Animal Health and Production [M]. C.S.I.R.O., McMaster Animal Health Laboratory. Glebe, N.S.W., 1955.

[10] Carter H B. Studies in the biology of skin and fleece of sheep. The development and general histology of the follicle group in the skin of the merino [M]. Coun. Sci. Industr. Res. Aust. Bull.Xo.164,1943.

[11] Rocha T A, Kobayash I K, Barrandon Y. Location of stem cells of human hair follicles by clonal analysis [J]. Cell,1994,76（6）: 1063-1073.

[12] 吕中法,刘荣卿,伍津津,等. 干细胞因子在毛囊上皮细胞中的表达 [J]. 第三军医大学学报,1999,21（12）: 874-876.

[13] 张艺,杨恬. 毛囊 bulge 细胞培养与生物学特性的研究 [J]. 第三军医大学学报, 2004, 26（16）: 1499-1500.

[14] Morris R J, Luy, Marlesl, et al. Capturing and profiling adult hair follicle stem cells [J].Natbiotechnol, 2004,22（4）: 411-417.

[15] 林森,杨恬,曾益军,等. 体外培养条件下毛囊 bulge 细胞分泌的 β 神经生长因子的检测 [J]. 第三军医大学学报,2006,28（9）: 892-895.

[16] Cotsarelis G, Sun T T, Lavker R M. Label-retaining cells reside in the bulge area of pilosebaceous unit: implications for follicular stem cells, hair cycle, and skin care inogenesis[J]. Cell, 1990, 61（7）: 1329-1337.

[17] Oliver R F. Whisker growth after removal of the dermal papilla and lengths of follicle in the hooded rat[J]. J Embryol Exp Morphol, 1966,15（3）: 331.

[18] Commo S, Gaillard O, Bernard B A. The human hair follicle contains two distinct K 19 positive compartments in the outer root sheath: a unifying hypothesis for stem cell reservoir[J]. Differentiation, 2000, 66（4-5）: 157.

[19] Morasso M I, Tomic-Canic M. Epidermal stem cells: the cradle of epidermal determination, differentiation and wound

healing[J]. Biol Cell, 2005, 97（3）: 173.

[20] Gho C G, Braun J E, Tilli C M, et al. Human follicular stem cells: their presence in plucked hair and follicular cell culture[J]. Br J Dermatol, 2004, 150（5）: 860.

[21] Vidal V P, Chaboissier M C, Lutzkendorf S, et al. Sox9 is essential for outer root sheath differentiation and the formation of the hair stem cell compartment[J]. Curr Biol, 2005, 15（15）: 1340.

[22] Maddocks I G, Jackson N. Structure studies of sheep, cattle & goat skin[M]. South Australia: CSIRO Division of Animal Production, 1988.

[23] Powell B C, Rogers G E. The role of keratin proteins and their genes in the growth, structure and properties of hair[M]. In: Jolles P, Zahn H, Hocker H.eds. Formation and structure of human hair. Switzerland, 1997.

[24] McElwee K J, Kissling S, Wenzel E, et al. Cultured peribulbar dermal sheath cells can induce hair follicle development and contribute to the dermal sheath and dermal papilla[J]. J Invest Dermatol, 2003, 121（6）: 1267-1275.

[25] Rogers G E. Hair follicle differentiation and regulation[M]. Int. J. Dev. Biol, 2004, 48: 163-170.

[26] Kemp D J, Rogers G E. Immunological and immunofluorescent studies on keratin of the hair follicle[J]. J. Cell Sci, 1970, 7: 273-283.

[27] Fraser R D B, Rogers G E, Parry D A D. Nucleation and growth of macrofibrils in trichocyte（hard-α）keratins[J]. Journal of Structure Biology, 2003, 143: 85-93.

[28] Fraser R D B, Rogers G E. The bilateral structure of wool cortex and its relation to crimp[J]. Aust. J. Biol. Sci, 1955, 8: 288-299.

[29] Rogers G E. Electron microscope of wool[J]. J. Ultrastruct. Res, 1959, 2: 309-330.

[30] Kuczek S.E. High-glycine/tyrosine keratin genes of wool[D]. South Australia: Adelaide University, 1985.

[31] Bones R M, Sikorski J. The histological structure of wool fibres and their plasticity[J].J. Inst, 1967, 58: 521-532.

[32] Lagermalm G. Structural details of the surface layers of wool[J]. Textile Res.J, 1954, 24: 17-25.

[33] Swift J A. The histology of keratin fibres. In: Chemistry of natural protein fibres[J]. New York: Asquith R A Plenum press, 1977: 81-146.

[34] Ryder M L. A survey of the gross structural feature of protein fibres[J]. In: Hearle J W S, Peters R H, eds. Fibre structure. London: Butterworths and the Textile Institute, 1963: 534-566.

[35] Fraser R D B, MacRae T P, Rogers G E. Keratins. Their composition, structure and Biosynthesis[J]. Springfield, Illinois: Thomas C C., 1972.

[36] Coulombe P A, Kopan R, Fuchs E. Expression of keratin K14 in the epidermis and hair follicle: insights into complex programs of differentiation[J]. J.Cell.Biol, 1989, 109: 2295-2312.

[37] Frenkel M J, Gillespie J M, Reis P J. Factors influencing the biosynthesis of the tyrosine-rich proteins of wool[J]. Aust J Biol Sci, 1974, 27（1）: 31-8.

[38] Reis P J. Physiological and enviromental limitations to wool growth[J]. In Black J L, Reis P J, eds. University of New England Publishing Unit, 1979: 223-242.

[39] Gillespie J M, Marshall R C, Moore G P, et al. Changes in the proteins of wool following treatment of sheep with epidermal growth factor[J]. J Invest Dermatol, 1982, 79（3）: 197-200.

[40] Gillespie J M., Reis P J. The dietary-regulated biosynthesis of high-sulphur wool protein[J]. Biochem.J., 1966, 98: 669-667.

[41] Gillespie J M, Marshall R C. Cosmetics and toiletries[J]. In wool textile Res Conf., 1980, 95: 29-34.

[42] Thomas N, Tivey D R, Penno N M. Characterization of transport systems for cysteine, lysine, alanine, and leucine in wool follicles of sheep[J]. J. Anim Sci, 2007, 85: 2205-2213.

[43] Marshall R C, Burrows M, Brookes L G, et al. The effects of

topical and systemic glucocorticosteroids on DNA synthesis in different tissues of the hairless mouse[J]. Br J Dermatol,1981,105（5）: 517-520.

[44] Ebling F J, Hale P A. Biochemistry and Physiology of the skin[J]. In: Goldsmith LA. ed. Oxford University Press I, 1983,522-525.

[45] Moore G P, Panaretto B A, Robertson D. Inhibition of wool growth in merino sheep following administration of mouse epidermal growth factor and a derivative[J]. Aust. J. Biol Sci, 1982, 35（2）: 163-72.

[46] Rothnagel J A, Rogers G E. Trichohylin, an Intermediate filament-associated protein of the hair follicle[J]. The Journal of Cell Biology, 1986, 102: 1419-1429.

[47] 汤存伟, 余雄, 刘武军,等. 新疆13个绵羊群里遗传多样性及遗传分化的研究 [J]. 家畜生态学报,2011,32（1）: 31-32.

[48] 蒋维东. 和田羊与策勒黑羊血液中 Mel 变化规律和卵巢子宫 MTRN IA 的表达研究 [D]. 阿拉尔:塔里木大学, 2017.

[49] 胡静霞, 杨新兵. 我国土地荒漠化和沙化发展动态及其成因分析 [J]. 中国水土保持 SWCC, 2017, 7: 55-58.

[50] 李春娥. 新疆土地荒漠化时空变化特征分析 [J]. 测绘科学, 2018, 43（9）: 7.

[51] 李述刚, 马美湖, 侯旭杰,等. 新疆南疆地方品种羊肉常规营养成分比较研究 [J]. 食品研究与开发,2008,29（12）: 120-125.

[52] 尹阔. 和田羊毛囊高甘酪蛋白 KAP6.1、7、8 基因的克隆与原核表达 [D]. 阿拉尔:塔里木大学, 2011.

[53] 阎风英, 李耿民. 新疆地毯羊毛物理性能品质分析报告 [J]. 新疆畜牧业, 1988（1）: 35-8.

[54] 王铮, 李小兵. 阿莱羊导入和田羊杂交效果探讨 [J]. 新疆畜牧业, 2007（4）: 20-1.

[55] Hynd P I, Edwards N M, Hebart M, et al. Wool fibre crimp is determined by mitotic asymmertry and position of keratinisation and not ortho-and para-cortical cell segmentation[J]. Animal.,2009,3（6）: 838-848.

[56] Lim X , Nusse R . Wnt Signaling in Skin Development, Homeostasis，and Disease[J]. Cold Spring Harb Perspect Biol，2013，5（2）：152-158.

[57] 马向辉 . Musashi2 在皮肤及毛囊发育中的功能与分子机制研究 [D]. 北京：中国农业大学，2016.

[58] T O Itenge-mweza，R H J Forrest，G W Mckenzie，et al. Polymorphism of the KAP1.1，KAP1.3 and K33 genes in merino sheep[J]. Mol Cellular Probes，2007，21：338-342.

[59] 路立里，狄江,等 . 羊毛及动物毛发弯曲形成的生物学机理研究进展 [J]. 畜牧兽医学报，2014，45（5）：679-685.

[60] Alonso L，Fuchs，E. The hair cycle[J]. Cell Science at a glance，2006，119，391-393.

[61] Deng Z L，Lei X H，Zhang X D，et al. MTOR signaling promotes stem cell activation via counterbalancing BMP-mediated suppression during hair regeneration[J]. Mol Cell Biol，2015,7（1）：62-72.

[62] Schneider M R，Schmidt-Ullrich R，Paus R. The hair follicle as a dynamic miniorgan [J]. Curr Biol，2009，19：132-42.

[63] 赵宗盛. 绵羊产毛性能的细胞及分子生物学调控机理研究 [D]. 南京：南京农业大学，2005.

[64] Muller-Rover S，Handjiski B，van der Veen C，et al. A comprehensive guide for the accurate classification of murine hair follicles in distinct hair cycle stages[J]. Investig Dermatol，2001，117（1）：3-15.

[65] Blanpain C，Fuchs E. Epidermal stem cells of the skin[J]. Annu Rev Cell Dev Biol，2006,22：339-373.

[66] Oliver R F，Jahoda C A. Dermal-epidermal interaction[J]. Clinic Derm，1988（6）：74-84.

[67] 尹俊 . 内蒙古绒山羊毛囊发育、生长周期及相关基因的研究 [D]. 呼和浩特：内蒙古大学，2004.

[68] Plikus Maksim V，Baker Ruth E，Chen Chih-Chiang，et al. Self-Organizing and stochastic behavior during the regeneration of hair stem cells[J]. Science，2011，332（6029）：586-589.

第二章 绵羊毛囊基因与蛋白概述

人们对影响羊毛产量、质量性状的基因的研究兴趣越来越浓，希望通过基因和蛋白的研究，能够解决如下问题：（1）羊毛的两个重要生产性状，净毛重和纤维直径平均值之间存在拮抗关系；（2）羊毛与其他合成纤维相比，纤维强度低且粗细不均匀，致使羊毛处理起来更困难、更昂贵；（3）羊毛仅占服装业17%的份额，并且近10年来逐年下降，这就要求羊毛产业能够给消费者提供新奇的产品，达到这个目的唯一途径就是生产具有新奇纤维品质的羊毛。

羊毛角蛋白位于皮质内，皮质被一层薄的角质层所包裹，角蛋白是毛用绵羊中的重要性状，对于羊毛纤维的形成特别重要，因此，科学家们将目光投向了角蛋白基因和蛋白的研究。基于目前的技术，估计角蛋白的数量大约在 50～100 个，由于其家族成员的大小、电荷都非常相似，单一的电泳技术很难将所有的蛋白都分离开来，只能对其进行部分分离。

为了更方便地研究毛发生长中表达的这 50～100 个蛋白家族，对这些使用了不同繁杂术语的蛋白进行归类和统一名称很有必要。人们提议变更现在使用的表皮角蛋白的名称，Powell 和 Rogers 对角蛋白各家族的名称进行了重新统一命名。基于毛囊或羊毛纤维中是否含有角蛋白中间丝（Keratin intermediate filament, KIF），Rogers 和 Powell 提出如下分类系统：KIF 表示角蛋白中间丝，有 I 型和 II 型低硫蛋白家族两类。而其他高硫（high sulphur，HS）、超高硫（Ultra high sulphur，UHS）、高 Gly-Tyr（High-Glycine/Tyrosine，HGT）蛋白用 KAP（Keratin associated protein）表示，称为角蛋白相关蛋白。低硫（Lower sulphur）角蛋白家族通常在羊毛纤维的角蛋白中间丝（KIFs）中表达，其余高硫、超高硫和高 Gly-Tyr 蛋白家族则主要在羊毛纤维的基质中表达。角蛋白中间丝（IF）蛋白命名为 Km.nxpL，m 代表 I 型或 II 型中间丝，n 表示组分号，x 表示变异号，p 表示假基因，L 表示相似或不确定，如 KRT10 改称为 K1.10（本研究称为 KIF1.10）；角蛋白关联蛋白命名为 KAPm. nxpL，m 代表家族号，nxpL 同上，如 KRTAP2.8 现改为 KAP2.8。

　　国内学者对角蛋白进行了初步研究，马凤梅等[1]研究了角蛋白 15 在大鼠皮肤发育中的表达状况，表明表皮干细胞定位于毛囊隆突区，与表皮的更新和毛囊的周期性变化有关。曾益军等[2]研究了大鼠新生和幼年期皮肤，其毛囊角蛋白 14 mRNA 的表达与人皮肤中的规律有一定差异。尹俊等[3]发现了山羊Ⅰ型羊毛角蛋白 1（gHa1），原位杂交显示它在皮肤初级和次级毛囊的皮质层有强烈表达。另外，在 Merino 羊中，用遗传控制 KIF、KAP 蛋白的方法完全地改变羊毛纤维结构也已被证实[4]，这就表明通过采用转基因来改变羊毛纤维蛋白成分的基因表达方式是可行的。

　　在 Romney 羊中发现了 N-type 基因[5]，将其命名为 HH₁N；N-type 基因是影响纤维质量的最重要的基因，该基因突变可引起多毛症（有髓毛），HH₁N 纯合体显示大约 65% 的有髓毛，产生理想的地毯毛。

第一节　毛囊角蛋白中间丝（KIF）

　　羊毛的生长发育是一个由多种因子及蛋白信号通路相互作用调控的复杂的生理过程。毛纤维分为有髓毛和无髓毛，两者都有鳞片层和皮质层，而后者无髓质层；它的主要成分是位于毛囊皮质层的关联蛋白和角蛋白。角蛋白是约占毛纤维总毛量的 65% ~ 95%[6]，并形成角质细胞的主要结构蛋白。角蛋白关联蛋白主要通过二硫键与角蛋白中间丝嵌合，填充于角蛋白中间丝周围，是毛纤维骨架形成的重要组成部分[7]。因此，含硫氨基酸的含量在一定程度上会影响羊毛的品质。角蛋白基因不同发育时期在毛囊的表达部位不同。

　　角蛋白中间丝是由 30 ~ 50 个蛋白组成的蛋白质超家族，属于低硫蛋白（Low-sulphur protein），其特点是都含非螺旋的末端结构域和中间 α-螺旋域，靠 α-螺旋区的相互作用对齐，可构成 8 ~ 10 nm 的丝状结构，该结构存在于许多真核细胞中，是细胞骨架的组成成分，而在上皮细胞中角蛋白中间丝是主要的建筑元件。中间丝有两个家族：Ⅰ型和Ⅱ型角蛋白。Powell 报道[8]角蛋白中间丝Ⅰ型和Ⅱ型基因家族在基因组中并非紧密联锁，但Ⅰ型和Ⅱ型基因是成簇分布的，并且Ⅱ型角蛋白可能含有保守的不同于上皮细胞的 C 端结构域。其基因图谱已被分别绘制在 11 号和 3 号染色体上。AgResearch IMF 群体连锁图也证实了这些物理图谱位置[9]。

Ⅰ型角蛋白中间丝家族约有 21 个成员，已知的有 8 个Ⅰ型 IF 角蛋白序列，其中绵羊的序列 2 个（8c-1，47.6 kDa），人的全序列 1 个（hHa3），鼠的全序列 3 个（mHRa1，mHa4，mHa2）和部分序列 2 个（mHa3，mHRa1）。通过序列同源性比较分析，小鼠、绵羊和人的序列高度同源，因此将不同种属但同源性很高的蛋白归为一类，定名为 K1.1（8c-1，mHa1），K1.2（47.6 kDa，mHa3，hHa3），K1.3（mHa4），K1.4（mHa2），K1.5（mHRa1）。

Wilson 等[10]对编码羊毛Ⅰ型中间丝角蛋白（47.6 kDa，K1.2）的基因，包括两端 500 bp 的 DNA 侧翼，进行了测序，表明其原始转录本长度为 5180 bp，具有 7 个外显子。中间丝中所含蛋白为低硫蛋白，有两个家族：组分 8a，8b，8c-1（K1.1，绵羊）和 8c-2，属于Ⅰ型蛋白。组分 5（K2.12，绵羊），7a，7b 和 7c（K2.10，绵羊），属于Ⅱ型蛋白。Dowling 等[11]报道了绵羊 8c-1（K1.1）的全部序列，其分子量为 48 300，由 412 个氨基酸残基组成。

Ⅱ型角蛋白中间丝家族约有 18 个成员，已知晓 4 个Ⅱ型角蛋白中间丝的全序列，3 个绵羊的序列，1 个鼠（mH4b）的序列，还有 1 个绵羊和 1 个鼠（mHRb-1）的 2 个部分序列。不同物种同样存在高度同源，绵羊的四个序列分别被命名为 K2.9、K2.10（component 7c，mH4b）、K2.11、K2.12（component 5）。还有三个不在毛囊中表达的相关羊毛基因命名为 K2.13、K2.14、K2.15。K2.10（component 7c）是 4 种Ⅱ型中间丝蛋白之一，与附属的Ⅰ型蛋白构成羊毛微纤维或中间丝。Sparrow 等[12]从美利奴羊毛中分离出 S-羧甲基衍生物并分析了其蛋白产物的氨基酸序列，K2.10（component 7c）是具 N 端保护基的 491 个氨基酸残基的分子，有非螺旋的 N-端和 C-端，分别为 109 和 71 个氨基酸，富含半胱氨酸，以及中央 310 个残基的柱状 α-螺旋域组成，被非螺旋片段分为 4 个螺旋区 1A，1B，2A 和 2B，不含保护基其分子量为 55 600。

利用绵羊毛角蛋白和角蛋白关联蛋白基因,通过转基因改变羊毛纤维的蛋白组成,有可能产生加工和穿着特性更优良的纤维类型。利用转基因,Bawden 等[13]研究发现,高水平皮质特异性表达羊毛 II 型角蛋白中间丝(IF)基因 K2.10(KIF2.10),能够显著改善羊毛纤维的微观和宏观结构,转基因羊毛纤维表现亮泽(lustre)而弯曲度降低。mRNA 分析发现,来自内源性皮质 I 型(p<0.05)和 II 型(p<0.01)角蛋白中间丝(IF)基因,以及来自 KAP8(p<0.001)和 KAP2(p<0.01)家族的基因转录水平降低。检测蛋白组成显示,羊毛纤维皮质(cortex)的角蛋白 II 型蛋白家族的比率发生变化。同时,过度表达 K2.10 的转基因产物构成大多数的 II 型中间丝蛋白,它不能和许很多表达的内源性角蛋白 I 型中间丝构成异二聚体。和非转基因羊相比较,转基因羊的纤维皮层细胞中很难看见中间丝微纤维。其最终对纤维结构的影响效果是,扰乱了纤维皮质中正皮质与副皮质细胞的组成,能造成纤维弯曲度降低的因素之一。如果在转基因羊中低水平表达所转基因,则未观察到对转录和蛋白水平,或纤维微结构或宏观结构有影响,这表明在绵羊毛囊中基因表达谱的细微变化是可以被耐受的。研究数据也说明控制皮质中内源基因的转录水平,激活 K2.10 转基因座会致使内源性的角蛋白 I 型、角蛋白 II 型和 KAP 基因序列隐退。而且,对角蛋白和 KAP 基因共享的转录体系的干扰,可能发生在毛囊皮质建立正皮质和副皮质层之前,即在染色质水平。

K2.12(KIF2.12,component 5)也是 4 种 II 型中间丝蛋白之一,Sparrow 等[14]从美利奴羊毛中分离出 S-羧甲基衍生物并分析了其蛋白产物的氨基酸序列,K2.12(component 5)是具 N 端保护基的 503 个氨基酸残基的分子,氨基酸序列与 K2.10(component 7c)有 77% 同源性。与中间丝蛋白的结构模式一样,也是一个中央柱状螺旋域,被三个非螺旋的连接片段 L1、L12、L2 分为四个螺旋区 1A,1B,2A 和 2B,不含保护基其分子量为 56 600。

毛发的生长起源于毛囊球部的干细胞,毛发形态的变异可由多种因素决定,如毛囊球部细胞群的大小,有丝分裂活性和毛发生长周期的长度等。Powell 等[15]将 II 型中间丝角蛋白基因 14.3 kb 的限制性片断注入小鼠体内,结果其中一个含有 250 个拷贝的羊毛中间丝角蛋白基因的转基因小鼠,表现周期性的体毛脱落与再生循环,而且这个周期性的循环保持了这个转基因个体的一生。分析表明,其毛发的高硫蛋白和高 Gly-Tyr 蛋白的含量明显降低，这些蛋白是基质的组成成分。因此，过度表达 IF 蛋白的转基因小鼠，可能由于所转基因高拷贝数的出现，抑制了中间丝关联蛋白家族基因编码的角蛋白的合成，主要是抑制了高 Gly-Tyr 蛋白和高硫蛋白的合成。

第二节　毛囊角蛋白关联蛋白（KAP）

角蛋白是毛发形成的主要结构蛋白，其结构和含量成分与毛发的物理性质密切相关。角蛋白家族主要由两大家族构成，分别是角蛋白中间丝蛋白和角蛋白关联蛋白组成。其次，作为结构蛋白，角蛋白能够维持结构的机械稳定性，上皮的完整性和屏障功能[16]。此外，角蛋白还参与了细胞过程的调控，如胚胎发育和细胞运动，通过调节信号分子的活动来增殖和死亡[17-18]。KAP 家族基因表达部位在毛纤维的基质，对绒毛的细度、长度、弹性、弯曲度等起重要作用[19]。其次，氨基酸的组成成分变化在一定程度上会影响羊毛的品质。KAPs[20] 可根据氨基酸的组成分为三种类型，即高硫 KAP1.n，KAP2.n 和 KAP3.n；超高硫 KAP4.n，KAP5.n 和 KAP10.n 和高甘氨酸 / 酪氨酸 KAP6.n，KAP7.n 和 KAP8.n。这 3 大家族更进一步可以分为 23 个亚家族，依据氨基酸成分含量的一致性和它们各自重复结构的特征来判断，KAP1-3、KAP10-16 以及 KAP23 基因家族属于高硫 KAP 家族；KAP4 家族、KAP5 家族、KAP9 家族、KAP17 家族属于超高硫 KAP 家族，KAP6-8、KAP18-22 家族为高甘氨酸 / 酪氨酸（HGT）KAP 家族[21-22]。KAP 基因的特殊之处是没有内含子，似于原核基因，而 KIFs 基因的Ⅰ型和Ⅱ型都具有内含子结构。

角蛋白中间丝蛋白属于低硫蛋白，由两种蛋白家族Ⅰ型和Ⅱ型角蛋白构成，形成羊毛纤维的微原纤维成分。付雪峰等[23] 研究发现角蛋白与细羊毛纤维粗细有密切关系。此外，还有研究表明 KIF 基因可改善羊毛弯曲度、毛纤维的光泽和柔韧性。在绵羊基因组上，McLaren 等[24] 将 KAP6.1、KAP7、KAP8 定位于 1 号染色体；KAP1.1、KAP1.3、KAP3.2 定位于 11 号染色体；KAP5.1 定位于 21 号染色体。有研究显示 KAP7 属于Ⅰ型 HGT 蛋白，KAP7 基因可能对羊毛的毛色不同有一定的影响[25]。由此可以看出有关 KIF、KAP 基因对羊毛经济的发展还是有很大意义的。迄今为止,对 KAP 基因(KRTAPs)的研究主要是在人类、小鼠、家兔和绵羊身上进行的。例如,在人类身上至少有 80 个 KRTAPs 已经被归类为 25 个家族[26,27]。在绵羊中,有来自 13 个家族的 29 个 KRTAPs 被确认[28,29]。大多数 KAPs 基因成簇分布在染色体上,大小在 0.6 ~ 1.5 kb。目前,国内外在分子生物学方面已经有许多关于羊毛性能的报道,羊毛的进一步研究可以基于羊毛分子生物学进行研究。

一、高硫蛋白

每种硬的 α-角蛋白(羊毛、毛发、蹄、角、指甲等)都检测到高硫蛋白,含量从角中的 7% ~ 10%,一直到某些毛发中的 50%[30]。在羊毛中,高硫蛋白含量的变化范围是 20% ~ 30% 不等,主要存在于环绕中间丝的基质中,这些蛋白含有较多的 SCM-Cys(20% ~ 30%),含有丰富的 Pro、Ser、Thr,但是含有很少的 His、Lys,不含 Met。这些蛋白质以前的名称为 SCMKB,分子量大约为 10 000 ~ 30 000。

高硫蛋白包括 KAP1、KAP2 和 KAP3 三个家族,KAP1 家族蛋白大小 151 ~ 181 个氨基酸,约含有 22% 的 Cys。KAP2 家族蛋白大小 130 ~ 132 个氨基酸,约含有 24% 的 Cys。KAP3 家族是最小的毛发高 Cys 蛋白,只有 94 ~ 97 个氨基酸,含有 16% 的 Cys。Parris 等[31]分离了一个马海毛蛋白 SCMKB-M1.2 的完整的氨基酸序列,其含有 97 个氨基酸残基。这个蛋白和羊毛蛋白 SCMKB-ⅢB2(KAP3.2)有很高的同源性(KAP3.2 分子量大约 11 000),只有六个位置不同,也含有乙酰化的丙氨酸作为 N-端氨基酸,以及羧甲基半胱氨酸作为 C-端氨基酸。这个蛋白的分子量为 11 206。

Gillespie 报道[32]SCMK-2 组分是从美利奴羊毛中分离出来的富含硫蛋白的 S-羧甲基化衍生物,分子量 23 000,不含 Met,Lys 和 His,但是富含 SCM-Cys,Pro 和 Ser。他们发现总成分的突出特征是含量非常高的 SCM-Cys、Ser、Thr、Glu、Pro 和 Gly,它们约占残基数量的 75%,完全缺乏 Met,只含有少量的 Asp 和 Phe。

二、超高硫蛋白组

超高硫蛋白主要包括 KAP4，KAP5 和 KAP9 三个家族。KAP4 家族中绵羊 KAP4.1 大小为 211 个氨基酸，大约 80% 的组分是五种氨基酸：Cys、Ser、Pro、Arg 和 Thr，是 KAP 家族中唯一的受绵羊日粮中 Cys 水平变化影响的蛋白质。KAP5 家族蛋白大小 168 ~ 197 个氨基酸，含有 33% 的 Cys 和 27% 的 Gly。KAP9 蛋白含有 185 个氨基酸，其中 37% 是 Cys。

超高硫蛋白在羊毛全部角蛋白中只占很小的比例，但其构成毛发中很重要的组成成分。MacKinnon 等 [33] 用探针筛选分离了角质细胞中的两个基因，一个表达在绵羊的毛囊，另一个表达在人的毛囊中，它们各编码大小为 181 和 168 个氨基酸的两个蛋白，分子量为 16 kD。75% 的组分为三个氨基酸：Cys，Ser 和 Gly，其中 31% ~ 36% 的是 Cys，所以被称为超高硫蛋白。原位杂交表明，该蛋白在毛发形成的后期表达，定位于羊毛纤维角质层（而相邻的内根鞘中却没有表达）。

当绵羊的营养水平受限时，导致羊毛纤维的弯曲频率大量增加，而半胱氨酸和高硫蛋白含量降低 [34]，这与绵羊羊毛的弯曲频率与半胱氨酸含量间的直接关系形成鲜明对比。这些观察结果支持了如下假说：即弯曲频率的变更归因于毛囊形状和纤维长度增长率的组合，而不依赖于被大家普遍接受的理论，即归因于正皮质和副皮质细胞在纤维皮质中的比例与分布。高弯曲度羊毛的半胱氨酸含量降低的主要原因是特殊蛋白成分（超高硫蛋白，ultra-high-sulphur protein）合成的减少，超高硫蛋白本来期待由试验饲料日粮供应。低弯曲度羊毛中并不含有这种蛋白成分，在这方面与高弯曲度羊毛不同。

三、高 Gly-Tyr 蛋白

高 Gly-Tyr 蛋白和高硫蛋白一起构成了皮质的中间丝基质，该结论来自间接证据，在 X 射线衍生实验研究中对基质空间比率的计算，接近或等于分别估算的高硫和高 Gly-Tyr 蛋白的总比率 [35]。在羊毛中，这个小蛋白的族群分子量范围在 5 000 ~ 10 000，在纤维总蛋白的含量变化很大，有些可达到 13%。他们具有一般的氨基酸组成，含有很高的

Gly（25% ~ 40%）和 Tyr（15% ~ 20%），中等含量的 Phe、Ser，几乎可以忽略的 Lys、Ile、His、Glu、Ala，没有 Met。

高硫蛋白和高 Gly-Tyr 蛋白都属于中间丝关联蛋白，它们构成包埋角蛋白中间丝的基质[36]。高 Gly-Tyr 蛋白包括 KAP6、KAP7 和 KAP8 三个家族。根据其氨基酸含量和溶解性，将其分为 I 型和 II 型 HGT 蛋白。

KAP6 家族属于 II 型 HGT 蛋白，这个家族蛋白大小为 80 个氨基酸，含有 60% 的 Gly-Tyr 和 11% 的 Cys。Fratini[36] 分离了一个绵羊 KAP6 家族基因和蛋白，大小为 82 个氨基酸，分子量 8296，含有大约 60% 的 Gly、Tyr。原位杂交表明其表达在毛干的皮质区，但该家族基因的表达模式很多变，在不同的毛囊中其表达量也不同。

KAP7（component C2）属于 I 型 HGT 蛋白，只有一个成员，大小为 84 个氨基酸，含有 35% 的 Gly-Tyr 和 6% 的 Cys。在不同的基因组克隆中，Kuczek ES 等[37] 分离到编码羊毛两个主要角蛋白——高 Gly-Tyr 蛋白基因的完整的核苷酸序列。除了在起始密码子前一个 18 bp 的保守元件外，这些基因有不可忽视的序列同源性，同样的元件还在许多与其共表达的高硫（high-sulphur，HS）角蛋白基因相应的位置被发现，可能是代表这些羊毛中间丝关联蛋白之间的共同元件。与 HS 角蛋白基因一样，HGT 角蛋白基因也缺乏内含子。Southern 杂交数据表明，这两个 HGT 基因在基因组中都是唯一的，表明实际 HGT 蛋白组的多向性可能不像先前所预测的那样复杂。

KAP8（component F）也属于 I 型 HGT 蛋白，Kuczek E 等[38] 分离到编码高 Gly-Tyr（high-glycine + tyrosine，HGT）羊毛角蛋白的 cDNA 克隆，并进行了序列测定，根据存在于羊毛纤维中大约 0.4% 的 HGT 蛋白的氨基酸序列，反推合成一个 25 bp 的寡核苷酸探针鉴别获得该克隆，大小为 600 bp，命名为 KAP8（HGT-F）角蛋白。Southern 和 Northern 杂交表明 KAP8 基因在羊毛基因组中是一个单拷贝基因，即该家族只有一个成员。其大小为 61 个氨基酸，是最小的 KAP 蛋白，含有 40% 的 Gly-Tyr 和 6% 的 Cys，类似于 KAP7。

Dopheide[39] 从羊毛角蛋白中分离出组分 0.62，分子量为 6 950，约 50% 是 Gly 和芳香族氨基酸，没有 Lys、His、Glu、Ile 和 Met，被称为高酪氨酸蛋白。该蛋白存在于皮质区的基质中。

羊毛角蛋白关联蛋白基因（keratin-associated protein，KRTAP，KAP）分为几个家族。Parsons YM 等[40] 分析了四个 KRTAP 家族成员

与生长激素和 β - 血红素的连锁关系,对来自澳大利亚美利奴绵羊的 10 个父系群体进行了限制性长度多态性和微卫星多态性分析,发现了以前从未在绵羊或其他哺乳动物中检测到的两个连锁。它们是生长激素和高硫角蛋白家族基因 KRTAP1(以前称为高硫 B2C)在 $\theta=0.10$, $Z=3.01$ 处连锁;以及高 Gly-Tyr 蛋白组基因 KRTAP6(以前称为高 Gly-Tyr Ⅱ 型)和 KRTAP8(以前称为高 Gly-Tyr Ⅰ 型 F)在 $\theta=0.15$, $Z=5.0$ 处连锁。哺乳动物基因组在这些重组值上的高度保守,说明这些连锁也可能在远缘哺乳动物物种中被发现。

Parsons 等 [40] 研究了 Medium Peppin Merino 群体的数量性状遗传位点的候选基因,显然对羊毛生产性能有影响的候选基因是表达在毛纤维中的主要蛋白——角蛋白中间丝和角蛋白关联蛋白基因。两个角蛋白关联蛋白基因座,KRTAP6(KAP6)和 KRTAP8(KAP8),据前期研究显示它们是连锁的。通过对八个半同胞群体的测试,这两个基因座与生产性状间的分析结果有效地证明了 KRTAP6 和 KRTAP8 基因与羊毛纤维直径性状连锁。高 Gly-Tyr 蛋白(KRTAP6、KRTAP 7 和 KRTAP 8)在羊毛纤维中的丰度变异相当大,很可能有一个主要影响纤维直径的基因位于 KRTAP6 和 KRTAP8 的染色体区域。

四、其他家族

有两个家族不在以上几种类型中,它们是 KAP10 和 KAP11 家族。KAP10 是已知的 KAP 家族中最大的蛋白,大小为 294 个氨基酸,Gly 含量较低。KAP11 编码 192 个氨基酸,Cys 含量为 12%。

利用动物角蛋白关联蛋白(KAP)基因序列查询并分析 EBI/GeneBank 数据库,结果在 21 号染色体上鉴别出两个人类 KAP 基因区域 [41]。其中一个最近已被定义,位于 21q22.1;第二个区域在距染色体 21q23 大约 90 kb 的区域,包含 16 个 KAP 和两个 KAP 假基因。比较已知的绵羊和鼠 KAP 家族,这些基因属于两个 KAP 家族——KAP10 和 KAP12,并且 KAP10 家族(12 个成员)明显大于 KAP12 家族(4 个成员)。利用人头皮 mRNA 系 cDNA/3' 快速扩增分离 cDNA 末端研究,鉴定了八个 KAP10 和两个 KAP12 cDNA 序列。利用不同的 KAP10/KAP12 基因特异的 3'- 非编码区序列,通过原位杂交法分析了人类生长初期毛发毛囊,结果显示几乎所有的 KAP10 和 KAP12 成员 mRNA

的表达,都集中在毛发纤维角质层中部的一个狭窄的区域。对 KAP10/KAP12 基因启动子区域的生物信息学分析,证明几乎所有的 KAP 基因都存在几个增强子元件。在这些元件中间主要结合的是 ETS 结合元件,热休克因子和 AML、HOX 家族的转录因子。

　　利用人毛发角蛋白关联蛋白(hKAP1.1A)基因探针低严紧度筛选人类 P1 人工染色体文库[42],分离到六个 P1 人工染色体克隆末端序列,对 EMBO/GenBank（TM）数据库基本资料分析显示,这些克隆包含在四个先前已测序的人类细菌人工染色体克隆上,存在与染色体 17q12-21 并排构成两个大的基序,大小为 290 和 225 个 kb。与部分测序的人类细菌人工染色体克隆数据库重叠并与这些基序相符合。这个 600 kb 基因簇的一端含有六个基因座,是先前描述过的人类 I 型毛发角蛋白基因。这个基因簇的另一端含有人类 I 型细胞角蛋白 K20 和 K12 基因座。这个簇的中心,约在毛发角蛋白基因的下游 hHa3-I35 kb 处,含有高硫、超高硫毛发角蛋白关联蛋白(KAPs)的 37 个基因,基于和以前鉴别的绵羊、鼠和兔 KAPs 的氨基酸同源性比较,这些基因被分为 7 个 KAP 多基因家族。通过已鉴别的 KAP 基因序列,获得特异的 3' 非编码区聚合酶链式反应探针,筛选排列的人类头皮 cDNA 文库,迄今为止,已分离了 26 个人类 KAP cDNA 克隆。利用这个筛选也获得了另外四个 cDNA 序列,其基因不存在于这个基因簇,但属于该基序上的特异的 KAP 基因家族。五个不同的 KAP 多基因家族的单个成员的毛发毛囊原位杂交资料,都显示各自 mRNAs 定位于毛干的上皮层。

第三节　毛透明蛋白

　　Rothnagel[43] 从绵羊毛囊中分离了一个与含胍氨酸中间丝形成有关的前体蛋白,分子量大小为 190 000,含有大量的 Lys、Glu/Gln、Arg。免疫组化表明该蛋白定位于发育中毛囊内根鞘的毛透明蛋白粒子中,故将其定名为毛透明蛋白。免疫电镜研究表明毛透明蛋白的作用是中间丝基质。

　　Fietz[44] 的研究表明,毛透明蛋白是产生并固定于毛囊内根鞘和髓质细胞中的结构蛋白,绵羊毛透明蛋白分子量大约重 201 172,其特点是高比率的 Glu、Arg、Gln 和 Leu,占总蛋白氨基酸的 75%。这些氨基酸都是以下两个酶的底物,内根鞘蛋白靠 ε-(γ-谷氨酰)赖氨酸异肽键交联在一起,催化该反应的酶是转谷氨酰基酶;内根鞘蛋白中的精氨酸转变为瓜氨酸,由肽基精氨酸脱亚氨基酶催化,这两个酶活力都是钙依赖性的,毛透明蛋白的氨基端恰恰含有两个 EF-手钙结合结构域,因此,毛透明蛋白不仅仅是内根鞘和髓质中的结构蛋白,也调控内根鞘和髓质中细胞的钙水平,在底物位点为这些酶贮存钙,在活化这些酶时释放钙。

第四节　毛囊发育的信号调节

毛囊发育过程受多种信号分子的调节[45]。信号分子是一系列对细胞的增殖、分化起调控作用的基因表达产物,与表达于上皮-外胚层间充质交界处的相应细胞共同构成特定的分子网络,参与皮肤细胞分化和组织形态发生过程,目前主要涉及 Wnt、Notch、Noggin 以及 sonic hedgehog(Shh)等几大类。真皮乳头细胞可分泌多种细胞因子、生长因子诱导毛囊的生长发育,如胰岛素样生长因子-1(IGF-1)、成纤维细胞生长因子 7(FGF-7)、干细胞因子(SCF)、肝细胞生长因子(HGF)、表皮生长因子(EGF)、角质形成细胞生长因子等多种与毛囊形成有关的分子。同时还有一系列信号分子刺激真皮乳头的形成,如骨形成蛋白(BMPs)、FGFs、Shh 等;另外,β-catenin 也是毛发形成中不可缺少的调节分子。毛囊近端(包括隆突部、次级发胚、真皮乳头)局部控制毛发生长的刺激物和抑制物之间的平衡,对新一轮毛发生长的开始起着关键的作用[46]。牟艳军、李英春、李桂芳、赵宗胜[47]等就 GH、IGF-1、EGF 等因子对绵羊毛囊发育、毛囊形态的影响等做了初步研究。

杨卫兵等[48]研究表明造血干细胞相关基因 HSPC016 可能与毛乳头细胞的分化和功能状态有关。杨华进行了新疆细毛羊和阿勒泰羊毛囊细胞体外培养,两者毛囊细胞形态基本一致,利用差异显示法筛选中国美利奴细毛羊毛囊发育相关基因,但没有发现与 IGF-1、EGF 及其受体相关的 EST 表达。

蛋白信号通路一直是各大科研项目研究的热点选题之一，然而动物皮肤毛囊的发育过程也是受到一系列复杂多变的信号分子的调节。信号分子是一类对细胞的增殖、分化起到向上或向下调控作用的基因表达产物。有文献证实已被确定的调节哺乳动物细胞凋亡的蛋白有 Bcl-c、Bcl-2、Bax-x 以及肿瘤坏死因子等。另外，还有褪黑激素（ Melatonin ）[49]、BMP（ Bone morphogenetic protein ）信号通路等均能够调节毛囊的生长状况[50]。SHH（ Sonic hedgehog ）能参与促使表皮细胞增殖来影响其分化和毛囊发育[51-53]。多种激素、生长因子对毛囊生长发育和生长周期有调控作用[54]，如干细胞因子（ Stem cell factor，SCF ）、表皮生长因子（ Epidermal growth factor，EGF ）、成纤维细胞生长因子 5（ Fibroblast growth factor-5，FGF-5 ）等多种与毛囊的形成有关的分子。肿瘤坏死因子（ Tumor necrosis factor，TNF ）家族的成员之一的外胚叶发育不全蛋白基因（ Ectodysplasin-A，EDA ），主要作用是对毛囊细胞的发育与分化进行调控[55]。Wnt 蛋白家族与毛囊的形成和生长发育密切相关，另外，它的家族成员 β-catenin 也是毛发形成和损伤修复过程中不可缺少的调节分子[56-59]。

黄思霞等[60]研究通过敲除小鼠 Wls 基因，发现该小鼠毛囊发育的毛囊数在减少，并且破坏了毛发循环周期。白婷婷[61]等研究发现 EGF 通过 ERK、AKT 信号通路，对人的毛囊间充质干细胞起到促进增殖的作用。还有研究表明 Edar 信号通路主要调节早期发育的皮肤附属物的形成，还可以调节毛囊发育的周期性。但是，一旦 Edar 发生突变，可能会导致不同程度的人少汗型外胚层发育不良综合征（ HED ）疾病。这种信号通路在毛囊生长中的表达具有时间和空间特异性。皮肤受到损伤后，会产生炎症反应，皮肤修复主要包括细胞的增殖和重塑，而 Edar 信号通路就可以参与其细胞增殖方面的修复和调控[62,63]。

第五节　毛囊研究的目的意义

毛囊发育的主要特征是周期性的再生和退化，毛发生长期、退行期和休止期三个循环周而复始。IF 和 KAP 表达在毛发生长的不同时间、不同阶段、不同部位,使毛发丰富而多变。成年绵羊和胎儿皮肤的 2 939 个 EST,对这些 EST 进行了生物信息学分析,产生了大量特异性表达的数据,已有 1 142 个 EST 被应用于原位杂交分析。

这些羊毛纤维皮质中不同的角蛋白家族蛋白质合成的机制,已经被争论了许多年。角蛋白硫含量,随着角质化细胞的年龄而增加,这反映了低硫蛋白的合成早于高硫蛋白的。微丝(低硫蛋白)和基质(高硫和高 Gly-Tyr 蛋白)在正皮质中是同时合成的,而在副皮质中是连续合成的,基质产生的起始落后于微丝,然后又是一个剧烈的增加阶段,直到二者都合成。在纤维合成期间,不同层次的角蛋白的合成相对速率依然还没有完全定论。

调查毛发基因的组织表明每个家族的成员在基因组都是成簇存在,并且它们的表达受到某些因素的调控。有趣的是,毛透明蛋白与其他毛发蛋白显著不同,它产生在内根鞘细胞,发现编码毛透明蛋白的基因位于丝聚合蛋白源、外皮蛋白与兜甲蛋白等基因染色体座。

目前人们关注的主要目标是,研究毛发皮质中产物的角蛋白中间丝(IFs),以及两个大的群体,即富含半胱氨酸或高 Gly-Tyr 蛋白的角蛋白关联蛋白表达的调控机制。通过对表达在毛发角质层的一个富含半胱氨酸蛋白的特异家族,表达 IF 基因和 KAP 基因的启动子,包括最近定义的高 Gly-Tyr 蛋白基因的研究,除已知的调控基因表达元件外,揭示了一个假定的毛发 - 特异性基序(motifs)。绵羊毛发的分化表达模式特别有趣,拥有正或副皮质类型细胞的不同片段有显著不同的表达途径。通过鼠转基因测试毛发特异性调控序列的候选基因,产生了几个有趣的毛发表现型。转基因绵羊过度表达角蛋白基因,但与同样的转基因毛发缺失鼠比较,没有观察到毛发生长的变化。研究了氨基酸供应对毛发生长率的影响,证明给绵羊供应半胱氨酸会对毛发生长有微弱干扰,只有一种类型的 mRNA 水平显著增加,还有副皮质对正皮质细胞的比例增加了,目前正在寻找这种现象的分子解释。

净毛重与纤维直径、毛囊密度、纤维强度都相关,这些遗传关系表明基因影响毛囊和纤维的生长发育途径,基因之间存在复杂微妙的相互作用,从而影响了羊毛的表现型。由于没有相应的机制可以预测所有相关基因之间互作产生的多效性,基因多效性成了选育产高品质羊毛绵羊的主要障碍。

因此，对毛发角蛋白基因与蛋白的深入研究，结合生物信息学分析数据，将有助于全面地探索毛囊发育的调节基因、转录因子、信号转导元件、生长因子和生长因子受体等基因和蛋白表达的影响因素，更好地服务于生产实践。

参考文献

[1] 马凤梅,李盛芳,邴鲁军,等.角蛋白15在大鼠皮肤发育中表达的研究 [J].中国组织化学与细胞化学杂志，2005，14（3）：327-330.

[2] 曾益军,宋川,杨恬,等.大鼠生后发育期皮肤和毛囊中角蛋白14的研究 [J].第三军医大学学报，2001，23（1）：91-93.

[3] 尹俊,李金泉,张燕军,等.一个山羊 I 型毛角蛋白基因的序列及其在皮肤中的表达 [J].畜牧兽医学报，2006，37（1）：18-22.

[4] Parsons Y M，Piper L R，Cooper D W，et al. Linkage relationships between keratin associated protein（KRTAP）genes and growth hormone in sheep[J]. Genomics，1994，20：500-502.

[5] Dry E. The dominant N gene in New Zealand Romney sheep[J]. Agric. Res，1955，6：725-769.

[6] 李树伟.影响绵羊毛纤维与毛囊结构及生产性状的分子机理研究 [D].长春：吉林大学，2008.

[7] Maker I A，Havryliak V V，Sedilo H M. Genetic and biochemical aspects of keratin synthesis by hair follicles[J]. Tsitol Genet，2007，41（1）：75-79.

[8] Powell B C，Cam G R，Fietz M J. Clustered arrangement of keratin intermediate filament genes[J]. Proc. Natl. Acad. Sci. USA. 1986，83：5048-5052.

[9] Hediger R，Ansari H A，Stranziger G F，et al. Chromosome banding and gene localizations support extensive conservation of chromosome structure between cattle and sheep[J]. Cytogenet. Cell Genet，1991，57：127-134.

[10] Wilson B W，Edwards K J，Sleigh M J，et al. Complete sequence of a type- I microfibrillar wool keratin gene[J].Gene，1988，73：21-31.

[11] Dowling L M，Crewther W G，INGLIS A S，et al. The primary structure of component 8c-1，a subunit protein of intermediate filaments in wool keratin relationship with proteins from other intermediate filaments[J]. Biochem. J，1986，236：695-703.

[12] Sparrow L G，Robison C P，McMahon DTW，et al. The amino acid sequence of component 7c, a type II intermediate-filament protein from wool[J]. Biochem. J，1989，261：1015-1022.

[13] Bawden C S，Powell B C，Walker S K，et al. Expression of a wool intermediate filament keratin transgene in sheep fibre alters structure[J]. Transgenic Res，1998，7（4）：273-87.

[14] Sparrow L G，Robison C P，Caine J. Type II intermediate-filament proteins from wool，The amino acid sequence of component 5 and comparison with component 7c[J]. Biochem. J，1992，282：291-297.

[15] Powell B C，Rogers G E. Cyclic hair-loss and regrowth in transgenic mice overexpressing an intermediate filament gene[J]. The EMBO Journal，1990，9（5）：1485-1493.

[16] Coulombe P A，Omary M B. 'Hard' and 'soft' principles defining the structure，function and regulation of keratin intermediate filaments[J]. Curr Opin Cell Biol，2002，14（1）：110-122.

[17] Pan X，Hobbs R P，Coulombe P A. The expanding significance of keratin intermediate filaments in normal and diseased epithelia[J]. Curr Opin Cell Biol，2013，25：47-56.

[18] Kuga T，Sasaki M，Mikami T，et al. FAM83H and casein kinase I regulate the organization of the keratin cytoskeleton and formation of desmosomes[J]. Sci Rep，2016，6：26557.

[19] 王宏博，梁春年，包鹏甲，等 . 牦牛 KAP3.3 基因的克隆及生物信息学分析 [J]. 遗传育种，2015，51（19）：17-18.

[20] Zhang X C，Shi Y，Yu H. On 43 cases of acute Furadan poisoning[J]. China Journal of Emergency Resuscitation and Disaster Medicine，2008，3（2）：115-116.

[21] Rogers M A，Langbein L，Winter H，et al. Characterization of a first domain of human high glycine-tyrosine and high sulfur

keratin-associated protein（KAP）Genes on Chromosome 21q22.1[J]. Biol Chem，2002，277（50）：48993-49002.

[22] Shimomura Y，Aoki N，Rogers M A，et al. hKAP1.6 and hKAP1.7，Two Novel Human High Sulfur Keratin-Associated Proteins are Expressed in the Hair Follicle cortex[J]. Invest. Dermatol，February1，2002，118（2）：226-231.

[23] 付雪峰，杨涵羽璐，石刚，等 . 不同羊毛纤维直径细毛羊皮肤组织差异表达蛋白质研究 [J]. 中国畜牧兽医，2016，43（4）：887-890.

[24] Mclaren R J，Rogers G R，Davies K P，et al. Linkage mapping of wool keratinand keratin-associated protein genes in sheep[J]. Mamm Genome，1997，8：938-940.

[25] 李志刚 . 新疆南部地方品种绵羊毛囊 KAP7 基因的多克隆抗体制备与真核表达 [D]. 阿拉尔：塔里木大学，2017.

[26] Rogers M A，Winter H，Langbein L，et al. Characterization of human KAP24.1，a cuticular hair keratin-associated protein with unusual amino-acid composition and repeat structure[J]. Investig Dermatol，2007，127：1197-1204.

[27] Rogers M A，Langbein L，Praetzel-Wunder S，et al. Characterization and expression analysis of the hair keratin associated protein KAP26.1[J]. Br. J. Dermatol，2008，159：725-729.

[28] Gong H，Zhou H，Forrest R H，et al. Wool keratin-associated protein genes in sheep-a review[J]. Genes，2016，7（6）：328.

[29] Wang J，Zhou H，Zhu J，et al. Identification of the ovine keratin-associated protein 15-1 gene（KRTAP15-1）and genetic variation in its coding sequence [J]. Small Rumin. Res，2017，153：131-136.

[30] Gillespie J M，Frenkel M J. The macroheterogeneity of type Ⅰ tyrosine-rich proteins of merine wool[J]. Aust.J.Biol.Sci，1974，27：617-627.

[31] Parris D，Swart L S.Studies on the high-sulphur proteins of reduced mohair.The isolation and amino acid sequence of protein SCMKB-M1.2[J]. Biochem.J，1975，145：459-467.

[32] Gillespie J M，Haylett T，Lindley H，et al. Evidence of

Homology in a High-Sulphur Protein Fraction（SCMK-B2）of and hair α-Keratins[J]. Biochem. J, 1968, 110: 193-200.

[33] MacKinnon P J, Powell B C, Rogers G E. Structure and Expression of genes for a class of cysteine-rich proteins of the cuticle layers of differentiating wool and hair follicles[J]. The Journal of Cell Biology, 1990, 111（6）: 2587-2600.

[34] Campbell M E, Whiteley K J, Gillespie J M. Influence of nutrition on the crimping rate of wool and the type and proportion of constituent proteins[J]. Aust J Biol Sci, 1975, 28（4）: 389-397.

[35] Fraser R D, Gillespie J M, MacRea T P. Tyrosine-rich proteins in keratins[J]. Comp Biochem Physiol B, 1973,44（3）: 943-947.

[36] Fratini A, Powell B C, Rogers G E. Sequence, expression, and evolutionary conservation of a gene encoding a glycine/tyrosine-rich keratin-associated protein of hair[J]. The Journal of Biological Chemistry, 1993, 268（6）: 4511-4518.

[37] Kuczek E S, Rogers G E. Sheep wool（glycine + tyrosine）-rich keratin genes. A family of low sequence homology[J]. Eur J Biochem, 1987, 166（1）: 79-85.

[38] Kuczek E, Rogers G E. Sheep keratins: characterization of cDNA clones for the glycine + tyrosine-rich wool proteins using a synthetic probe[J]. Eur J Biochem, 1985, 146（1）: 89-93.

[39] Dopheide TAA. The primary structure of a protein, component 0.62, rich in glycine and aromatic residues, obtained from wool keratin[J]. Eur. J. Biochem. 1973, 34: 120-124.

[40] Parsons Y M, Cooper D W, Piper L R. Evidence of linkage between high-glycine-tyrosine keratin gene loci and wool fibre diameter in a Merino half-sib family[J]. Anim Genet, 1994, 25（2）: 105-8.

[41] Rogers M A, Langbein L, Winter H, et al. Hair keratin associated proteins: characterization of a second high sulfur KAP gene domain on human chromosome 21[J]. J Invest Dermatol, 2004, 122（1）: 147-58.

[42] Rogers M A，Langbein L，Winter H. Characterization of a cluster of human high/ultrahigh sulfur keratin-associated protein genes embedded in the type Ⅰ keratin gene domain on chromosome 17q12-21[J]. J Biol Chem, 2001, 276（22）: 19440-51.

[43] Rothnagel J A, Rogers G E. Trichohyalin，an intermediate filament-associated protein of the hair follicle[J]. The Journal of Cell Biology, 1986, 102: 1419-1429.

[44] Fietz M J, McLaughlan C J, Campbell M T, et al. Anslysis of the sheep trichohyalin gene: Potential structural and calcium-binding roles of trichohyalin in the hair follicle[J]. The Journal of Cell Biology, 1993,121（4）: 855-865.

[45] Barker N, Clevers H. Catenins，wnt signaling and cancer[J]. Bioassays, 2000,22（11）: 961-965

[46] Botchkarev V A, Botchkarev N V, Nakamura M, et al. Noggin is required for induction of the hair follicle growth phase in postnatal skin[J]. FASEB-J, 2001, 15（12）: 2205-2214.

[47] 赵宗胜,王根林,李大权,等 . IGF-1 和 EGF 对绵羊毛囊体外培养的影响 [J]. 南京农业大学学报, 2006,29（2）: 138-141.

[48] 杨卫兵,郝飞,宋志强,等 . HSPC016 基因在凝集性生长人毛乳头细胞的表达 [J]. 中华皮肤科杂志, 2005, 38（5）: 294-296.

[49] 王林枫,卢德勋,孙海州,等 . 光照和埋植褪黑激素对内蒙古绒山羊氮分配和生产性能影响的研究 [J]. 中国农业大学学报, 2006, 11（1）: 22-28.

[50] Philip J. Murray, Philip K Maini, Maksim V Plikus, et al. Modelling Hair Follicle Growth Dynamics as an Excitable Medium[J]. PLOS Computational Biology, 2012, 8（12）: e1002804.

[51] Woo W M, Zhen H H, ORO A E. Shh maintains dermal papilla identity and hair morphogenesis via a Noggin-Shh regulatory loop[J].Genes Dev, 2012（26）: 1235-1246.

[52] Botchkarev V A, Botchkareva N V, Roth W, et al. Noggin is mesenchymally derived stimulator of hair-follicle induction[J]. Nature cell biology, 1999,1（3）: 158-164.

[53] Teichert A E, Elalieh H, Elias P M, et al. Over expression

of Hedgehog signaling is associated with epidermal tumor formation invitamin d receptornull mice[J].Sci Int Dermatol，2011，131（11）：2289-2297.

[54] Abbasi A A. Molecular evolution of HR，a gene that regulates the postnatal cycle of the hair follicle[J]. Sci.Rep，2011，1：32.

[55] 王小佳，贺建宁，柳楠，等 . EDA 基因及其信号通路在动物皮肤毛囊发育中作用研究进展 [J]. 中国畜牧兽医，2015，4（27）：1777-1786.

[56] 张艺，杨恬，樊红艳，等 . 连珠蛋白在人毛囊发育形成中的表达 [J]. 西北国防医学杂志，2004，25（2）：117-119.

[57] Shimomura Y，Christiano A M. Biology and genetics of hair [J]. Annu Rev Genom Hum Genet，2010，11：109-132.

[58] Huelsken J，Vogel R，Erdmann B，et al. β-catein controls hair follicle mophogenesis and cell differentiaeion in the skin[J]. Cell，2001，105（4）：533-545.

[59] 张艺，施春英，杨恬 . β-catenin 在毛囊干细胞中转位表达与细胞增殖的关系 [J]. 西北国防医学杂志，2008，29（3）：180-182.

[60] 黄思霞 . Wntless 调控毛囊发育、毛发循环和表皮代谢及 Foxp1 调节棕色脂肪形成与功能的机理研究 [D]. 上海：上海交通大学，2015.

[61] 白婷婷 . 表皮生长因子促进人毛囊间充质干细胞增殖的机制研究 [D]. 长春：吉林大学，2016.

[62] 李雪儿，郑昕婷，牟春燕，等 . Edar 信号通路调控毛囊发育的研究进展 [J]. 生命科学，2017，29（1）：63-69.

[63] Bielefeld K A，Amini-Nik S，Alman B A.Cutaneous wound healing：recruiting developmental pathways for regeneration[J]. Cell Mol Life Sci，2013，70：2059-2081.

第三章　和田羊与卡拉库尔羊皮肤毛囊结构

新疆和田羊羊毛的毛纤维属于直径粗且长度长的、硬度适宜的、弹力和弯曲度良好的羊毛,这种羊毛染色时易上色且保持时间持久,编织时毛纤维既不过硬也不过细,各方面都很合适用来织制地毯。除此之外,经它纺织的成衣的颜色饱和度好,舒适度高,买回来又好看又经济又实用;而用和田羊毛织成的地毯,还具有抗腐烂防潮湿,结实耐用保存久,色泽鲜艳久不褪色的特点[1]。有研究发现毛囊细胞还具有增殖与分化的功能,在和田羊羊毛的生长发育过程中起到重要作用,但是到目前为止,和田羊皮肤毛囊的结构及其毛囊从属物结构的形态究竟如何尚未被研究。因此,本试验研究选取不同月份、平原与山区型和田羊腹侧部皮肤 1 cm²,对这些组织分批次进行组织切片制片及常规染色,通过可视显微镜从形态学上观察和田羊毛囊结构,根据毛囊数目统计结果分析毛囊密度差异及其变化趋势。为探究和田羊毛产量和品质的影响因素,在毛囊形态学上提供一定的理论基础,也为后期研究和田羊次级毛囊高速增殖机制上提供一些启发和方向。

第一节　绵羊皮肤毛囊样本的获取

一、试验材料

试验材料所用绵羊选取健康的 4 月龄新疆平原型和田母羊 2 只、新疆山区型和田母羊 2 只,来自和田地区洛浦县、策勒县羊场随机选的体型、体重、年龄相似的新疆和田羊,饲养于塔里木大学动物实验站。

在饲养过程中,从 2 月份起,每隔 1 个月采取一次绵羊背侧部位皮肤样本,共采取 2、4、6、8 月共四个月的皮肤组织。

二、采样及预处理

按实验序号 1 ~ 4 将和田羊依次人工固定,首先,选取其体侧部中央剃掉羊毛,收集好羊毛标记好编号;接着皮下注射适量普鲁卡因局部麻醉,利用皮肤取样器钻取 1 cm^2 的皮肤样本,使用 PBS 缓冲液简单冲洗后,迅速放入 4% 多聚甲醛溶液中,然后对伤口进行缝合、杀菌、消炎处理。

三、组织切片制作

先将样本进行前处理,将固定 24 h 的皮肤样本取出,在显微解剖台上剪去稍长的毛发,样本边缘修整齐便于包埋,纵切样本需顺着毛的走向使用手术刀一刀切开,切口会整齐利落,有利于纵切包埋和切片。将处理好的样本依次放入与之对应的标记好的塑料包埋盒中,流水冲洗数小时后,置于 70% 乙醇中备用。再对样本进行脱水处理,包埋,切片,之后进行 SACPIC 染色,中性树胶封片,麦克奥迪可视化显微镜观察拍照。

四、毛囊生长发育密度

在麦克奥迪可视显微镜 100× 倍镜下选择视野清晰的皮肤横切片,在每个切片上随机观察 10 个不同视野并记录数据,并对其采用 Microsoft Excel 数据分析工具计算平均数和标准差。平均毛囊数除以图像面积,再除以缩水率,算出毛囊密度。对初级毛囊密度和次级毛囊密度(S)、次级毛囊密度与初级毛囊密度比值(S/P)、及总毛囊密度进行分析。初级毛囊的判断方式是直径较大的毛囊且带有一对皮脂腺,次级毛囊则直径较小,一般不具有皮脂腺。

选择视野观察清晰的皮肤纵切片,在倒置显微镜 40× 及 100× 倍镜下记录同一视野内的毛囊发育情况,观察并记录初级毛囊与次级毛囊的生长发育情况,区分出差异的初级毛囊和次级毛囊。

五、数据处理及分析

根据记录的实验数据,利用 SPSS18.0、Image-Plus 6.0 等软件分析数据,对平原型和山区型和田羊初级、次级毛囊相关性状的变化及趋势进行分析,初步探讨影响和田羊羊毛生长的相关因素。

第二节　和田羊毛囊结构分析

一、和田羊皮肤毛囊形态学观察

（一）毛囊纵切结构观察

平原型、山区型和田羊皮肤毛囊经 SACPIC 染色后,可见角质化皮质变成橙色或黄色,内根鞘显示为红色,外根鞘为绿色,汗腺和皮脂腺则被染成灰色 / 绿色,毛囊群边缘的胶原束呈现蓝色。

从图 3-1 可看出毛囊由下而上分别是毛球部（Bulb）和毛干（HS）,毛球部又包含了毛乳头（DP）和毛母质（HM）;毛囊自内而外则由毛干、内根鞘（IRS）、外根鞘（ORS）和结缔组织鞘（CTS）组成其基本结构。

（二）毛囊横切结构及活性状态观察

观察横切片可发现数量较少的、直径较大的、附带一对皮脂腺的是初级毛囊,数量多且直径较小的、没有皮脂腺的是次级毛囊。再观察初级、次级毛囊内根鞘,内根鞘是红色的,则为有活性毛囊,反之为无活性毛囊。如图 3-2 中将 HP02 和 HS05 横切片 100 倍下,可清晰地观察到毛囊的活性状态。图中黑色短头代表初级毛囊不同活性状态,长箭头代表次级毛囊不同活性状态,红色较为明显的毛囊活性较好,处于毛囊生长期;而红色很少甚至消失的毛囊表现的活性较弱或者没有活性,可能处于毛囊休眠期或退化期。

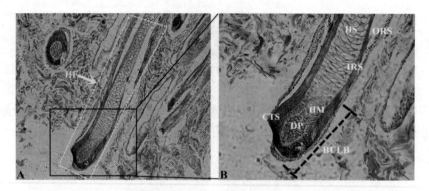

图 3-1　和田羊皮肤毛囊纵切图(A：100×；B：400×)

Fig. 3-1 Longitudinal section of Hetian sheep follicle（A：100×；B：400×）

注：HF(毛囊)；DP(真皮乳头)；HM(毛母质)；CTS(结缔组织)；HS(毛干)；IRS(内根鞘)；ORS (外根鞘)；BULB (毛球部)。

Legend：HF（hair follicle）；DP（dermal papillae）；HM（hair matrix）；CTS（connective tissue）；HS（hair shaft）；IRS（internal root sheath）；ORS（outer root sheath）；BULB。

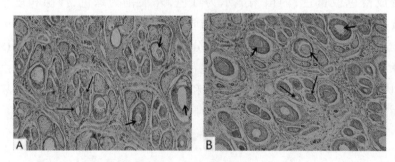

图 3-2　和田羊皮肤毛囊横切图(100×)

Fig.3-2 Transverse section of Hetian sheep follicle（100×）

注：A HP02（2号平原型和田羊）；B HS05（5号山区型和田羊）。

Legend：A HP02（plain sheep）；B HS05（mountain–type sheep）。

（三）毛囊皮脂腺形态学观察

有研究表明绵羊一般在 80 日龄左右出现汗腺和皮脂腺，90 日龄左右出现竖毛肌，并初步形成毛囊群。图 3-3 中可看出放大的和田羊皮肤毛囊的皮脂腺结构，由紧密的带有细胞核的细胞群构成。在本试验中通过石蜡切片的 SACPIC 染色观察到皮脂腺大多出现在初级毛囊两侧，通常是一个初级毛囊具有一对皮脂腺，而次级毛囊则不具有皮脂腺。此外，皮脂腺还可以作为毛囊发育成熟的一个鉴定标志。

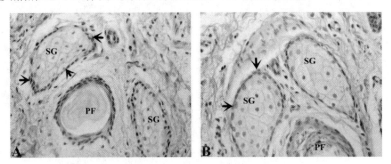

图 3-3 和田羊皮肤毛囊皮脂腺结构特征（400×）

Fig. 3-3 The architectural feature of sebaceous gland of Hetian sheeps' hair follicle（400×）

注：A（平原型）；B（山区型）SG（皮脂腺）；PF（初级毛囊）。

Legend：SG（sebaceous gland）；PF（primary hair follicle）。

二、毛球部形态学观察

毛球部有一个较为重要的结构就是真皮乳头，它在完整的毛囊发育过程中，是由真皮层成纤维细胞分化而来，而散在的则聚集形成连接组织鞘。毛干的大小是由毛母质细胞生长分化调控的，而毛母质细胞又是由真皮乳头细胞调控的，所以说真皮乳头细胞对毛干性状的控制是十分重要的。

毛球部位于皮肤真皮层毛囊底部，对毛囊生长具有重要作用。图 3-4 展示了和田羊皮肤毛球部的生长发育状态，图 3-4A 显示毛囊处于生长期，它的真皮乳头（DP）部位非常小（图中黑色虚线区域），随着时间延长，它的 DP 部分变得狭长，呈纺锤形（图 3-4B），继而随着毛囊进一步的生长发育，DP 由狭长变为短小而紧密（图 3-4C），当毛囊发育成熟时，它的 DP 呈现桃状，较为饱满。因此，此图可以说明在毛囊发育过程中，可以根据真皮乳头的形态结构在一定程度上对毛囊的生长发育阶段的分析进行形态学上的鉴定和区分。

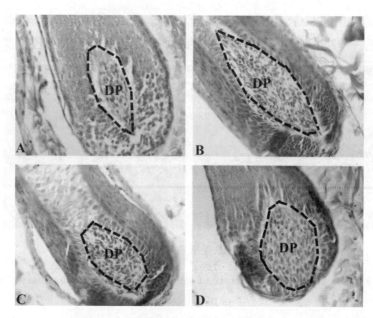

图 3-4　皮肤毛囊毛球部生长发育（400 × ）

Fig. 3-4 The development of skin hair follicles' bulb（400 × ）

注：A. 生长初期；B. 生长中期；C. 生长后期；D. 成熟期。

Legend：A growth stage；B growth medium；C growth stage；D maturation。

三、毛囊群观察

　　绵羊皮肤的毛囊一般呈规律性成群分布，由致密的结缔组织环绕而形成毛囊群。毛囊群没有特定的分布形状，初级毛囊大多规律性地排列在毛囊群的一侧，且大小比较明显，并伴随着零星大小不一的小型皮脂腺，从图 3-5 可看出和田羊皮肤毛囊群的明显特征。毛囊群一般是由一个初级毛囊和若干个次级毛囊结缔组织围绕而成。此外，我们可以在 A 图中看到山区型和田羊皮肤毛囊群结构更为紧凑，毛囊密度良好。从此组数据中也可以看出山区型和田羊皮肤被毛状态要优于平原型和田羊的被毛状态。

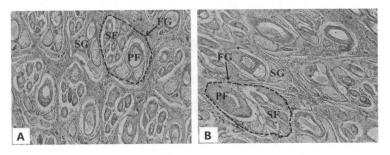

图 3-5　和田羊皮肤毛囊群观察（100×）

Fig.3-5 Observation of the follicle group of Hetian sheep（100×）

注：A 山区型和田羊；B 平原型和田羊；FG 毛囊群；SG 皮脂腺；PF 初级毛囊；SF
次级毛囊。

Legend：FG（follicle group）；SG（sebaceous gland）；PF（primary hair follicle）；
SF（secondary hair follicle）。

　　文献中内蒙古绒山羊、辽宁绒山羊、阿拉善羊等多以三元毛囊群为主，然而本实验中和田羊的毛囊群大部分是一元、二元结构毛囊群，它的基本结构是 1 ~ 2 个大的初级毛囊和许多围绕在周围的次级毛囊，这几个初级毛囊中有一个最大的主要初级毛囊和其余较小的辅助初级毛囊，而次级毛囊则处在两个初级毛囊之间。然而三元毛囊群则数量较少，甚至更多元的毛囊群更是极为少见。本试验还发现 2 月份横切片显示和田羊皮肤结缔组织较为松散，毛囊群界限不明显；4 月份皮肤结缔组织稍紧凑，毛囊群密度较好；6 月份和 8 月份横切片中毛囊群结构清晰，结缔组织有良好的致密性。表 3-1 中还可以看出平原型和田羊一元、二元毛囊群较多，山区型和田羊一元、二元、三元毛囊群数量显得相对平均一些。

表 3-1　和田羊毛囊群分布情况（$M \pm S$）

Table 3-1 Distribution of the follicle group of Hetian sheep（$M \pm S$）

和田羊编号	一元毛囊群	二元毛囊群	三元毛囊群	四元毛囊群
1	1.90 ± 0.70	1.60 ± 0.66	—	—
2	1.30 ± 0.90	2.10 ± 0.83	0.60 ± 0.48	—
3	2.11 ± 0.87	1.56 ± 0.68	1.00 ± 0.00	—
4	1.56 ± 0.68	1.50 ± 0.50	1.33 ± 0.47	—

和田羊编号	一元毛囊群	二元毛囊群	三元毛囊群	四元毛囊群
5	1.17 ± 0.37	1.50 ± 0.76	1.25 ± 0.43	1.00 ± 0.00
6	1.75 ± 0.83	2.00 ± 0.76	1.20 ± 0.40	1.00 ± 0.00

注：1~3号为3只不同的平原型和田羊编号；4~6为3只不同的山区型和田羊编号。

四、毛囊密度及 S/P 比值

本研究发现和田羊从4月到8月次级毛囊呈增长趋势，外根鞘逐渐增厚，细胞增大，数量变多，处于毛囊兴盛期，这个阶段对产毛量的多少具有重大影响。从表3-2可知，平原型和田羊初级毛囊密度2月到4月增长差异显著，4月到8月初级毛囊数目趋于稳定；次级毛囊密度则是2月到8月呈缓慢增长且差异不显著；S/P比率同样是2、4月差异显著，4、6、8月差异不显著。从表3-3可看出，山区型和田羊初级毛囊密度在2月到4月增长不明显，在4月到6月增长趋势差异显著，6月到8月初级毛囊数目趋于稳定，次级毛囊密度2月到6月差异均为不显著，6月到8月差异显著；S/P比率同样是4月到6月差异显著，其余月份差异不显著。

表 3-2　平原型和田羊不同月份毛囊密度及 S/P 比值（$M \pm S$）

Table 3-2 Density of two kinds of hair follicles and S/P of plain Hetian sheep in different months（$M \pm S$）

月份	初级毛囊密度 / mm²	次级毛囊密度 / mm²	S/P 比值
2	4.12 ± 1.94[a]	10.86 ± 3.07[a]	2.63 ± 0.63[a]
4	4.14 ± 1.78[b]	16.50 ± 7.60[a]	3.90 ± 0.89[b]
6	4.85 ± 1.19[b]	17.75 ± 5.30[a]	3.68 ± 0.57[b]
8	4.40 ± 1.63[b]	16.75 ± 5.77[a]	3.97 ± 0.78[b]

注：同列两两相比，相同字母为差异不显著，不同字母为差异显著。

表 3-3 山区型和田羊不同月份毛囊密度及 S/P 比值（$M \pm S$）

Table 3-3 Density of two kinds of hair follicles and S/P of mountain Hetian sheep in different months（$M \pm S$）

月份	初级毛囊密度 / mm^2	次级毛囊密度 / mm^2	S/P 比值
2	3.75 ± 2.19^a	13.91 ± 8.78^a	3.65 ± 0.27^a
4	3.91 ± 1.17^a	14.33 ± 5.37^a	3.74 ± 0.16^a
6	4.72 ± 1.28^b	13.75 ± 3.14^a	2.93 ± 0.07^b
8	6.41 ± 1.79^b	17.43 ± 3.33^b	2.70 ± 0.13^b

注：与上表 3-2 比对方法相同。

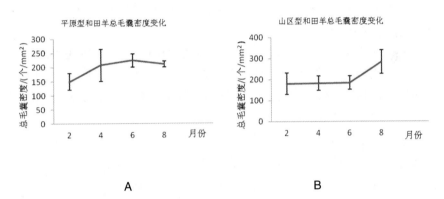

A   B

图 3-6 不同月份平原型和田羊(A)和山区型和田羊(B)总毛囊密度变化趋势

Fig. 3-6 The variation trend of the total hair follicle density in the plain type hetian sheep

根据图 3-6 可看出，两种和田羊总毛囊密度在 2 月到 8 月是处于一个升高趋势的，并且山区型和田羊总毛囊密度在 6 月和 8 月之间升高趋势较明显。平原型和田羊的总毛囊密度在 2 月到 4 月增加明显，在 4～8 月之间增长不明显。另外，通过两种和田羊初级毛囊的统计分析，发现初级毛囊达到一定程度后增长会趋于停止，而次级毛囊会随着绵羊的生长逐渐增多，但其发育具有周期性特点。因此，从表 3-2、表 3-3 中我们也可以看出两种和田羊初、次级毛囊密度差异性较小。此外，次级毛囊的增长速度，在某种程度上可以说是决定羊毛产量的关键。

五、讨论与结论

(一)讨论

皮肤不仅是机体内环境与自然环境间的第一道屏障,还是机体最大的器官,皮肤包裹着整个机体,保护机体免受环境中各种理化因素的侵袭,并维持内环境的稳态。

新疆和田羊皮肤和它的毛囊均来自外胚层,发育始于胚胎时期,机体皮肤可根据其形态结构的不同分为表皮和真皮两个部分,表皮来源于外胚层,又分为表皮基底层、表皮棘层、表皮颗粒层、表皮透明层及表皮角质层五层结构。真皮来源于中胚层,位于表皮下层,具有较多的结缔组织和毛囊附属结构。毛囊是皮下真皮层在毛发根部的囊状组织,是毛发形成的根源部位。

毛囊能够调节掌控毛发的生长与发育,由毛干、毛根和毛球三大部分构成。毛囊的生长周期可分为生长期、衰退期及休眠期,不同时期和不同发育阶段的毛囊形态特征各不相同,周期循环表示毛囊具备再生能力。生长周期,主要是毛囊干细胞激活,真皮乳头细胞增殖,形成新的毛乳头继续增殖,内根鞘和毛干开始分化,形成新的毛囊,毛囊发育成熟后增殖停止,毛球和外根鞘分化减弱开始凋亡,此时皮肤层变薄,真皮乳头和毛囊萎缩,之后会出现新生的毛囊再一次经历发育过程。

毛囊的发育经过表皮和真皮之间一系列复杂的相互作用而形成,具有自我更新和周期性生长的特点,是羊毛生长的基础。另外,毛囊的发育变化,在毛囊初始时期一般均属于生长状态,随着时间的延长,生长兴盛期过去,毛囊将进入退行期,短暂的退行期之后,继而进入毛囊的休止期,然而,当毛囊处于休止期时,外界的一些不良刺激(如创伤、炎症等)会导致毛囊受损,毛囊继而引发了干细胞的再生,从而建立毛囊再生的循环,当毛囊再次从休止期转化到了生长期,新的生长周期开始循环。

本试验采用分别于2月到8月份获取的和田羊背部皮肤作为研究材料,解决了和田羊毛囊生长发育周期不同步的问题,使得研究具有很好的可对比性。在皮肤毛囊中,毛囊分为有髓质的初级毛囊和无髓质的次级毛囊,两种毛囊都随着毛囊生长周期循环而变化。试验结果显示新生和田羊皮肤一开始会在表面形成褶皱,皮肤松弛,随着和田羊皮肤毛囊增长其皱褶逐渐减少并趋于平坦,新生和田羊皮肤厚度随月龄的增加逐渐增厚。毛囊形态结构在2月以后呈现迅速变化趋势。毛囊纵切结构染色可以清楚地看到毛囊内根鞘、毛囊外根鞘、真皮乳头、毛母质、毛干，以及连接组织鞘，还有毛球部结构可观察到其成熟的过程；横切片则可清晰观察出毛囊群结构，甚至多元毛囊群。以红色内根鞘为标准对毛囊活性进行观察，结果发现2月毛囊活性较弱，4～8月活性较好，且毛囊群丰富，毛囊生长密集，为和田羊毛纤维的生长发育提供良好的生理基础。贺延玉等[2]通过对河西绒山羊次级毛囊组织的超微结构观察发现其次级毛囊生长在1～2月呈现休止期状态、3～8月为生长期、9～12月为退行期，与本试验研究结果较为相符。前人的研究表明[3]，绒山羊毛囊呈典型的三元结构毛囊群。然而宋静等[4]研究发现青海藏系绵羊的以一元体和二元体毛囊群居多，三元体毛囊群较少，本试验与此结果相符。此外，因山区型和田羊生活在海拔1 900 m左右的山腰上，属于寒温带，气候较冷且温差大；而平原型和田羊活跃于海拔1 300 m以下的平原靠近沙漠地带，属于温带，饲草不丰；本研究发现两种和田羊毛囊密度差异有可能与它们的生活环境不同、营养水平不同等有关，还有待进一步研究验证。

（二）小结

通过毛囊形态学观察发现和田羊皮肤初、次级毛囊区分明显，毛囊群以一元、二元毛囊群分布较多，2～8月，两种和田羊总毛囊密度整体呈增长趋势，处于生长期，尤其是山区型和田羊毛囊群更紧凑，密度较为良好。

第三节　和田羊与卡拉库尔羊皮肤毛囊结构比较

一、和田羊毛囊纵切与横切结构

和田羊皮肤切片经SACPIC法染色后，在染料作用下，色素颗粒呈黑蓝色，角蛋白为黄色，胶原蛋白为蓝色，内根鞘为亮红色，外根鞘为灰绿色，平滑肌和红细胞为绿色，初级毛囊髓质层为绿色，毛囊呈群状分布，为长圆形，周围由较宽的致密结缔组织环绕形成毛囊群，每个毛囊群中初级毛囊和次级毛囊有规律地在毛囊群里排列（图 3-7）。

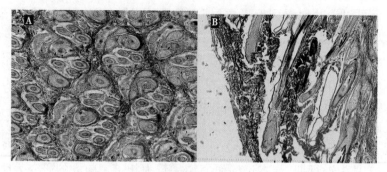

图 3-7　和田羊皮肤毛囊的横切和纵切（A：横切，B：纵切）

Fig.3-7　Transverse and slitting of skin hair follicles of Hotan Sheep（A：transverse，B：longitudinal）

二、和田羊与卡拉库尔羊各月龄羊毛囊特征比较

（一）和田羊与卡拉库尔羊毛囊密度发育特点

通过石蜡切片研究和田羊与卡拉库尔羊毛囊密度特征见表 3-4。

由表 3-4 可以发现在 5 月龄和田羊毛囊密度与卡拉库尔羊相比有差距，但不显著，到 6 月、7 月、8 月月龄卡拉库尔羊的毛囊密度明显比和田羊大。从横切切片也可以观察出，二者毛囊卡拉库尔羊较细，和田羊则相对要粗。按每视野 0.003 7 mm² 每平方厘米约 3 500 ～ 4 500 个（除去缩水率 0.3，0.55，0.6）。

表 3-4　不同月龄和田羊（HT）与卡拉库尔（KL）羊毛囊四个特征比较

Table 3-4　Comparison of four characteristics of wool follicles of Hetian sheep（HT）and Karakul sheep（KL）at different ages

月龄	绵羊品种	毛囊密度	S/P	三毛群比例	毛囊群数
5 月龄	HT	55.01 ± 3.66	3.16 ± 0.24	0.42 ± 0.03	4.78 ± 0.30
	KL	73.80 ± 11.30	3.24 ± 0.30	0.41 ± 0.05	5.26 ± 0.37
6 月龄	HT	72.07 ± 9.4[a]	3.43 ± 0.23	0.45 ± 0.05	4.82 ± 0.43
	KL	105.3 ± 10.0[b]	3.42 ± 0.47	0.56 ± 0.06	5.66 ± 0.06
7 月龄	HT	70.35 ± 4.28[a]	4.05 ± 0.24	0.39 ± 0.04	4.30 ± 0.09
	KL	83.43 ± 8.80[b]	3.50 ± 0.1	0.49 ± 0.04	4.43 ± 0.13

续表

月龄	绵羊品种	毛囊密度	S/P	三毛群比例	毛囊群数
8 月龄	HT	71.91 ± 6.20^a	4.13 ± 0.02	0.34 ± 0.05	4.57 ± 0.12^A
	KL	86.76 ± 2.80^b	4.91 ± 0.07	0.21 ± 0.01	6.23 ± 0.53^B

注：每个月龄同列不同小写字母表示 $P<0.05$，不同大写字母表示 $P<0.01$。

除了毛囊密度，次级毛囊和初级毛囊的比率有不同，但在统计后发现差异并不显著，在这两种羊皮肤的毛囊群结构组成里，以三毛群居多，也有四毛群和五毛群存在，但只占20%，三毛群则占40% ~ 50%，其余是二毛群和一毛群。从表3-4可看出和田羊和卡拉库尔羊三毛群居多，卡拉库尔羊较和田羊多。在10月后卡拉库尔羊毛囊群数增加较快，远超和田羊的增长速度。

（二）和田羊各月龄毛囊发育情况

从表3-5可以看出4月龄到6月龄毛囊密度无显著变化（ $P<0.05$ ），而到8月龄毛囊密度发生显著变化（ $P<0.05$ ），这段时期很可能是和田羊毛囊的生长期。而且S/P比率在5月龄到8月龄也发生很大的变化，可见和田羊在这个时期毛囊生长很旺盛。触及毛囊的密度通常能从S/P比率得到反映，S/P比率也是出生后毛的发育指标。可见初级毛囊在随着羊月龄的增长而减少。卡拉库尔羊的发育与和田羊这一点是相似的。但在6月龄到7月龄其毛囊密度和S/P比率没有很大变化。

表 3–5　和田羊各月龄毛囊参数特征比较

Table 3-5 Comparison of hair follicle parameters of Hetian sheep at different ages

月龄	毛囊密度	S/P	三毛群比例	毛囊群数
5 月龄	55.01 ± 3.66^a	3.16 ± 0.24^{aA}	0.42 ± 0.05	4.78 ± 0.30
6 月龄	76.1 ± 8.09^b	3.25 ± 0.25^a	0.459 ± 0.04	4.82 ± 0.43
7 月龄	70.3 ± 4.28^{ab}	4.05 ± 0.24^b	0.39 ± 0.06	4.30 ± 0.09
8 月龄	71.9 ± 6.22^{ab}	4.13 ± 0.22^{bB}	0.34 ± 0.05	4.57 ± 0.12

注：同列不同小写字母表示 $P<0.05$，不同大写字母表示 $P<0.01$。

（三）和田羊皮脂腺水平的毛囊横切面特点

总的来观察，每个毛囊群中的毛囊分为初级毛囊、次初级毛囊，初级毛囊位于毛囊群一侧，比外周次级毛囊细，随着年龄的增长，初级毛囊逐渐加粗,两种毛囊直径差别增大。5月龄羊的初级毛囊生长的毛纤维髓质不发达,直径较小;随着初级毛囊的生长,纤维髓质逐渐发达,髓质约占毛纤维直径的3/4,而且毛纤维直径也较大。随着年龄的增长,外周初级毛囊逐渐加粗,生长的纤维髓质比例也逐渐加大。

5月龄为和田羊毛囊生长旺盛的时期,毛囊群内初级、次级毛囊个数明显增加,毛囊群也较为清晰、完整。初级毛囊的连结组织鞘和外根鞘较厚,结构也很致密。部分初级毛囊已长出毛干,次级毛囊也出现了内外根鞘(图3-8)。

6、7月龄初级、次级毛囊的个数开始减少,有很多初级毛囊发生退行现象,黄色的角蛋白末端基本呈散状分布,外根鞘内的色素颗粒向四周扩散。毛囊群又变得不太完整,边界较模糊,不易分辨。部分初级毛囊已无髓质。有的毛干也开始脱落;有的次级毛囊已萎缩变小,甚至变成开裂的细胞团。初级、次级毛囊萎缩变小,毛干开始变细。红色内根鞘变细,外根鞘变薄(图3-8)。

8月龄毛囊群中大部分初级毛囊外根鞘较薄。无红色内根鞘,毛干无髓质。有的毛干脱落,留下有外根鞘的空腔;而次级毛囊大部分浓缩成黑色的细胞团,有的甚至消失,所以毛囊群结构松散,不完整(图3-8)。

根据横切切片内根鞘的有无判定处于活性期及休止期的次级毛囊数,以观察毛囊的发育周期。同时可以看到毛囊类型主要为三毛囊型,即3个初级毛囊与若干个次级毛囊组成,其次为二毛囊型和四毛囊型,而且看到皮脂腺的变化。

从图3-9观察到,卡拉库尔羊的次级毛囊比和田羊的粗,而它的初级毛囊却比和田羊的细,经比较发现和田羊的初级毛囊一直在长,始终比次级毛囊直径大,且比例会拉的很大,而卡拉库尔羊的初级毛囊会变得和有些次级毛囊有一样的直径。相对而言和田羊皮脂腺生长旺盛。

(四)和田羊与卡拉库尔羊皮肤毛囊纵切的特点

如图3-10所示,从纵切面可以观察到卡拉库尔羊的毛髓质为黑色,毛囊球弯曲。而和田羊的毛囊球有不同方向的弯曲。和田羊毛囊排列紧密,卡拉库尔羊则相反。且和田羊的生长角度大于卡拉库尔羊。和田羊毛囊球在5月龄时毛囊球小,随着生长变大,但始终毛囊球是平滑的,而卡拉库尔羊毛囊球呈球形,凸于其他部分。随着毛纤维的生长,皮质细胞渐由紫色变为红色,核渐变成椭圆形,最后消失。毛中轴的髓质由

2～3行排列较疏松的髓质细胞构成,在毛根下部胞质多呈空泡状,核圆渐渐消失,最后形成嗜酸性的均质柱状结构,位于毛纤维中央。

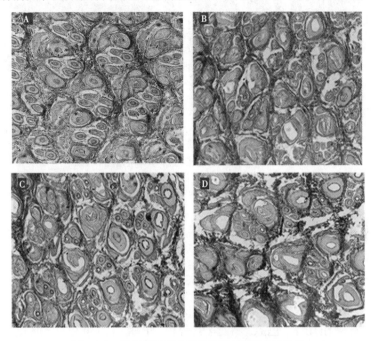

图3-8 和田羊不同时期毛囊的横切面变化

Fig. 3-8 Cross-sectional changes of wool follicles in Different periods of Hetian sheep

注:A:5月龄,B:6月龄,C:7月龄,D:8月龄。

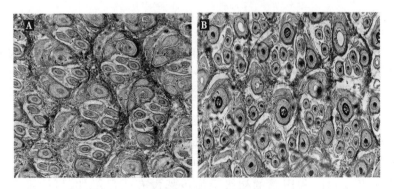

图3-9 和田羊与卡拉库尔羊毛囊横切面

Fig. 3-9 Cross section of Hetian and Karakul sheep hair follicles

注:A:和田羊,B:卡拉库尔羊。

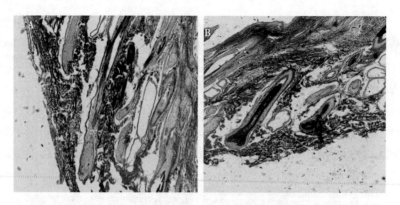

图 3-10　和田羊与卡拉库尔羊毛囊纵切面

Fig. 3-10　Longitudinal section of hetian and Karakul sheep hair follicles

注：A：和田羊，B：卡拉库尔羊。

三、讨论

（一）和田羊毛囊染色特征

在染料作用下，色素颗粒呈黑蓝色，角蛋白为黄色，胶原蛋白为蓝色，内根鞘为亮红色，外根鞘为灰绿色，平滑肌和红细胞为绿色，初级毛囊髓质层为绿色。与预期结果相同，可见和田羊的毛囊组织与其他绵羊相同。

（二）与卡拉库尔羊比较和田羊毛囊参数特征

与不同月龄和田羊与卡拉库尔羊相比，在 6、7、8 月龄和田羊的毛囊密度相对要小，而且差异显著，结合横切形态比较，这与和田羊的毛囊生长周期有很大关系。就和田羊本身，其密度在 5 月龄到 6 月龄有显著增加，而之后也在增加，但幅度不大。这说明毛囊数在一定时期（5 月龄到 6 月龄）有最大增速。S/P 比率在这一时期一直到 8 月龄都在增大，很明显，其次级毛囊在 5 月龄到 8 月龄不断增加，结合横纵切片可以断定这一点，而且，和田羊的初级毛囊虽然没有明显增加，可初级毛囊的直径在不停变粗，而且在 8 月龄是许多初级毛囊都萎缩，毛杆掉落，这与和田羊干死毛多有很大关系。

（三）和田羊毛囊特征结构分析

　　和田羊的生长呈现出一定变化规律：在 8 个月内，由横切发现其毛囊活动很可能经历兴盛期、退行期、休止期。各时期起动、持续的时间也不同。次级毛囊的活动一般经历一定阶段，初级毛囊一定可能更长。毛囊的性状决定了绒毛的产量和品质，毛囊的规律变化引起了和田羊绒毛的脱落，因此了解绒毛毛囊的性状及其周期性变化规律是提高羊绒产量和品质的基础。因此在退行期绒毛仍在生长，特别是在前期，还是绒毛的快速生长期。同时我们发现，在毛囊处于休止期的时候已经孕育着毛囊的再生，说明休止期的毛囊也不是一成不变的。

　　6 月份旧次级毛囊呈空泡状，一侧有新的次级毛囊生成，说明在绵羊的旧毛干脱出时新毛也已开始发育，次级毛囊开始进入兴盛前期。对于不同个体的绵羊所有次级毛囊由休止期进入兴盛前期时间不统一，由兴盛期进入退行期也不统一，这是同一品种羊个体间毛囊有显著差异的主要原因。

　　毛囊密度和 S/P 比值这 3 个性状与产毛量有关。卡拉库尔羊次级毛囊密度和 S/P 值均略高于和田羊。此外，在遗传上，毛球组织区内细胞大小和数目也是决定羊毛生长差异的原因，初级、次级毛囊生长快，可能与有丝分裂的速率和持续的时间有关。

参考文献

[1] 赵英政，彭强，闫婷婷，等 . 应用 TaqMan 探针荧光定量 PCR 技术鉴定 Leprdb/+ 小鼠子代基因型 [J]. 中国实验动物学报，2018，26（2）：4.

[2] 贺延玉，罗玉柱，程李香，等 . 河西绒山羊次级毛囊超微结构的周期性变化 [J]. 中国农业科学，2012，45（13）：2779-2786.

[3] 张若竹，李娜，郁枫 . 内蒙古绒山羊次级毛囊及其毛囊群结构的形态发生规律研究 [J]. 家畜生态学报，2013，34（9）：22-28.

[4] 宋静，杨发龙，陈刚，等 . 青海藏系绵羊毛囊生长周期性变化的研究 [J]. 中国兽医杂志，2006，5：43-44.

第四章　和田羊与卡拉库尔羊羊毛纤维结构

第一节　羊毛纤维蛋白电泳分析

国内外研究人员进行了一系列的基础研究,主要的研究方面有:关于羊毛角蛋白提取方法的研究,目前对羊毛角蛋白的提取已有很多方法,有机械法、酸碱法、氧化法、还原法等;关于用羊毛角蛋白溶液整理纺织品,对羊毛角蛋白成纤化的研究,如将提取出的角蛋白与其他高分子材料共混纺丝,制得角蛋白混合纤维;对羊毛角蛋白成膜性的研究,用角蛋白溶液与甘油或壳聚糖等共混制成角蛋白膜[1];关于羊毛角蛋白复合材料的研究,将羊毛角蛋白与高分子材料共混制得复合材料,以及羊毛角蛋白在生物医学领域的应用等。

许多研究结果表明,羊毛的角蛋白组成与羊毛纤维的品质有密切关系,并且受遗传、营养、生理和环境等因素的影响而发生改变,一些纤维品质差异较明显的羊毛,如新疆地方绵羊与澳洲美利奴羊毛之间其角蛋白组成的变化更大[2]。因此,对羊毛角蛋白组成的精细分析和研究,可以为检验绵羊育种效果提供一项重要依据。

羊毛纤维的基本组成是氨基酸,氨基酸通过肽键构成多肽长链,这些长链又通过二硫键、氢键、盐键、酯键、范德华力等横向联系形成角蛋白的空间构形,使角蛋白呈曲折交联的 α 螺旋等三维结构,并形成纤维的结晶区和非晶区,其结构极其复杂而致密[3]。羊的饲料、地理环境、育种过程和毛纺织染整过程,都可能使羊毛的蛋白质组成发生变化。国内外对羊毛蛋白质的组成都有很多分析和鉴定,但为了更好地深入研究羊毛生产性状,探索影响羊毛生产性状各种分子机理,开展对新疆地方品种绵羊纤维蛋白电泳分析很有必要。因此,本试验就通过 SDS-PAGE 电泳法对所提取的南疆地方品种绵羊角蛋白进行了深入分析。

SDS-PAGE 可以用来评估分子的质量,判定样本中主要蛋白的相对丰度,以及测定各组分中的蛋白丰度。对哺乳动物角蛋白的研究资料表明,蛋白中芳香氨基酸残基、甘氨酸、酪氨酸含量的差异,有可能是导致角蛋白结构之间复杂多样的原因[4]。本研究就通过 SDS-PAGE 将蛋白质分离,观察比较了三种南疆地方品种羊毛角蛋白的差异,寻求引起羊毛角蛋白表达差异的原因,并了解异常表蛋白的大致分子量范围核蛋白属性。

一、材料与方法

(一)试验材料

利用南疆地方品种绵羊平原型和田羊(HP)、山区型和田羊(HS)与卡拉库尔羊(KL)三个品种(系)的绵羊羊毛,分别命名为 HP_1、HP_2、HP_3、HP_4、HS_5、HS_6、HS_8、KL_9、KL_{10}、KL_{11},用低分子量 marker 作对照。

(二)羊毛角蛋白的提取

本试验采用还原法提取羊毛角蛋白。由于二硫键容易被还原,所以可选还原剂在一定条件下溶解羊毛,将二硫键还原成为巯基。这种反应的特点是,断开交联后至少要生成一份巯基,而巯基是极不稳定的基团,容易被空气氧化重新生成胱氨酸交联,所以此法制得的溶液不可长时间放置,否则会产生蛋白质沉淀[5]。常用的还原剂是巯基化合物、亚硫酸盐、金属硫化物等。

(三)羊毛预处理

称取三种绵羊(HP_1、HP_2、HP_3、HP_4、HS_5、HS_6、HS_8、KL_9、KL_{10}、KL_{11})的羊毛 20 mg 各一份,分别用石油醚和乙醇洗两次(每次 1 mL)。在容器中干燥后各称取 10 mg 放入离心管中,分别加入 1 mL 萃取液和 50 μL 1M-DTT 后在空气中静置 16 h。

（四）角蛋白提取

对上述样品进行超声波破碎 30 s（1 min，间隔 5 s），在离心机上离心（10 000 r/min × 5 min）后取上清，吸取上述液体各 500 μL 于离心管中，分别加入 25 μL 1 mol/L-DTT，室温静置 10 min，再加入 250 μL 的碘乙酰胺，室温静置 30 min，分别加入 14.2 mol/L 的 β - 巯基乙醇 10 μL，于 –20 ℃储存。

（五）纤维蛋白的电泳分析

1. 分离胶制备

取 1 mL 上述混合液，加四甲基乙二胺（TEMED）4 μL 封底。剩余加入 4 μL 四甲基乙二胺混合后注入玻璃板间，并用水封顶，注意使液面保持水平。待凝胶完全聚合后配置积层胶（表 4-1，表 4-2）。

表 4-1　12% 分离胶制备

Table 4-1　Preparation of 12% separation adhesive

ddH$_2$O	30% 储备胶	1.5 M Tris-HCl	10%SDS	10%AP
3.3 mL	4.0 mL	2.5 mL	0.1 mL	0.1 mL

表 4-2　15% 分离胶制备

Table 4-2　Preparation of 15% separation adhesive

ddH$_2$O	30% 储备胶	1.5 M Tris-HCl	10%SDS	10%AP
2.3 mL	5.0 mL	2.5 mL	0.1 mL	0.1 mL

同上，取 1 mL 上述混合液，加四甲基乙二胺（TEMED）4 μL 封底。剩余加入 4 μL 四甲基乙二胺混合后注入玻璃板间，并用水封顶，注意使液面保持水平。待凝胶完全聚合后配置积层胶（表 4-3）。

表 4-3　4% 积层胶制备

Table 4-3　4% preparation of laminated adhesive

ddH$_2$O	30% 储备胶	1 M Tris-HCl	10%SDS	10%AP	TEMED
1.4 mL	0.33 mL	0.25 mL	0.02 mL	0.02 mL	0.002 mL

待凝胶完全聚合后,将分离胶上的 ddH₂O 水倒去,用水冲洗后加入上述混合液,立即将梳子插入玻璃板间,完全聚合需 15 ~ 30 min。

2.SDS-PAGE 电泳

将样品加入等量的 2×SDS 上样缓冲液,100 ℃加热 30 min,于离心机上 12 000 r/min 离心。取上清作 SDS-PAGE 分析,并将 SDS 低分子量蛋白标准品做平行处理。上样、电泳、染色、脱色、凝胶成像。

二、结果及分析

为了检测不同羊毛纤维蛋白的表达差异,通过 SDS-PAGE 分析了 KL、HS、HP 三个羊毛品种的蛋白组成。在 12% 聚丙烯酰胺凝胶按大小分级的结果,见图 4-1。

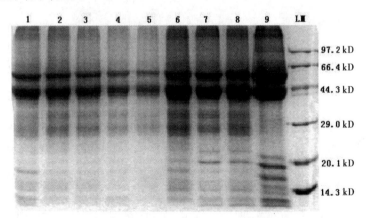

图 4-1　羊毛纤维蛋白在 12% 凝胶中的 SDS-PAGE 电泳图

Fig. 4-1　SDS-PAGE of wool fibrin in 12% gel

注: 泳道 1、2、3 分别为 HP₂、HP₃、HP₄ 羊毛角蛋白; 泳道 4、5、6 分别为 HS₅、HS₆、HS₈ 羊毛角蛋白; 泳道 7、8、9 分别为 KL₉、KL₁₀、KL₁₁ 羊毛角蛋白; 泳道 LM 为低分子量标准 marker。

虽然和其他相对精确的方法相比,这是一个粗糙的分析,但该凝胶电泳显示 HP、HS、KL 三个羊毛品种的蛋白组成都有一定的差异。HP 与 HS 羊毛角蛋白的组成基本相似,含量略有差别,但和 KL₉、KL₁₀、KL₁₁ 羊毛角蛋白的组成相比,明显在 20.1 kD 处有一个蛋白质条带出现缺失或蛋白表达量减少。与 KL_{11} 品种相比,HP、HS 品种和 KL_9、KL_{10} 品种在 14.3 kD 至 20.1 kD 之间以及在 97.2 kD 条带处也有明显的差异,都有一个条带表达量低或缺乏。但在 29.0 kD 处 KL_{11} 的表达量很低或者没有表达。还可以看出 HP_2 与 HP_3、HP_4、HS_5、HS_6、HS_8、KL_9、KL_{10} 羊毛相比,在 14.3 kD 至 20.1 kD 间明显有一个条带表达量较高,因而与 KL_{11} 品种相似。提取的羊毛角蛋白在 15% 聚丙烯酰胺凝胶中的 SDS-PAGE 电泳图也证实了这一结果,见图 4-2。

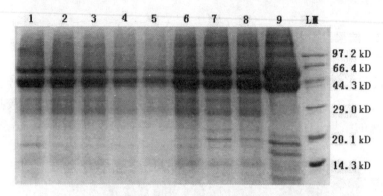

图 4-2　羊毛纤维蛋白在 15% 凝胶中的 SDS-PAGE 电泳图

Fig. 4-2　SDS-PAGE of wool fibrin in 15% gel

注:泳道 1、2、3 分别为 HP_2、HP_3、HP_4 羊毛角蛋白;泳道 4、5、6 分别为 HS_5、HS_6、HS_8 羊毛角蛋白;泳道 7、8、9 分别为 KL_9、KL_{10}、KL_{11} 羊毛角蛋白;泳道 LM 为低分子量标准 marker。

在 15% 的聚丙烯酰胺凝胶中也可以看出 HS、HP、KL 三种羊毛角蛋白之间表达含量都有差异。在 97.2 kD 条带处,HP、HS 以及 KL_9、KL_{10} 羊毛品种角蛋白明显有条带缺失或表达含量降低。而在 29.0 kD 处 KL_{11} 的表达量也很低或者没有表达。HP_3、HP_4 品种,HS_5、HS_6 品种和 KL_9、KL_{10} 品种在 14.3 kD 至 20.1 kD 之间的表达量也很低或者没有表达,而 HP_2 的表达含量较高。可以在图 4-3 中更清晰和全面地看出 HP、HS 和 KL 三个品种的羊毛蛋白表达的上述差异。

三、结论和讨论

(一)结论

本研究结果与前人的研究结果基本一致,即南疆地方品种 HP、HS、

KL 绵羊毛角蛋白的表达含量均会有一定差异。结果比较明显的是,在 97.2 kD 条带处 KL_{11} 表达含量较高,而在 29.0 kD 处 KL_{11} 的表达量也很低或者没有表达。在 14.3 kD 至 20.1 kD 间 HP_2 和 KL_{11} 有一条带表达含量较高,且在 20.1 kD 处 KL_9、KL_{10}、KL_{11} 也均有一条带表达量较高。

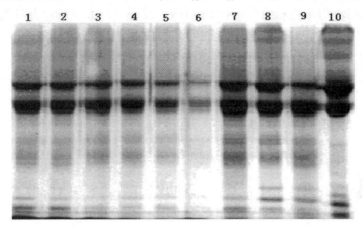

图 4-3　羊毛纤维蛋白在 12% 凝胶中的 SDS-PAGE 电泳图

Fig.4-3　SDS-PAGE of wool fibrin in 12% gel

注: 泳道 1、2、3 分别为 HP_2、HP_3、HP_4 羊毛角蛋白; 泳道 4、5、6 分别为 HS_5、HS_6、HS_8 羊毛角蛋白; 泳道 7、8、9 分别为 KL_9、KL_{10}、KL_{11} 羊毛角蛋白; 泳道 LM 为低分子量标准 marker。

通过前人的研究可知,在哺乳动物蛋白中所含有的大量芳香族氨基酸、甘氨酸、酪氨酸等的含量均有一定的差异[6]。而且在大量蛋白质组分间都有电荷的差异,这些都导致了角蛋白结构之间的复杂多样性,也体现了角蛋白结构中高干酪蛋白(HGT)、高硫蛋白(HS)、低硫蛋白(LS)丰度的多样性以及物种的特异性。

观察和比较三种绵羊毛中表达的蛋白质差异,从而可以了解到不同表达蛋白的分子量范围和蛋白属性。HGT 蛋白的特征是酪氨酸含量高,根据电泳比移值范围可以判定这些角蛋白的成分。低硫蛋白分子量大约在 92 ~ 46 kD,高硫蛋白分子量大约在 46 ~ 14 kD,高干酪蛋白分子量大约在 14 ~ 3 kD[7]。

因此,根据上述各种蛋白的分子量大小和电泳结果的差异,可以推测,在 HP_1、HP_2、HP_3、HP_4 羊毛蛋白和 HS_5、HS_6、HS_8 羊毛蛋白以及 KL_9、KL_{10} 羊毛蛋白中最有可能是有低硫蛋白的缺乏,而且在 HP_1、

HP_2、HP_3、HP_4羊毛蛋白和HS_5、HS_6、HS_8羊毛蛋白中还有高硫蛋白缺乏，以及部分分子量接近高硫蛋白的 HGT 蛋白缺乏或者是高硫蛋白（HS）、高干酪蛋白（HGT）的表达量明显降低。

通过观察和比较各个羊毛的性状得知，KL_9、KL_{10}为深黑色细毛环形，而KL_{11}为灰色粗毛环形。HS_5、HS_6为白色细毛，而HS_8为白色毡毛。HP_1、HP_2、HP_3、HP_4均为白色细毛，但HP_1全为直毛。从而论证了不同绵羊品种的性状、氨基酸分子、蛋白电泳条带之间的相关性和差异性。表明羊毛的角蛋白组成与羊毛纤维的品质有密切关系，而且角蛋白结构中高干酪蛋白（HGT）、高硫蛋白（HS）、低硫蛋白（LS）的丰度差异对羊毛的品质具有重要的影响。

（二）讨论

现在已经发现和被定义了至少十几个家族的毛发角蛋白，已经明确了 28 个角蛋白相关蛋白，绝大多数都是从羊毛中获得的[8]。深入研究并进一步了解这些角蛋白的生化特性，从而可以揭示基因影响羊毛纤维品质的变化规律，进而改善羊毛的性状和品质，提高羊毛的使用价值。所以还有必要进一步深入研究和讨论羊毛角蛋白的分子属性。

在研究方法上，主要采用了化学还原法对南疆地方绵羊毛纤维角蛋白进行提取，并用 SDS-PAGE 电泳法对多种羊毛角蛋白组成加以分析。SDS-PAGE 聚丙烯酰胺凝胶电泳的主要优点是，具有分子筛效应，分辨率高；样品不易扩散，用量少，灵敏度可达10^{-6} g。另外其化学性质稳定，分子结构中富含酰胺基，具有稳定的亲水基团；凝胶不带电荷，可消除电渗现象；机械强度好，有弹性，在一定浓度范围内无色透明等[9]。但电泳是分离蛋白质的传统技术，也有其不足之处，所以在角蛋白质的检测中，还可以尝试和使用其他更有效的技术。

试验中，通过三种凝胶（10%、12%、15%）的使用对比还发现，低分子量蛋白（14.3 ~ 97.2 kD）电泳时，胶浓度太低则其迁移速率要快于溴酚兰；浓度高时，高分子量蛋白分离效果不好，有可能聚集于分离胶上部[10]。高分子量蛋白（44.3 ~ 200 kD）电泳时也会有类似现象。所以本试验主要采用 12% 的聚丙烯酰胺凝胶进行电泳。

综上所述，羊毛的角蛋白组成与羊毛纤维的品质有密切关系，并且受遗传、营养、生理和环境等因素的影响而发生改变，一些纤维品质差异较明显的羊毛，如新疆地方绵羊与澳洲美利奴羊毛之间其角蛋白组成的变化更大。因此,通过羊毛角蛋白组成的精细分析和研究,就可以为羊毛性状的探索及其应用研究提供一项重要依据。

第二节　和田羊与卡拉库尔羊毛纤维生长发育规律

在养羊业中具有经济重要性的数量性状是羊毛纤维直径和羊毛重量,羊毛纤维主要由被称为硬 α - 角蛋白的蛋白质组成[11],羊毛的平均纤维直径是价格、加工性能和纺织品质量的主要决定因素[12]。羊毛长度直接影响着羊的产毛量,同时也是鉴定品种、个体羊毛品质及杂交改良效果的重要指标[13]。羊毛纤维有三个组织,即角质层、皮层和髓质[14]。用扫描电子显微镜对四种纤维进行特征分析,可深入了解和田羊毛纺织特性的形成原因并为改良育种提供一定的指导,同时也为各种纤维的鉴定分类提供基础数据。本试验通过平原型和田羊、山区型和田羊和卡拉库尔羊的生长差异及羊毛纤维类型含量、重量比的分析和比较,分析 3 个品种的羊毛纤维的生长规律,比较品种间的差异性,筛选品质更高的羊毛纤维,选择出适合地毯生产的品种。

一、材料与方法

(一)绵羊品种

和田羊与卡拉库尔羊,全部为断奶 3 个月羔羊。和田羊 8 只,其中,平原型 4 只,来自和田地区策勒县;山区型 4 只,来自和田地区民丰县;卡拉库尔羊 3 只,来自第一师 12 团。和田平原型和和田山区型中有一只是公羊,其余均为母羊。

(二)饲料的来源及搭配

购买玉米粉和荞麦粉,棉籽壳,采集大量草料。前期饲料中搭配玉米粉和荞麦粉饲养。当羊成长到 6 个月时,可喂食草料,当羊成长到 1 年时,绵羊已发育完成,饲料可用棉籽壳和干草搭配。

（三）毛纤维的采集和分类

当绵羊成长到 4 个月时，每隔 15 d 采集一次羊毛，采集面积为 1 cm² （须从毛根采集）。毛纤维分为绒毛、粗毛和两型毛，其特点如下：绒毛，又称无髓毛，细、短、弯曲多而明显，无髓毛无髓质层，由鳞片层及皮层组成；粗毛，粗长，无弯曲或很小弯曲的纤维；两型毛，又称中间毛，其细度、长度、工艺价值都介于无髓毛与正常有髓毛之间，一般直径为 30 ~ 50 μm。两型毛的组织学构造接近无髓毛，它呈一部分有髓，一部分无髓，而且髓质层较细，多呈点状或断续状，鳞片形状也介于环与非环之间。根据各类毛纤维的特点进行分类，并随机抽取已分类的毛纤维，在显微镜下观察。

（四）毛纤维重量与长度测定

毛纤维重量测定，取 1 cm² 的毛样，进行称重。毛纤维长度的测定，长度包括自然长度和伸直长度。自然长度是指羊毛在自然状态下的长度，伸直长度是指羊毛纤维的弯曲刚好消失的长度。将已分类的羊毛纤维进行随机分组，分为 60 组，每组 0.2 g，接着进行单个纤维长度的测量。

（五）毛纤维净毛率、羊毛细度、色泽、弹性、油汗的测定

1. 净毛率的测定

开毛、抖杂质和分样，撕松、抖去土沙、粪块、草屑等杂质，然后在配好的皂碱液中依次洗涤，洗液配制的温度及洗涤时间见表 4-4。洗涤羊毛时，只能轻轻摆动，不能用力挤揉，以免粘毡，使洗涤效果受到影响，每次换盆洗毛时要用手压挤毛样，将皂碱液挤净，最后用清水洗后挤尽水分，放入圆筛中在无风日光下晾晒，待干后再进行下一步，烘毛。

表 4-4　洗毛时间、试剂、温度

Table 4-4　Washing time, reagent and temperature

	时间	试剂	温度
1 槽	15 min	-	45 ℃
2 槽	15 min	洗洁剂	55 ℃

	时间	试剂	温度
3 槽	15 min	洗洁剂	45 ℃
4 槽	15 min	–	45 ℃
5 槽	15 min	–	45 ℃

2. 计算净毛率

净毛率 = 洗后的重量 / 洗前的重量 × 100%

3. 羊毛细度、色泽、弹性、油汗的测定

以上羊毛品质指标委托新疆畜牧科学院进行测定。

（六）电镜下毛纤维结构观察

在畜牧科学院电镜实验室，观察 3 个品种的羊毛纤维，分别在 500 倍和 1 000 倍下观察。由于绒毛的细度较细，给出的图片为 1 000 倍下观察，其余的是 500 倍下观察。

二、结果与分析

（一）显微镜下毛纤维观察

将剪下的羊毛，根据各类毛纤维特点的不同，分为粗毛、两型毛、绒毛，部分羊毛纤维中有干死毛。分别装入培养皿中，进行称量。

由图 4-4 可以看出，显微镜下观察的纤维三态，各类型的毛纤维的特点很明显，粗毛有髓质，位于图中最上端；绒毛位于中间，其特点是无髓质且直径较细；两性毛位于最下端，其特点是既有髓质又无髓质，细度在粗毛和绒毛之间。

（二）羊毛重量

由图 4-5 可以看出，3 个品种在第一次与第二次采样中，毛纤维的重量均呈增长趋势，平原型和田羊第三次采样的重量减少，这说明天气转热，羊毛开始脱落，以便增加热量的排出，而山区型和田羊的重量还是呈增长趋势，这是因为山区的天气较平原的天气冷，因此，山区型和田羊在夏季换毛较少。3 个品种的羊都有换毛的现象。统计发现,在春季羊毛绒毛多,粗毛、干死毛相对较少。卡拉库尔羊的产毛较和田羊的产毛高,而和田羊品种内,山区型的产毛量比平原型的产毛量高。

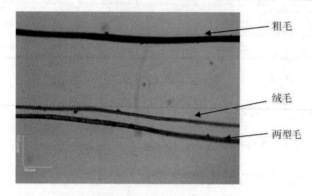

图 4-4　显微镜下羊毛纤维的三个类型

Fig.4-4 Three types of wool fibers under a microscope

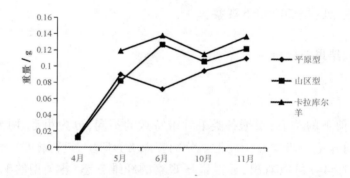

图 4-5　和田羊和卡拉库尔羊的 1 cm^2 毛纤维的重量变化曲线

Fig. 4-5　Weight variation curve of 1 cm^2 wool fiber of Hetian and Karakul sheep

（三）毛纤维伸直长度

由图 4-6 可以看出,在前期的生长过程中,3 个品种的羊的绒毛呈增长趋势,这是因为羊处于生长发育阶段;春季绒毛的长度要比秋冬季的绒毛长。冬季的绒毛增长速率缓慢。平原型和田羊的绒毛平均长度比山区型和田羊的绒毛长度较长。这可能是品种内的差异,平原型和田羊的个体比山区型和田羊的个体大,这也是长度差异的一个原因。

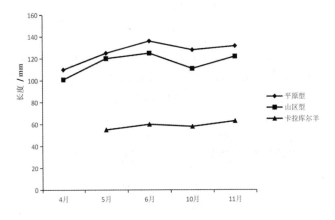

图 4-6　和田羊和卡拉库尔羊的 1 cm^2 绒毛生长曲线

Fig. 4-6 1 cm^2 villus growth curve of Hetian and Karakul sheep

由图 4-7 可知,平原型和田羊粗毛平均长度比山区型和田羊长,两者的生长曲线基本一致,呈现先上升后下降再上升的趋势,个体大小的差异和生活习性的不同,可能是长度不同的原因。而卡拉库尔羊粗毛长度增长速率缓慢,几次采样中生长曲线变化很小,但与和田羊粗毛生长曲线差异显著。

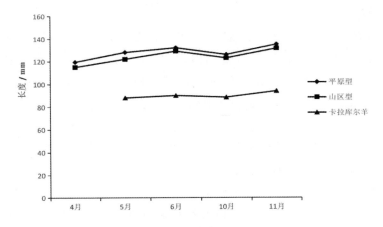

图 4-7　和田羊和卡拉库尔羊的 1 cm^2 粗毛生长曲线

Fig. 4-7 1 cm^2 wool growth curve of Hetian and Karakul sheep

由于分类时卡拉库尔羊没有或两型毛含量很少,故不做分析,只作和田羊品种内的比较。由图4-8可以看出,两型毛是和田羊含量较多的毛纤维,长度也是最长的。春季的增长率缓慢,而秋冬季的增长率较快。前期两个品种的两型毛长度相近,而后期差异开始明显,在试验前期,所有和田羊个体大小相近,也是长度相近的原因。后期个体差异较前期明显,所以长度差异也明显,平原型和田羊两型毛长度大于山区型和田羊。

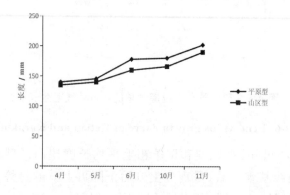

图4-8　和田羊和卡拉库尔羊的1 cm^{2}两型毛生长曲线

Fig. 4-8　1 cm^2 wool growth curves of Hetian and Karakul sheep

（四）毛纤维净毛率、羊毛细度、色泽、弹性、油汗的测定结果

由表4-5可以得出,Ⅰ净毛率,卡拉库尔羊的净毛率最高,其次是山区型和田羊,最后是平原型和田羊。$P < 0.05$时,卡拉库尔羊与和田羊差异显著,而和田羊品种内差异不显著;产生这种结果的原因有:①品种间的生活习性不同;②品种间油汗的含量不同。Ⅱ抗压缩弹性,3个品种的结果没有显著性差异,说明3个品种的抗压弹性几近相似。Ⅲ类型,3个品种绒毛间的含量没有显著性差异;粗毛间,卡拉库尔羊与和田羊之间差异极显著,和田羊品种内差异不显著。产生这种结果的原因是和田羊毛纤维有3个类型,而卡拉库尔羊只有粗毛和绒毛2个类型;两型毛间,只有和田羊有两型毛,两者间差异不显著。Ⅳ细度,绒毛的细度3个品种间没有显著性差异;粗毛间,山区型和田羊与平原型和田羊在$P < 0.05$水平上具有显著性差异,平原型和田羊与卡拉库尔羊差异不显著;两型毛间,山区型和田羊与平原型和田羊在

$P < 0.05$ 水平上差异显著。Ⅴ色度,由于和田羊的毛纤维是白色,而卡拉库尔羊的毛纤维是黑色,所以色度只比较和田羊品种内,和田羊品种内色度差异不显著。Ⅵ脂含量,3 个品种差异不显著,但无论哪个品种的羊,都是公羊的脂含量很高,母羊的脂含量普遍很低,这可能是由于性别的差异,激素分泌的种类和量的不同造成的。从品种来分析,平原型和田羊比山区型和田羊的脂含量低,产生这种结果的原因是,由于个体大小的差异,个体较大的羊,分泌的油脂较多,而卡拉库尔羊脂含量最少。

表 4-5　3 个品种间羊毛品质指标特性比较(Mean ± SEM)

Table 4-5　Comparison of wool quality indexes and characteristics among three varieties

指标	和田羊平原型	和田羊山区型	卡拉库尔羊
净毛率	81.177 5 ± 1.597 3	82.406 7 ± 1.511 2	86.296 7 ± 1.219 7
抗压缩弹性	3.062 5 ± 0.285 4	3.260 0 ± 0.691 2	3.316 7 ± 0.289 2
类型(绒毛)	41.487 5 ± 1.790 1	26.830 0 ± 1.652 6	39.596 7 ± 12.188 6
类型(粗毛)	16.190 0 ± 7.924 1	7.730 0 ± 1.370 0	60.406 7 ± 12.190 9
类型(两型毛)	40.587 5 ± 5.147 1	56.566 7 ± 5.755 3	—
细度(绒毛)	19.127 5 ± 0.517 2	20.816 7 ± 0.680 1	21.540 0 ± 1.075 1
细度(粗毛)	42.335 0 ± 1.595 0	72.540 0 ± 18.840 0	37.326 7 ± 2.914 4
细度(两型毛)	39.200 0 ± 2.936 2	50.160 0 ± 2.936 2	—
色泽(亮度)	77.252 5 ± 0.773 8	76.400 0 ± 0.900 3	20.393 3 ± 0.323 0
色泽(白度)	75.377 5 ± 0.936 4	73.686 7 ± 0.762 8	20.350 0 ± 0.326 2
色泽(黄度)	25.072 5 ± 1.604 5	25.180 0 ± 0.640 7	10.316 7 ± 1.065 7
脂含量	8.427 5 ± 0.696 9	9.270 0 ± 2.645 0	4.560 0 ± 0.455 7

（五）电镜下毛纤维结构

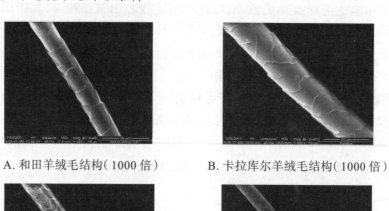

A. 和田羊绒毛结构（1000 倍）　　　B. 卡拉库尔羊绒毛结构（1000 倍）

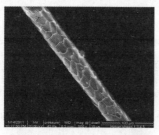

C. 和田羊两型毛结构（500 倍）　　　D. 卡拉库尔羊两型毛（500 倍）

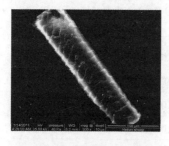
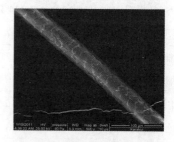

E. 和田羊粗毛结构（500 倍）　　　F. 卡拉库尔羊粗毛结构（500 倍）

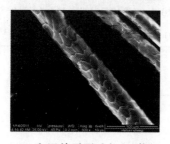
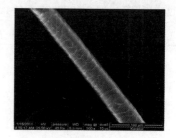

G. 和田羊干死毛（500 倍）　　　H. 卡拉库尔羊干死毛（500 倍）

图 4-9　和田羊与卡拉库尔羊毛纤维电镜图

Fig. 4-9 Electron microscopy of Hetian sheep and Karakul wool fibers

从图 4-9 所示,可见图 4-9A 中和田羊的绒毛纤维与卡拉库尔羊的绒毛纤维比,和田羊绒毛细度较细,鳞片密度较小,纤维直径较细。图 4-9B 中和田羊的粗毛纤维和卡拉库尔羊的粗毛纤维比,和田羊粗毛鳞片明显,这说明,厚度较厚;其次,纤维直径相比较,和田羊的纤维直径较大;鳞片密度相比,和田羊的密度较大。图 4-9C 中和田羊的两型毛纤维和卡拉库尔羊的两型毛纤维比,纤维直径上,和田羊的纤维直径大于卡拉库尔羊的纤维直径。图 4-9D 中和田羊的干死毛纤维和卡拉库尔羊的干死毛纤维比,纤维直径大小相近,鳞片结构不同,和田羊的纤维鳞片厚度较卡拉库尔羊的厚。

三、讨论

(一)纤维类型

进行羊毛分类时,仅通过主观判断,会对结果造成误差。为了减小误差,当遇到不能确定类型的纤维,选择在显微镜下观察,最终确定羊毛的类型。和田羊纤维类型有绒毛、粗毛、两型毛三种,卡拉库尔羊有绒毛、粗毛,但不含两型毛或含量极少,另外两者部分羊毛纤维中都含有干死毛,在实际生产中,粗毛和干死毛对织物质量影响很大,会直接降低织物品质。地毯用毛必须由各种不同类型的羊毛混合搭配,粗毛使地毯具有较好的抗压性,细毛和两型毛使地毯具有较高的回弹性和良好的柔软性[15]。

(二)重量

和田羊的羊毛纤维主要用来生产地毯,我们要选择纤维产量多,也就是羊毛生长密度大。两型毛是地毯生产的主要原料,所以选择产两型毛多的时期,最好是春季,这个时期的各个类型的毛生长速度快,密度相对秋季较大,更主要的原因是毛纤维的生长好坏与食物的营养高低有密切关系[16],早期的一些研究表明,饲料转化效率的提高是羊毛产量增加的主要原因[17]。春季有很多新鲜草料,所以应该在这个时期狠抓羊毛生产。

(三)毛纤维伸直长度

羊毛纤维长度对地毯的织造起着决定性的作用,在鉴定品种、判定个体羊毛品质时更是重要的指标[18]。在4月至12月的八个月里,在5月和12月,3个品种的羊各个类型毛纤维长度达到了相对最长。但是春季长度的平均长度较秋季的长。长度也是生产标准之一,只有毛辫长度达到标准才能取得更高的经济效益。所以,在春季要给羊群提供更多新鲜、高营养的食物。

(四)毛纤维净毛率、羊毛细度、色泽、弹性、油汗

细度是毛绒纤维最为重要的经济性状,是评价毛绒纤维品质和使用价值最重要的指标之一[19],影响细度的因素是多方面的,比如年龄、性别、营养等[20],本节中和田羊山区型较其他两种羊细度较好。毛绒纤维颜色会影响毛纺织产品的染色质量,光泽度、白度越高,其染色越均匀[21],由于和田羊和卡拉库尔羊毛纤维颜色差异较大,所以色度只比较和田羊品种内,和田羊品种内色度差异不显著。

油脂能够有效地保护羊毛绒,油脂含量高、羊毛绒触感好、弹性强、可纺性高[22],在检测的三种羊毛样品中,山区型和田羊油脂含量最高。毛绒净毛率也是企业和养殖者关注的主要评价指标[23]。在测定净毛率时,克服操作过程中可能存在的问题,提高测定的准确性及可靠性。在地毯生产前选用的毛纤维当然选择净毛率高的,目前可以做到的提高净毛率的方法有,其一,改善绵羊生存环境;其二,提高绵羊食物营养,以便提高毛纤维的质量,减少油汗生成。

选择抗压弹性强的羊毛纤维,因为抗压弹性也就是抗倒伏性,即羊毛受到压力恢复到原来的形状结构的能力。羊毛弹性是物体破坏其形状大小之力停止作用后恢复其原来形状与大小的性质,它是最能体现和田羊羊毛价值,最可作为羊毛特征的性能。所以在地毯工业中,我们选择弹性好,卷曲度少的羊毛作为生产原料[24]。但是所检测的羊毛样中,平均抗压弹性很低,不符合生产标准,原因可能是,平均生长密度较低,羊毛分散得很开。

(五)电镜下毛纤维结构

电镜下观察的毛样,观察发现有部分的鳞片损坏(三种类型的毛样都有这种现象),由于是冬季采集,气候寒冷,绵羊的食物单一,毛囊不能得到充分的营养,因而有毛纤维损坏的现象。

四、结论

在 3 个品种（系）中，卡拉库尔羊的产毛量和羊毛的净毛率为三者之中最高的，但其羊毛长度最短，山区型和田羊的羊毛细度较其他两种羊较好。品种内山区型和田羊产毛量高于平原型和田羊，但伸直长度低于平原型和田羊。和田羊两型毛纤维直径大于卡拉库尔羊，且春季产两型毛较多，生长速度快，密度大。扫描电镜结果显示纤维直径变化较大，鳞片结构复杂多变。

参考文献

[1] 孟进军，陈善明．不同动物毛的两向凝胶电泳鉴定及其角蛋白组成分析 [J]．分析测试通报，1988，7（2）：50-53．

[2] Jeanette M.Cardamone，John G.Phillips. Enzyme-mediated Crosslinking of Wool. Part Ⅱ：Keratin and Transglutaminase [J]. Textile Research，2007，77：277-282.

[3] 潘求真，陈慧勇，连正兴，等．绵羊和山羊抑肌素基因的基因组结构和序列分析 [J]．自然科学进展，2003，13（1）：87-89．

[4] Gillespie，J. M. Variahility in the proteins of wool and hair [C]. Proc.6th Int. Wool Text. Res. Conf. Pretoria，1980，Ⅱ：67-77.

[5] 王勇，张才俊，郑喜邦，等．青海省环湖地区绵羊被毛 5 种微量元素测定 [J]．中国养羊，1997，3：41-42．

[6] 郝正里，项光华，魏时来，等．甘肃省 8 个地区牛羊被毛的主要矿物质元素含量 [J]．草业学报，1998，7（1）：42-49．

[7] Darekua R. L，Gillespie J.M. Breed and species difference in the hair proteins of four genera of Caprini，Auat [J] .J .Biol. Sci.，1971，（24）：515-524.

[8] 李树伟．影响绵羊毛纤维与毛囊结构及生产性状的分子机理研究 [D]．长春：吉林大学，2008：58-59．

[9] 杨威，张海霞，朱大海．鸡生长分化因子 GDF-8 cDNA 的克隆、表达及蛋白纯化 [J]．生物工程学报，2001，17（4）：460-462．

[10] LaemmLi U K. Cleavage of structural proteins during the assembly of head of bacteriophage[J].T4. Nature（London），1987，227：680-682.

[11]Popescu C，Höcker H. Hair—the most sophisticated biological composite material [J]. Chemical Society Reviews，2007,36（8）：1282.

[12]McGregor B A，Butler K L. Coarser wool is not a necessary consequence of sheep aging：allometric relationship between fibre diameter and fleece-free liveweight of Saxon Merino sheep[J]. animal，2016,10（12）：2051-2060.

[13] 密冲，保灵燕，王莹，等. 不同品种绵羊羊毛品质分析 [J]. 畜牧与兽医，2012,44（12）：30-31.

[14]Hearle J W S. A critical review of the structural mechanics of wool and hair fibres[J]. International journal of biological macromolecules，2000,27（2）：123-138.

[15] 牛春娥，高雅琴，郭天芬. 羊毛纤维细度检验方法及研究进展 [J]. 现代畜牧兽医，2007（6）：66-68.

[16] 玛尔孜亚·亚森，蒋晓梅，拉扎特·艾尼瓦尔，等. 遗传改良提高个体羊毛生产效益研究进展 [J]. 草食家畜，2019（5）：11-15.

[17]AJ W，HP M. The voluntary feed intake of sheep genetically different in wool production[J]. Australian Journal of Experimental Agriculture，1965,5（19）：12-16.

[18] 邢巍婷，许艳丽，宫平，等. 云南 3 个地方绵羊品种毛绒品质分析 [J]. 草食家畜，2017（5）：28-32.

[19] 张敏，王乐，郑文新. 影响羊毛品质的因素及控制措施 [J]. 草食家畜，2010（3）：29-31.

[20] 陈睿. 羊毛的主要物理特性及其影响因素 [J]. 甘肃畜牧兽医，2015,45（3）：46-47.

[21] 王乐，高维明，郑文新，等. 新疆富蕴县阿勒泰羊毛绒品质分析 [J]. 草食家畜，2011（2）：31-32.

[22]董丽娜，宫平，魏佩玲，等. 新疆巴州罗布羊毛绒性能研究 [J]. 毛纺科技，2019,47（7）：15-18.

[23] 王春昕，张明新，郑文新，等. 东北地区部分细毛羊羊毛品质

检测分析 [J]. 黑龙江畜牧兽医，2012（5）：60-61.

[24] 何元园. 和田地毯用毛结构性能及其评价体系研究 [D]. 乌鲁木齐：新疆大学纺织科学与工程，2016.

第五章 和田羊与卡拉库尔羊毛囊 KAP1.1 基因研究

第一节 和田羊毛囊 KAP1.1 基因 CDS 的真核表达

一、和田羊毛囊 KAP1.1 基因重组质粒的 PCR 鉴定结果分析

PCR 扩增和田羊毛囊 KAP1.1 基因的重组质粒 pMD18-T-KAP1.1，其结果经 1% 琼脂糖凝胶电泳分析，在 519 bp 处出现一条条带，与 GenBank：KAP1.1（X01610.1）参照序列理论分子量相符如图 5-1，说明 pMD18-T-KAP1.1 重组质粒构建成功。

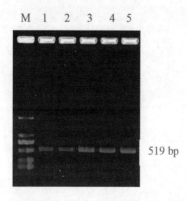

图 5-1　和田羊 KAP1.1 基因重组质粒 PCR 鉴定

Fig. 5-1　PCR identification of KAP1.1 gene recombinant plasmid of Hetian sheep

M：Maker DL2000　1-5：KAP1.1 扩增片段

二、重组质粒 pMD18-T-KAP1.1 的酶切鉴定

用 *Hind* Ⅲ 和 *Pst* Ⅰ 双酶切重组质粒 pMD18-T-KAP1.1，1.0% 琼脂糖凝胶电泳检测，约在 519 bp 处有特异带，其大小与理论分子量相符（见图 5-2）。

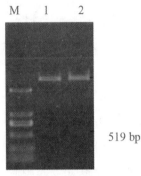

519 bp

图 5-2　和田羊 KAP1.1 基因重组质粒酶切鉴定

Fig.5-2 Enzyme identification of KAP1.1 gene recombinant plasmid of Hetian sheep

M：Maker DL20001-2：pMD18-T-KAP1.1

进一步说明 pMD18-T-KAP1.1 重组质粒构建成功。

三、重组质粒 pMD18-T-KAP1.1 的序列分析

通过 DNAMAN 软件对重组质粒 pMD18-T-KAP1.1 的测序结果与 GenBank：X01610.1 参照序列进行序列比对，结果显示测序结果与参照的 KAP1.1 序列同源性为 99.05%。说明目的基因与克隆载体 pMD18-T 连接成功。结果如下

Upper line：CDS1_KAP1.1.seq，from 1 to 519

Lower line：pMD18-T-KAP1.1cexu_.seq，from 1 to 519

pMD18-T-KAP1.1cexu/CDS1KAP1.1 identity=99.05%（514/519）gap =0.00%（0/519）

```
1    ATGGCCTGCTGTTCCACCAGCTTCTGTGGATTTCCCATCTGTTCCACTGGTGGGACCTGT    KAP1.1 GenBank
     ||||||||||||||||||||||||||||||||||||:|||:||||||||||||||||||||
1    ATGGCCTGCTGTTCCACCAGCTTCTGTGGATTTCCCACCTGCTCCACTGGTGGGACCTGT    pMD-18T-KAP1.1

61   GGCTCCAGTCCCTGCCAGCCGACCTGCTGCCAGACCAGCTGCTGCCAGCCAACCTCCATC    KAP1.1 GenBank
     ||||||||||||||||||||||||||||||||||||||||||||||||||||||||||||
61   GGCTCCAGTCCCTGCCAGCCGACCTGCTGCCAGACCAGCTGCTGCCAGCCAACCTCCATC    pMD-18T-KAP1.1

121  CAGACCAGCTGCTGCCAACCGATCTCCATCCAGACCAGCTGCTGCCAGCCAACCTCCATC    KAP1.1 GenBank
     ||||||||||||||||||||||||||||||||||||||||||||||||||||||||||||
121  CAGACCAGCTGCTGCCAACCGATCTCCATCCAGACCAGCTGCTGCCAGCCAACCTCCATC    pMD-18T-KAP1.1

181  CAGACCAGCTGCTGCCAGCCAACCTGCCTCCAGACCAGTGGCTGTGAGACGGGCTGTGGC    KAP1.1 GenBank
     ||||||||||||||||||||||||||||||||||||||||||||||||||||||||||||
181  CAGACCAGCTGCTGCCAGCCAACCTGCCTCCAGACCAGTGGCTGTGAGACGGGCTGTGGC    pMD-18T-KAP1.1

241  ATTGGTGGCAGCATTGGCTATGGCCAGGTGGGTAGCAGCGGAGCTGTGAGCAGCCGCACC    KAP1.1 GenBank
     ||||||||||||||||||||||||||||||||||||||||||||||||||||||||||||
241  ATTGGTGGCAGCATTGGCTATGGCCAGGTGGGTAGCAGCGGAGCTGTGAGCAGCCGCACC    pMD-18T-KAP1.1

301  AGGTGGTGCCGCCCTGACTGCCGCGTGGAGGGCACCAGCCTGCCTCCCTGCTGTGTGGTG    KAP1.1 GenBank
     ||||||||||||||||||||||||||||||||||||||||||||||||||||||||||||
301  AGGTGGTGCCGCCCTGACTGCCGCGTGGAGGGCACCAGCCTGCCTCCCTGCTGTGTGGTG    pMD-18T-KAP1.1

361  AGCTGCACACCCCGTCCTGCTGCCAGCTGTACTATGCCCAGGCCTCCTGCTGCCGCCCA    KAP1.1 GenBank
     |||||||||||||||||||||||||||||||:|||||||||||||||||||||||||||||
361  AGCTGCACACCCCGTCCTGCTGCCAGCTGTACCATGCCCAGGCCTCCTGCTGCCGCCCA    pMD-18T-KAP1.1

421  TCCTACTGTGGACAGTCCTGCTGCCGCCCAGCCTGCTGCTGCCAGCCCACCTGCATTGAG    KAP1.1 GenBank
     |||||||||||||||||||||||||||||||||||||:||||||||||||||||||||||
421  TCCTACTGTGGACAGTCCTGCTGCCGCCCAGCCTGCTGCTTCCAGCCCACCTGCATTGAG    pMD-18T-KAP1.1

481  CCCATCTGTGAGCCCAGCTGCTGTGAGCCCACCTGCTGA    KAP1.1 GenBank
     ||||:||||||||||||||||||||||||||||||||||
481  CCCGTCTGTGAGCCCAGCTGCTGTGAGCCCACCTGCTGA    pMD-18T-KAP1.1
```

四、重组质粒 pMD18-T-KAP1.1 和真核表达载体 pEGFP-NI 双酶切分析

用 *Hind* Ⅲ 和 *Pst* Ⅰ 两种限制性内切酶将重组质粒 pMD18-T-KAP1.1 和 pEGFP-NI 进行双酶切结果见图 5-3。

经过酶切鉴定，样本重组质粒在 500 bp 左右有目的条带出现，而空载体处只有载体条带，符合预期。

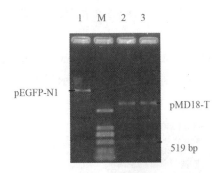

图 5-3　双酶切分析

Fig .5-3　Double enzyme digestion analysis

M：Maker DL2000；　1：pEGFP–N l；　2,3：pMD18–T–KAP1.1 双酶切

五、重组质粒 pEGFP-Nl-KAP1.1 的 PCR 鉴定

重组质粒 pEGFP-Nl-KAP1.1 的 PCR 结果经 1% 琼脂糖凝胶电泳分析，在 519 bp 处出现一条条带，与 GenBank：KAP1.1（X01610.1）参照序列理论分子量相符（如图 5-4），说明 pMD18-T-KAP1.1 重组质粒构建成功。

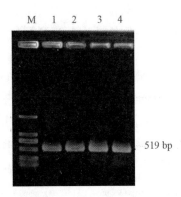

图 5-4　和田羊 KAP1.1 基因重组质粒 PCR 鉴定

Fig .5-4 PCR identification of KAP1.1 gene recombinant plasmid of Hetian sheep

注：M：Maker DL20001-4：KAP1.1 扩增片段。

六、重组质粒 pEGFP-Nl-KAP1.1 的酶切鉴定

用 *Hind* Ⅲ 和 *Pst* Ⅰ 双酶切重组质粒 pEGFP-Nl-KAP1.1,在 519 bp 处出现 KAP1.1 目的条带,结果如图 5-5 所示。

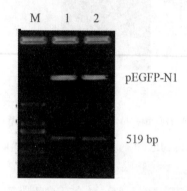

图 5-5　和田羊 KAP1.1 基因重组质粒酶切鉴定

Fig .5-5　Enzyme identification of KAP1.1 gene recombinant plasmid of Hetian sheep

M：Maker DL2000 , 1,2：pEGFP-Nl-KAP1.1

经酶切鉴定,在 500 bp 左右有目的条带出现,表明真核表达质粒构成功。

七、重组质粒 pEGFP-N1-KAP1.1 的序列分析

通过 DNAMAN 软件分析,测序结果与 GenBank 上参照序列 KAP1.1（X01610.1）进行同源性比对,结果显示测序所得到的 KAP1.1 基因的序列与参照的 KAP1.1（X01610.1）序列同源性为 98.65%,说明目的基因与真核表达载体 pEGFP-N1 连接成功。结果如下：

Upper line: CDS1_*KAP*1.1.seq, from 1 to 519
Lower line: pEGFP-N1-*KAP*1.1cexu_.seq, from 1 to 519
pEGFP-N1-*KAP*1.1cexu/CDS1*KAP*1.1 identity=99.05%（514/519）　gap =0.00%（0/519）

```
1    ATGGCCTGCTGTTCCACCAGCTTCTGTGGATTTCCCATCTGTTCCACTGGTGGGACCTGT    KAP1.1 GenBank
     |||||||||||||||||||||||||||||||||||||||:|||:||||||||||||||||
1    ATGGCCTGCTGTTCCACCAGCTTCTGTGGATTTCCCACCTGCTCCACTGGTGGGACCTGT    pEGFP-N1-KAP1.1

61   GGCTCCAGTCCCTGCCAGCCGACCTGCTGCCAGACCAGCTGCTGCCAGCCAACCTCCATC    KAP1.1 GenBank
     ||||||||||||||||||||||||||||||||||||||||||||||||||||||||||||
61   GGCTCCAGTCCCTGCCAGCCGACCTGCTGCCAGACCAGCTGCTGCCAGCCAACCTCCATC    pEGFP-N1-KAP1.1
```

```
121  CAGACCAGCTGCTGCCAACCGATCTCCATCCAGACCAGCTGCTGCCAGCCAACCTCCATC     KAP1.1 GenBank
     ||||||||||||||||||||||||||||||||||||||||||||||||||||||||||||
121  CAGACCAGCTGCTGCCAACCGATCTCCATCCAGACCAGCTGCTGCCAGCCAACCTCCATC     pEGFP-N1-KAP1.1

181  CAGACCAGCTGCTGCCAGCCAACCTGCCTCCAGACCAGTGGCTGTGAGACGGGCTGTGGC     KAP1.1 GenBank
     ||||||||||||||||||||||||||||||||||||||||||||||||||||||||||||
181  CAGACCAGCTGCTGCCAGCCAACCTGCCTCCAGACCAGTGGCTGTGAGACGGGCTGTGGC     pEGFP-N1-KAP1.1

241  ATTGGTGGCAGCATTGGCTATGGCCAGGTGGGTAGCAGCGGAGCTGTGAGCAGCCGCACC     KAP1.1 GenBank
     ||||||||||||||||||||||||||||||||||||||||||||||||||||||||||||
241  ATTGGTGGCAGCATTGGCTATGGCCAGGTGGGTAGCAGCGGAGCTGTGAGCAGCCGCACC     pEGFP-N1-KAP1.1

301  AGGTGGTGCCGCCCTGACTGCCGCGTGGAGGGCACCAGCCTGCCTCCCTGCTGTGTGGTG     KAP1.1 GenBank
     ||||||||||||||||||||||||||||||||||||||||||||||||||||||||||||
301  AGGTGGTGCCGCCCTGACTGCCGCGTGGAGGGCACCAGCCTGCCTCCCTGCTGTGTGGTG     pEGFP-N1-KAP1.1

361  AGCTGCACACCCCCGTCCTGCTGCCAGCTGTACTATGCCCAGGCCTCCTGCTGCCGCCCA     KAP1.1 GenBank
     |||||||||||||||||||||||||||||||:|||||||||||||||||||||||||||||
361  AGCTGCACACCCCCGTCCTGCTGCCAGCTGTACCATGCCCAGGCCTCCTGCTGCCGCCCA     pEGFP-N1-KAP1.1

421  TCCTACTGTGGACAGTCCTGCTGCCGCCCAGCCTGCTGCTGCCAGCCCACCTGCATTGAG     KAP1.1 GenBank
     |||||||||||||||||||||||||||||||||||||||:||||||||||||||||||||
421  TCCTACTGTGGACAGTCCTGCTGCCGCCCAGCCTGCTGCTTCCAGCCCACCTGCATTGAG     pEGFP-N1-KAP1.1

481  CCCATCTGTGAGCCCAGCTGCTGTGAGCCCACCTGCTGA     KAP1.1 GenBank
     |||:|||||||||||||||||||||||||||||||||||
481  CCCGTCTGTGAGCCCAGCTGCTGTGAGCCCACCTGCTGA     pEGFP-N1-KAP1.1
```

八、重组质粒 pEGFP-N1-KAP1.1 的氨基酸序列分析

通过 DNAMAN 软件对重组质粒 pEGFP-N1-KAP1.1 测序结果的氨基酸序列与 GenBank：X01610.1 参照氨基酸序列进行比对。结果如下：

Upper line: CDS1 KAP1.1amino acid .seq, from 1 to 172

Lower line: pEGFP-N1-KAP1.1 cexu amino acid.seq, from 1 to 172

CDS1 KAP1.1 amino acid. seq : pEGFP-N1-KAP1.1cexu amino acid. seq identity = 97.67% （168/172） gap

= 0.00% （0/172）

```
1   MACCSTSFCGFPICSTGGTCGSSPCQPTCCQTSCCQPTSIQTSCCQPISIQTSCCQPTSI     KAP1.1 GenBank
    |||||||||||||:||||||||||||||||||||||||||||||||||||||||||||||
1   MACCSTSFCGFPTCSTGGTCGSSPCQPTCCQTSCCQPTSIQTSCCQPISIQTSCCQPTSI     pEGFP-N1-KAP1.1

61  QTSCCQPTCLQTSGCETGCGIGGSIGYGQVGSSGAVSSRTRWCRPDCRVEGTSLPPCCVV     KAP1.1 GenBank
```

61　QTSCCQPTCLQTSGCETGCGIGGSIGYGQVGSSGAVSSRTRWCRPDCRVEGTSLPPCCVV　　pEGFP-N1-KAP1.1

121　SCTPPSCCQLYYAQASCCRPSYCGQSCCRPACCCQPTCIEPICEPSCCEPTC　　KAP1.1 GenBank

121　SCTPPSCCQLYHAQASCCRPSYCGQSCCRPACCFQPTCIEPVCEPSCCEPTC　　pEGFP-N1-KAP1.1

九、和田羊毛囊 KAP1.1 基因编码蛋白质二级结构分析

利用 ExPASy 在线服务器中的 SOPMA 软件分析 KAP1.1 基因编码蛋白质二级结构,结果如图 5-6 所示。

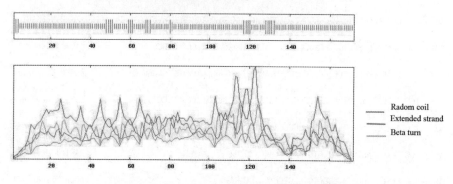

Radom coil
Extended strand
Beta turn

图 5-6　和田羊 KAP1.1 基因编码蛋白质二级结构

Fig. 5-6 Secondary structure of KAP1.1 gene encoding protein

软件分析结果表明,无规则卷曲的比例最高为 85.47%,其次是延伸链占 13.95%,而 β 折叠所占的比例为 0.58%。

十、和田羊毛囊 KAP1.1 基因编码蛋白质三级结构分析

利用 ExPASy 在线服务器中的 Phyre 软件分析 KAP1.1 基因编码蛋白质三级结构,结果如图 5-7 所示。

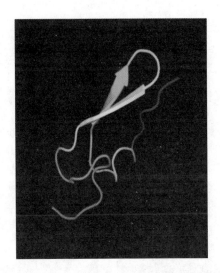

图 5-7　KAP1.1 基因编码蛋白质三级结构

Fig. 5-7　Tertiary structure of KAP1.1 gene encoding protein

十一、和田羊毛囊 KAP1.1 基因的真核表达载体在 COS–7 细胞中的表达

将真核表达载体 pEGFP-N1 和重组质粒 pEGFP-N1-KAP1.1 分别转染 COS-7 细胞在不同时间段进行观察,结果如图 5-8 所示。

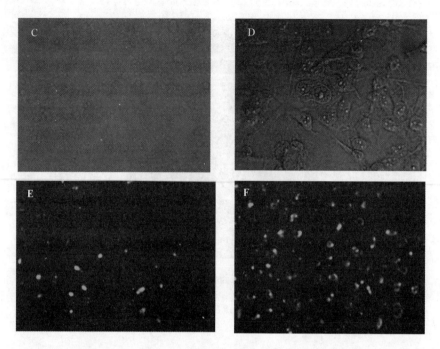

图 5-8　和田羊 KAP1.1 基因在 COS-7 细胞中的表达

Fig .5-8　KAP1.1 gene expression in COS-7 cells of Hetian sheep

注：A、B、C 放大倍数 100×；D、E、F 放大倍数 400×。

A. COS-7 细胞空白对照；B. 真核表达载体 pEGFP-N1 转染 COS-7 细胞 48 h 后结果；C. 重组质粒 pEGFP-N1-KAP1.1 转染 COS-7 细胞 48 h 后结果；D.COS-7 细胞空白对照在荧光倒置显微镜下观察结果；E. 真核表达载体 pEGFP-N1 转染 COS-7 细胞 70 h 后在荧光倒置显微镜下观察结果；F. 重组质粒转染 COS-7 细胞 70 h 后在荧光倒置显微镜下观察结果。

十二、讨论

本研究在对和田羊毛囊 KAP1.1 基因真核表达载体构建的过程中，进行了 PCR、目的片段回收、连接、转化、IPTG 诱导，质粒的提取、酶切等试验操作，在此操作过程中抗生素的浓度与涂板时的加入量至关重要。为获得正确的真核表达载体 pEGFP-N1-KAP1.1 重组子，本实验利用基因重组技术首先将 KAP1.1 基因转入克隆载体 pMD18-T 中并进行 PCR 鉴定、酶切鉴定和测序分析,确保克隆载体 pMD18-T-KAP1.1 构建成功。KAP1.1 基因的编码区全长为 519 bp,可以编码 172 个氨基酸,对 pMD18-T-KAP1.1 重组子的测序结果与 GenBank 上参照序列 KAP1.1（X01610.1）进行序列比对,结果发现有 5 个碱基发生突变,38 位 T 突变为 C、42 位 T 突变为 C、394 位 T 突变为 C、461 位 G 突变为 T、484 位 A 突变为 G,序列同源性为 99.05%。

在真核表达载体构建过程中,双酶切产物应快速回收,以提高连接转化时的效率。对重组真核表达载体 pEGFP-N1-KAP1.1 的测序结果与 GenBank 上参照序列对比发现,序列同源性为 98.65%,有 7 个碱基发生突变,38 位 T 突变为 C、39 位 C 突变为 T、42 位 T 突变为 C、394 位 T 突变为 C、441 位 C 突变为 T、461 位 G 突变为 T、484 位 A 突变为 G,相应第 13 位的异亮氨酸改变为苏氨酸、第 132 位酪氨酸改变为组氨酸、第 154 位半胱氨酸改变为苯丙氨酸、第 162 位异亮氨酸改变为缬氨酸。进一步分析发现,这些氨基酸的不同对整体蛋白质的表达无大的影响。

十三、结论

（1）本研究成功获得和田羊毛囊 KAP1.1 基因序列,其全长为 519 bp 编码 172 个氨基酸。

（2）成功构建克隆载体 pMD18-T-KAP1.1 和真核表达载体 pEGFP-N1-KAP1.1。

（3）通过转染试剂 Lipofectamine2000 成功将重组质粒 pEGFP-N1-KAP1.1 转染进 COS-7 细胞,在荧光倒置显微镜下可以看到明显的绿色荧光。

说明绵羊毛囊关联蛋白基因 KAP1.1 在真核细胞 COS-7 中能够表达。

第二节　卡拉库尔羊毛囊 KAP 1.1 基因的真核表达

一、试验材料与方法

（一）材料

卡拉库尔羊购自第一师十二团。

（二）卡拉库尔羊毛囊 KAP1.1 基因的克隆

根据 KAP1.1 基因序列（X01610.1），利用 DNA star 软件设计引物，并在每对引物的 5′ 端引入相应的限制性内切酶识别序列及保护碱基，序列如下：

上游引物 5′ —AAG CTT ATG GCC TGC TGT TCC ACC—3′（下划线为 Hind Ⅲ 的酶切位点），下游引物 5′ —CTG CAG TCA GCA GGT GGG CTC—3′ （下划线为 Pst Ⅰ 的酶切位点）。引物由上海生工生物工程技术服务有限公司合成。

利用反转录获得的 cDNA 第一链为模板，PCR 扩增 KAP1.1 基因，构建克隆载体，经酶切与 PCR 鉴定正确后，再构建 KAP1.1 基因真核表达载体 pEGFP-N1-KAP1.1。将 pMD18-T-KAP1.1 重组质粒和真核表达载体 pEGFP-N1 分别用 Hind Ⅲ 和 Pst Ⅰ 双酶切，构建真核表达重组质粒 pEGFP-N1-KAP1.1。对阳性重组质粒进行 PCR 及酶切鉴定，用酶 Hind Ⅲ 和 Pst Ⅰ 进行双酶切进行鉴定，经过以上两种鉴定方法确定重组质粒符合要求后，对阳性菌落进行过夜培养，制备 50 % 甘油菌，送往上海生物工程有限公司测序。

二、结果及分析

（一）卡拉库尔羊毛囊 KAP1.1 基因重组质粒的 PCR 鉴定结果分析

PCR 扩增卡拉库尔羊毛囊 KAP1.1 基因的重组质粒 pMD18-T-KAP1.1，其结果经 1% 琼脂糖凝胶电泳分析，在 519 bp 处出现一条目的条带。

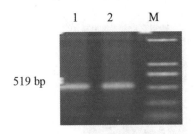

图 5-9　卡拉库尔羊 KAP1.1 基因重组质粒 PCR 鉴定

Fig.5-9 The PCR results of wool follicle KAP1.1 recombination plasmids of Karakul

M：Maker DL2000；1，2：KAP1.1 扩增片段

（二）重组质粒 pMD18-T-KAP1.1 的酶切鉴定

用 *Hind* Ⅲ和 *Pst* Ⅰ双酶切重组质粒 pMD18-T-KAP1.1，1.0% 琼脂糖凝胶电泳检测，约在 519 bp 处有特异带其与理论分子量相符（见图 5-10）。进一步说明 pMD18-T-KAP1.1 重组质粒构建成功。

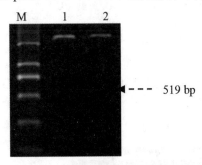

图 5-10　卡拉库尔羊 KAP1.1 基因重组质粒酶切鉴定

Fig.5-10　The enzyme digest results of wool follicle KAP1.1 recombination plasmids of Karakul

M：Maker DL2000；1，2：pMD18-T-KAP1.1

（三）重组质粒 pMD18-T-KAP1.1 和真核表达载体 pEGFP-N1 双酶切分析

用 *Hind* Ⅲ和 *Pst* Ⅰ两种限制性内切酶将重组质粒 pMD18-T-

KAP1.1 和 pEGFP-Nl 进行双酶切，结果如图 5-11 所示。

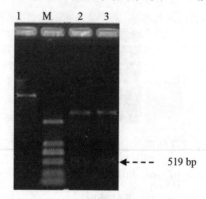

图 5-11　重组质粒双酶切分析

Fig.5-11 Double enzyme digested the recombinant plasmids

1: pEGFP-N l; M: Maker DL2000; 2,3: pMD18-T-KAP1.1 双酶切

如图所示，样本在 500 bp 处有目的条带，而空白对照只有载体的条带，表明克隆质粒构建成功，可以用于构建重组真核表达载体。

（四）重组质粒 pEGFP-N1-KAP1.1 的 PCR 鉴定

重组质粒 pEGFP-Nl-KAP1.1 的 PCR 结果经 1% 琼脂糖凝胶电泳分析，在 519 bp 处出现一条条带，与 GenBank：KAP1.1（X01610.1）参照序列理论分子量相符（图 5-12），说明 pMD18-T-KAP1.1 重组质粒构建成功。

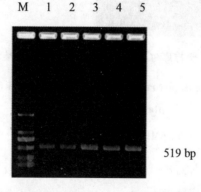

图 5-12　卡拉库尔羊 KAP1.1 基因重组质粒 PCR 鉴定

Fig.5-12 The PCR results of wool follicle KAP1.1 recombination plamids of Karakul

M: Maker DL2000 1-5: KAP1.1 扩增片段

（五）重组质粒 pEGFP-N1-KAP1.1 的酶切鉴定

用 *Hind* Ⅲ 和 *Pst* Ⅰ双酶切重组质粒 pEGFP-N1-KAP1.1，在 519 bp 处出现 KAP1.1 目的条带，如图 5-13 所示。

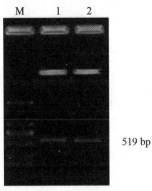

519 bp

图 5-13　卡拉库尔羊 KAP1.1 基因重组质粒酶切鉴定

Fig. 5-13 The wool follicle KAP1.1 recombination plamids of Karakul were digested by double enzyme

M：Maker DL2000；1,2：pEGFP-N1-KAP1.1

（六）重组质粒 pGFP-N1-KAP1.1 的序列分析

通过 BLAST 在线分析，测序结果与 GenBank 上参照序列 KAP1.1（X01610.1）进行同源性比，说明目的基因与真核表达载体 pEGFP-N1 连接成功。结果如下：

```
Sheep B2A and B2D    ATGGCCTGTTGCTCCACCAGCTTCTGTGGATTTCCCATCTGTTCCACTGGTGGGACCTGT    60
                     ||||||| ||||||||||||||||||||||||||||||||||||||||||||||||||||    60
KL sheep KAP1.1.seq  ATGGCCTGCTGTTCCACCAGCTTCTGTGGATTTCCCATCTGTTCCACTGGTGGGACCTGT    60

Sheep B2A and B2D    GGCTCCAGTCCCTGCCAGCCGACCTGCTGCCAGACCAGCTGCTGCCAGCCGACCTCTATC    120
                     ||||||| |||||||||||||||||||||||||||||||||||||||||||||| ||| |||   120
KL sheep KAP1.1.seq  GGCTCCAGTCCCTGCCAGCCGACCTGCTGCCAGACCAGCTGCTGCCAGCCAACCTCCATC    120

Sheep B2A and B2D    CAGACCAGCTGCTGCCAGCCAACTTCCATCCAAACCAGCTGCTGCCAACCGATCTCCATC    180
                     ||||||||||||||||||||| || |||||| | ||||||||||||||| | | ||||||   180
KL sheep KAP1.1.seq  CAGACCAGCTGCTGCCAACCGATCTCCATCCAGACCAGCTGCTGCCAGCCAACCTCCATC    180

Sheep B2A and B2D    CAGACCAGCTGCTGCCAGCCAACCTGCCTCCAGACCAGTGGCTGTGAGACTGGCTGTGGC    240
                     ||||||||||||||||||||||||||||||||||||||||||||||||||| |||||||||   240
KL sheep KAP1.1.seq  CAGACCAGCTGCTGCCAGCCAACCTGCCTCCAGACCAGTGGCTGTGAGACGGGCTGTGGC    240

Sheep B2A and B2D    ATTGGTGGCAGCATTGGCTATGGCCAGGTGGGTAGCAGCGGAGCTGTGAGCAGCCGCACC    300
```

```
                     |||||||||||||||||||||||||||||||||||||||||||||||||||||||||||     300
KL sheepKAP1.1.seq   ATTGGTGGCAGCATTGGCTATGGCCAGGTGGGTAGCAGCGGAGCTGTGAGCAGCCGCACC   300

Sheep B2A and B2D    AGGTGGTGCCGCCCTGACTGCCGCGTGGAGGGCACCAGCCTGCCTCCCTGCTGTGTGGTG   360
                     |||||||||||||||||||||||||||||||||||||||||||||||||||||||||||||   360
KL sheep KAP1.1.seq  AGGTGGTGCCGCCCTGACTGCCGCGTGGAGGGCACCAGCCTGCCTCCCTGCTGTGTGGTG   360

Sheep B2A and B2D    AGCTGCACATCCCCGTCCTGCTGCCAGCTGTACTATGCCCAGGCCTCCTGCTGCCGCCCA   420
                     ||||||||| |||||||||||||||||||||||||||| |||||||||||||||||||||||   420
KL sheep KAP1.1.seq  AGCTGCACACCCCCGTCCTGCTGCCAGCTGTACTATGCCCAGGCCTCCTGCTGCCGCCCA   420

Sheep B2A and B2D    TCCTACTGTGGACAGTCCTGCTGCCGCCCAGCCTGCTGCTTCCAGCCCACCTGCATTGAG   480
                     |||||||||||||||||||||||||||||||||||||||||| ||||||||||||||||||   480
KL sheep KAP1.1.seq  TCCTACTGTGGACAGTCCTGCTGCCGCCCAGCCTGCTGCTGCCAGCCCACCTGCATTGAG   480

Sheep B2A and B2D    CCCGTCTGTGAGCCCAGCTGCTGTGAGCCCACCTGCTGA   519
                     ||| |||||||||||||||||||||||||||||||||||   519
KL sheep KAP1.1.seq  CCCATCTGTGAGCCCAGCTGCTGTGAGCCCACCTGCTGA   519
```

（七）重组质粒 pEGFP-N1-KAP1.1 的氨基酸序列分析

通过 DNAMAN 软件对重组质粒 pEGFP-N1-KAP1.1 测序结果的氨基酸序列与 GenBank：X01610.1 参照氨基酸序列进行比对。结果如下：

```
Sheep B2A and B2D    MACCSTSFCGFPTCSTGGTCGSNFCRPTCCQTSCCQPTSI     40
KL sheep KAP1.1.seq  -------------I--------SP-Q-------------    40

Sheep B2A and B2D    QTSCCQPISIQTSCCQPTSIQTSCCQPTCLQTSGCETGCG     80
KL sheep KAP1.1.seq  ----------------------------------------    80

Sheep B2A and B2D    IGGSIGYGQVGSSGAVSSRTRWCRPDCRVEGTSLPPCCVV     120
KL sheep KAP1.1.seq  ----------------------------------------    120

Sheep B2A and B2D    SCTSPSCCQLYYAQASCCRPSYCGQSCCRPACCCQPTCIE     160
KL sheep KAP1.1.seq  ---P------------------------------------    160

Sheep B2A and B2D    PVCEPSCCEPTC     172
KL sheep KAP1.1.seq  -I----------    172
```

（八）卡拉库尔羊毛囊 KAP1.1 基因编码蛋白质二级结构分析

利用 ExPASy 在线服务器中的 SOPMA 软件分析 KAP1.1 基因编码蛋白质二级结构，KAP1.1 基因二级结构预测结果如图 5-14 所示。无规则卷曲的比例最高为 83.43%，其次是延伸链占 14.29%，而 β 折叠所占的比例为 0.57%。

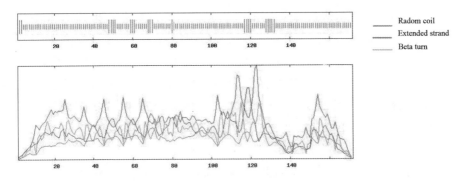

　　　　Radom coil
　　　　Extended strand
　　　　Beta turn

图 5-14　卡拉库尔羊毛囊 KAP1.1 基因编码蛋白质二级结构图

Fig.5-14　The secondary structure of wool follicle KAP1.1 protein of Karakul

（九）卡拉库尔羊毛囊 KAP1.1 基因编码蛋白质三级结构分析

　　利用 ExPASy 在线服务器中的 Phyre 软件分析 KAP1.1 基因编码蛋白质三级结构，结果如图 5-15 所示。

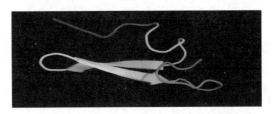

图 5-15　卡拉库尔羊毛囊 KAP1.1 基因编码蛋白质三级结构

Fig. 5-15　The tertiary structure of wool follicle KAP1.1 protein of Karakul

三、讨论

　　本研究在对卡拉库尔羊毛囊 KAP1.1 基因真核表达载体构建的过程中，进行了 PCR、目的片段回收、连接、转化、IPTG 诱导，质粒的提取、酶切等试验操作。

　　为获得正确的真核表达载体 pEGFP-N1-KAP1.1 重组子，本实验利用基因重组技术首先将 KAP1.1 基因转入克隆载体 pMD18-T 中并进行 PCR 鉴定、酶切鉴定，确保真核表达载体构建成功。KAP1.1 基因的编码区全长为 519 bp，可以编码 172 个氨基酸。在真核表达载体构建过程中，双酶切产物应快速回收，以提高连接转化时的效率。

对重组真核表达载体 pEGFP-N1-KAP1.1 的测序结果与 GenBank 上参照序列对比发现,序列同源性为 96.9%,有 16 个碱基发生突变,9 位 T 突变为 C、12 位 C 突变为 T、111 位 G 突变为 A、117 位 T 突变为 C、138 位 G 突变为 A、141 位 A 突变为 G、143 位 C 突变为 T,144 位 T 突变为 C,153 位 A 突变为 G,168 位 A 突变为 G,171 位 G 突变为 A,173 位 T 突变为 C,231 位 T 突变为 G,370 位 T 突变为 C,461 位 T 突变为 G,484 位 G 突变为 A。造成氨基酸序列中 48 位的苏氨酸突变为异亮氨酸,58 位的异亮氨酸突变为苏氨酸,124 位的丝氨酸突变为脯氨酸,154 位的苯丙氨酸突变为半胱氨酸,162 位的缬氨酸突变为异亮氨酸。进一步分析发现,第 9、12、111、117、138、141、144、153、168、171、231 位这 11 处碱基的突变都没有造成氨基酸的差异,这些氨基酸的不同对整体蛋白质的表达无大的影响。只有 143、173、370、461、484 这 5 处碱基变异造成了氨基酸的差异。

四、结论

(1)本研究成功获得卡拉库尔羊毛囊 KAP1.1 基因序列,其全长为 519 bp 编码 172 个氨基酸。

(2)成功构建卡拉库尔羊克隆载体 pMD18-T-KAP1.1 和真核表达载体 pEGFP-N1-KAP1.1。

第三节　绵羊毛囊 KAP1.1 外显子 1 原核表达载体的构建

一、试验材料与方法

(一)材料

平原型和田羊来自新疆和田地区洛浦县,山区型和田羊来自新疆和田地区策勒县,卡拉库尔羊来自第一师十二团。绵羊于塔里木大学动物试验站饲养,然后从绵羊体侧羊毛去除一部分,用提前准备好的工具对羊皮肤组织进行采样。

（二）绵羊毛囊 KAP1.1 基因的扩增

利用反转录所得的 cDNA 为模板，对 KAP1.1 外显子 1 基因进行 PCR 扩增，构建重组质粒 pMD-19T-KAP1.1 的 PCR、酶切鉴定及序列分析。

（三）绵羊毛囊 KAP1.1 基因的原核表达载体构建

将绵羊毛囊 KAP1.1 目的片段连接到 pET-28a（＋）载体上，构建 pET-28a（＋）-KAP1.1 重组质粒并筛选阳性菌，将 pET-28a（＋）-KAP1.1 原核表达质粒的菌液 PCR 鉴定和酶切鉴定。将阳性菌送往测序，再利用 DNAMAN 软件对测序结果进行序列比对。

（四）重组质粒 pET-28a（＋）-KAP1.1 转入 BL21 及 SDS-PAGE 检测目的蛋白

将重组质粒 pET-28a（＋）-KAP1.1 转入 BL21，SDS-PAGE 检测目的蛋白。80 V 浓缩胶，120 V 分离胶电泳分离目的蛋白，用考马斯亮蓝染色 2 h，脱色 4 h，凝胶成像观察结果。

二、结果及分析

（一）绵羊毛囊总 RNA 提取

总 RNA 提取结果如图 5-16 所示。

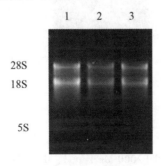

图 5-16　3 个地方品种绵羊总 RNA

1：山区型和田羊；2：平原型和田羊；3：卡拉库尔羊

Fig.5-16　Total RNA of 3 local breeds of sheep

1：Mountain-type hetian sheep；2：Plain-type Hetian sheep；3：Karakul sheep

（二）绵羊毛囊 KAP1.1 基因的 PCR 扩增

将经反转录后获得的 KAP1.1 基因的 cDNA 进行 PCR 扩增，结果如图 5-17 所示。

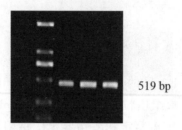

519 bp

图 5-17　KAP1.1 PCR 扩增

NC: 阴性对照；M: DL2000 Marker；1: 山区型和田羊；2: 平原型和田羊；3: 卡拉库尔羊

Fig. 5-17　KAP1.1 PCR amplification

NC：Negative control；M：DL2000 Marker；1：Mountain-type Hetian sheep；2：Plain-type Hetian sheep；3：Karakul sheep

（三）pMD-19T-KAP1.1 重组质粒双酶切和菌液 PCR 检测

将蓝白斑筛选后的菌落，进行过夜培养，然后提取质粒，对菌液进行 PCR 鉴定，结果如图 5-18 所示。

由图 5-18 可见，在 519 bp 处有明显目的条带。

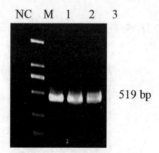

519 bp

图 5-18　pMD-19T-KAP1.1 重组质粒菌液 PCR

NC: 阴性对照；M: DL2000 Marker；1: 山区型和田羊；2: 平原型和田羊；3: 卡拉库尔羊

Fig. 5-18　pMD-19T-KAP1.1recombinant plasmid PCR

NC：Negative control；M：DL2000 Marker；1：Mountain-type Hetian sheep；2：Plain-type Hetian sheep；3：Karakul sheep

将阳性 pMD-19T-KAP1.1 重组质粒双酶切鉴定,结果见图 5-19。

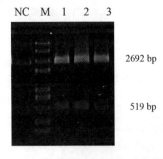

图 5-19　pMD-19T-KAP1.1 重组质粒双酶切

NC:pMD-19T 空载体;M:DL8000 Marker;1:山区型和田羊;2:平原型和田羊;3:卡拉库尔羊

Fig.5-19　double enzyme digestion of pMD-19T-KAP1.1 recombinant plasmid

NC: pMD-19T empty vector;M:DL8000 Marker;1:Mountain-type Hetian sheep;2:Plain-type Hetian sheep;3:Karakul sheep

由图 5-19 可知,经 *BamH* Ⅰ 和 *EcoR* Ⅰ 分别双酶切后的 pMD-19T-KAP1.1 重组质粒,获得片段大小为 519 bp,并且在 2 692 bp 处的条带为质粒条带,说明双酶切成功。

综上所述,经 PCR 鉴定和双酶切鉴定后的 pMD-19T-KAP1.1 重组质粒为正确的质粒,说明 KAP1.1 基因的目的片段已成功插入到载体 pMD-19T 上,并获得具有 KAP1.1 基因目的片段的阳性克隆质粒。

(四)pMD-19T-KAP1.1 重组质粒序列分析

将测序结果用 DNAMAN 软件与已知序列进行对比,其比对结果如下:

```
美利奴羊: 1   ATGGCCTGCTGTTCCACCAGCTTCTGTGGATTTCCCATCTGTTCCACTGGTGGGACCTGT   60
山区型和田羊: 1  ----------------------------------------------------C--------   60
平原型和田羊: 1  ----------------------------------------------------C--------   60
卡拉库尔羊: 1   ----------------------------------------------------C--------   60

美利奴羊: 61  GGCTCCAGTCCCTGCCAGCCGACCTGCTGCCAGACCAGCTGCTGCCAGCCAACCTCCATC   120
山区型和田羊: 61 ---------CTG-----GAT-A------A-T------------------------------   120
平原型和田羊: 61 ---------CTG-----GAT-A------A-T------------------------------   120
卡拉库尔羊: 61  ---------CTG-----GAT-A------A-T------------------------------   120

美利奴羊: 121 CAGACCAGCTGCTGCCAACCGATCTCCATCCAGACCAGCTGCTGCCAGCCAACCTCCATC   180
山区型和田羊: 121 -------------------G--A-C--G-C------------------------------   180
平原型和田羊: 121 -------------------G--A-C--G-C------------------T------   180
```

```
卡拉库尔羊：121 -----------------------G--A--C--G--C----------------------------- 180

美利奴羊：181 CAGACCAGCTGCTGCCAGCCAACCTGCCTCCAGACCAGTGGCTGTGAGACGGGCTGTGGC 240
山区型和田羊：181 --------------------------------------------------------C---- 240
平原型和田羊：181 ------------------------------------------T-------------C---- 240
卡拉库尔羊：181 --------------------------------------------------------C---- 240

美利奴羊：241 ATTGGTGGCAGCATTGGCTATGGCCAGGTGGGTAGCAGCGGAGCTGTGAGCAGCCGCACC 300
山区型和田羊：241 ------------------------------------------------------------ 300
平原型和田羊：241 --------------------C--------------------------------------- 300
卡拉库尔羊：241 ------------------------------------------------------------ 300

美利奴羊：301 AGGTGGTGCCGCCCTGACTGCCGCGTGGAGGGCACCAGCCTGCCTCCCTGCTGTGTGGTG 360
山区型和田羊：301 ------------------------------------------------------------ 360
平原型和田羊：301 -----------------------------T------------------------------ 360
卡拉库尔羊：301 ------------------------------------------------------------ 360

美利奴羊：361 AGCTGCACACCCCCGTCCTGCTGCCAGCTGTACTATGCCCAGGCCTCCTGCTGCCGCCCA 420
山区型和田羊：361 --------------T--------------------------------------------- 420
平原型和田羊：361 --------------T--------------------------------------------- 420
卡拉库尔羊：361 --------------T--------------------------------------------- 420

美利奴羊：421 TCCTACTGTGGACAGTCCTGCTGCCGCCCCAGCCTGCTGCTGCCAGCCCACCTGCATTGAG 480
山区型和田羊：421 ------------------------C----------------------------C--- 480
平原型和田羊：421 -------------------------------------A--------------C--- 480
卡拉库尔羊：421 ------------------------------------------------------------ 480

美利奴羊：481 CCCATCTGTGAGCCCAGCTGCTGTGAGCCCACCTGCTGA 519
山区型和田羊：481 --G------------------------C--- 519
平原型和田羊：481 --G------------------------C--- 519
卡拉库尔羊：481 --TG-----------------------C--- 519
```

（五）重组质粒 pET-28a（＋)-KAP1.1 菌液 PCR 鉴定和双酶切鉴定

将重组质粒 pET-28a(＋)-KAP1.1 的菌液 PCR 鉴定,结果如图 5-20 所示。

由图 5-20 可见,在 519 bp 处有目的条带,片段大小也符合预期。

重组质粒 pET-28a（＋)-KAP1.1 双酶切鉴定,将酶切产物进行琼脂糖凝胶电泳,结果如图 5-21 所示。

由图 5-21 可知,在大小为 519 bp 处,有重组质粒 pET-28a（＋)-KAP1.1 目的条带,并且在 5 369 bp 处有质粒条带,说明重组质粒酶切成功。

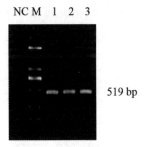

图 5-20　重组质粒 pET-28a（＋）-KAP1.1 PCR 鉴定

NC：阴性对照；M：DL2000 Marker；1：山区型和田羊；2：平原型和田羊；3：卡拉库尔羊

Fig. 5-20　PCR identification of recombinant plasmid pET-28a（＋）-KAP1.1

NC：Negative control；M：DL2000 Marker；1：Mountain-type Hetian sheep；2：Plain-type Hetian sheep；3：Karakul sheep

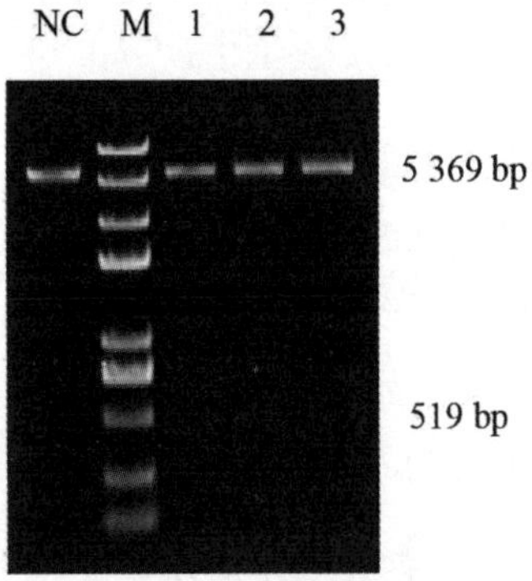

图 5-21　重组质粒 pET-28a（＋）-KAP1.1 双酶切鉴定

NC：pET-28a（＋）空载体；M：DL8000 Marker；1：山区型和田羊；2：平原型和田羊；3：卡拉库尔羊

Fig.5-21　Double enzyme digestion of pET-28a（＋）-KAP1.1 recombinant plasmid

NC：Tempty vector；M：DL8000 Marker；1：Mountain-type Hetian sheep；2：Plain-type Hetian sheep；3：Karakul sheep

（六）重组质粒 pET-28a（＋）-KAP1.1 氨基酸序列分析

将重组质粒 pET-28a（＋）-KAP1.1 氨基酸序列利用 DNAMAN 软件进行氨基酸序列比对。结果如下所示：

```
美利奴羊：  1  MACCSTSFCGFPICSTGGTCGSSPCQPTCCQTSCCQPTSIQTSCCQPISIQTSCCQPTSI   60
山区型和田羊：1  ------------A-----SC-RS-S----------QPTCL----------   60
平原型和田羊：1  ------------A-----SC-RS-S----------QPTCL--------T--   60
卡拉库尔羊： 1  ------------A-----SC-RS-S----------QPTCL----------   60

美利奴羊： 61  QTSCCQPTCLQTSGCETGCGIGGSIGYGQVGSSGAVSSRTRWCRPDCRVEGTSLPPCCVV   120
山区型和田羊：61  ------------------T----------------------   120
平原型和田羊：61  ------G--T------T----------------C-----   120
卡拉库尔羊： 61  ------------------T----------------------   120

美利奴羊： 121  SCTPPSCCQLYYAQASCCRPSYCGQSCCRPACCCQPTCIEPICEPSCCEPTC   172
山区型和田羊：121  ---S----------------R--------T--V------S   172
平原型和田羊：121  ---S--------------------Y---T--V------S   172
卡拉库尔羊： 121  ---S----------------------V-----S   172
```

（七）三个地方品种绵羊毛囊 KAP1.1 外显子 1 基因的生物信息学分析

1. 3 个地方品种绵羊毛囊 KAP1.1 外显子 1 基因蛋白质一级结构的预测

将 KAP1.1 外显子 1 基因氨基酸序列利用 ExPASy 软件中的 Protparam 进行预测，并且与美利奴羊 KAP1.1 外显子 1（GenBank：X01610.1）基因进行比较，其结果如表 5-1 所示。

由表 5-1 可知，3 个地方品种绵羊的氨基酸等电点和不稳定指数明显高于美利奴羊，但 3 个地方品种绵羊的等电点都波动范围较小。

2. 3 个地方品种绵羊毛囊 KAP1.1 外显子 1 基因蛋白质二级结构的预测

利用 ExPASy 软件中的 Proteomic tools 的 SOPMA 预测其二级结构，并与美利奴羊 KAP1.1 外显子 1 基因的蛋白质进行比较（表 5-1，图 5-22 ~ 图 5-25）。

表 5-1   KAP1.1 蛋白质理化性质预测

Table 5-1 Prediction of Physicochemical of KAP1.1 Protein

理化性质	山区型和田羊	平原型和田羊	卡拉库尔羊	美利奴羊
Number of amino acids	172	172	172	172
Molecular weight	17 826.32	17 821.26	17 799.36	17 734.34

续表

理化性质	山区型和田羊	平原型和田羊	卡拉库尔羊	美利奴羊
Theoretical pI	7.78	7.53	7.52	6.03
Formula	$C_{705}H_{1134}N_{214}O_{250}S_{38}$	$C_{706}H_{1127}N_{211}O_{252}S_{38}$	$C_{705}H_{1133}N_{211}O_{249}S_{39}$	$C_{706}H_{1126}N_{206}O_{247}S_{40}$
Total number of atoms	2341	2334	2337	2325
Instability index	85.01	81.62	80.10	68.99
Aliphatic index	36.28	34.01	39.13	38.55

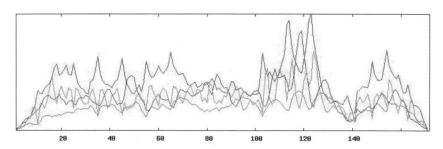

图 5-22　美利奴羊 KAP1.1 外显子 1 基因蛋白质二级结构

Fig.5-22　Protein secondary structure of exon 1 gene in Merino sheep KAP1.1

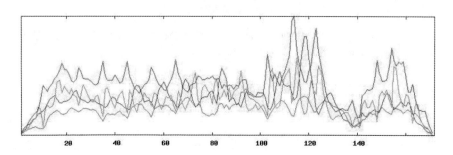

图 5-23　山区型和田羊 KAP1.1 外显子 1 基因蛋白质二级结构预测

Fig 5-23　Protein secondary structure prediction of exon 1 gene in Mountain-type Hetian sheep KAP1.1

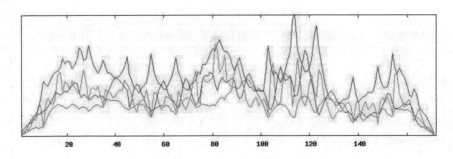

图 5-24   平原型和田羊 KAP1.1 外显子 1 基因蛋白质二级结构预测

Fig.5-24 Protein secondary structure prediction of exon 1 gene in Plain-type Hetian sheep KAP1.1

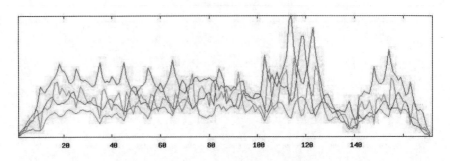

图 5-25   卡拉库尔羊 KAP1.1 外显子 1 基因蛋白质二级结构预测

Fig.5-25 Protein secondary structure prediction of exon 1 gene in Karakul sheep KAP1.1

由表 5-2 可知,美利奴羊 α- 螺旋的比例明显高于其他 3 种绵羊,局部结构发生改变,可能进而影响整体性状的不同。

表 5-2   3 个地方品种绵羊与美利奴羊二级结构的差异

Fig. 5-2 The differences of secondary structure between three local breeds of sheep and Merino sheep

折叠方式	山区型和田羊	平原型和田羊	卡拉库尔羊	美利奴羊
α - 螺旋	0.58%	0.00%	0.58%	1.16%
β - 转角	2.33%	1.16%	2.33%	1.16%
延长链	16.28%	15.12%	16.28%	16.86%
无规卷曲	80.81%	83.72%	80.81%	80.81%

（八）SDS-PAGE 检测目的蛋白

利用 SDS-PAGE 检测和田羊 KAP1.1 基因在原核细胞中表达的目的蛋白,分析结果见图 5-26。

在图 5-26 中与 Marker 比较,可见大小在 20 ku 左右有 KAP1.1 外显子 1 的目的蛋白的条带,表明新疆这 3 种绵羊毛囊 KAP1.1 蛋白能够在原核细胞中表达。

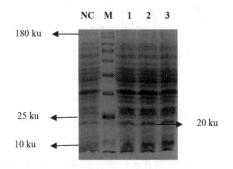

图 5-26　3 种绵羊毛囊 KAP1.1 外显子 1 蛋白的原核表达

NC: pET-28a（+）空载体; M: 蛋白质分子质量标准（180、140、100、80、60、45、35、25、15、10）

1: 山区型和田羊; 2: 平原型和田羊; 3: 卡拉库尔羊

Fig.5-26　Prokaryotic expression of wool follicle KAP1.1 exon 1 of three kinds of sheep

NC: Tempty vector of pET-28a（+）; M: Protien Marker（180,140,100,80, 60,45,35,25,15,10）

1: Mountain-type Hetian sheep; 2: Plain-type Hetian sheep; 3: Karakul sheep

四、讨论

新疆南部 3 个地方品种绵羊毛囊 KAP1.1 基因序列大小为 519 bp,本试验通过对 KAP1.1 基因的克隆载体的构建及表达载体的构建,进行生物信息学分析,从而探究其影响羊毛性状和品质的因素。在对 KAP1.1 外显子 1 基因序列进行对比时发现,3 个地方品种绵羊与美利奴羊同源性分别为 96.55 %、95.49%、96.82%,但 3 种绵羊的核苷酸序列之间同源性较高,相互之间高达99%以上。其序列可编码172个氨基酸,由于碱基突变,3种绵羊的氨基酸序列与美利奴羊相比分别有13、14、11位氨基酸发生改变,但3种绵羊的氨基酸序列之间差异很小。这可能是细毛羊与半粗毛羊的原因之一。在改变的氨基酸序列中,共有四处氨基酸残基变成 Ser。Ser 是极性氨基酸,在脂肪和脂肪酸的新陈代谢及肌肉的生长中发挥着作用,有助于产生免疫血球素和抗体,维持免疫系统,Ser 可能是影响羊毛质量的因素。

根据3个地方品种绵羊 KAP1.1 外显子1基因编码的氨基酸序列,对绵羊 KAP1.1 基因蛋白质结构和功能进行预测。第一,利用 ExPASy 软件中的 ProtParam 可对其一级结构进行预测,也就是对理化性质的预测,其中包括相对分子质量、消光系数、氨基酸组成、等电点、半衰期、不稳定系数和脂肪系数,一级结构是形成蛋白质高级结构的基础,蛋白质只有具有高级结构,才能实现其生物学功能。在蛋白质一级结构分析中,发现3个地方品种绵羊的氨基酸等电点和不稳定指数明显高于美利奴羊,但3个地方品种绵羊的等电点都波动范围较小;第二,利用 ExPASy 软件中的 Proteomic tools 的 SOPMA 可对其二级结构进行预测,包括 α-螺旋、β-转角、延伸链和无规则卷曲。比较二级结构发现,美利奴羊 α-螺旋的比例明显高于其他3种绵羊,局部结构发生改变,可能进而影响整体性状的不同;第三,利用 ExPASy 软件中的 SWISS-MODEL 对三级结构进行预测,由于 KAP1.1 基因编码的蛋白质氨基酸序列的氨基酸发生突变,导致绵羊 KAP1.1 基因与美利奴羊 KAP1.1 基因编码的蛋白质三级结构出现差异;第四,利用生物信息学软件 MEGA5.0 软件将3地方品种绵羊毛囊 KAP1.1 基因与 GenBank 中其他品种绵羊基因进行聚类分析,结果显示3地方品种绵羊 KAP1.1 基因与其他品种羊亲缘关系较远,而与美利奴羊亲缘关系较近。

由于羊毛的品质是受 KAPs 基因含量和数量影响的,因此绵羊羊毛可能受 KAP1.1 基因调控,KAPs 基因可能会是影响和田羊羊毛质量与品质的重要因素。

五、结论

试验成功构建 KAP1.1 克隆载体、表达载体,并且成功获得3个地方品种绵羊的 KAP1.1 蛋白,大小约20 ku。KAP1.1 外显子1基因的编码序列为 519 bp,可编码 172 个氨基酸,经过生物信息学分析,3 个地方品种绵羊与美利奴羊核苷酸序列同源性分别为 96.55 %、95.49%、96.82%。由于其碱基突变,造成多处氨基酸发生突变,这可能是 KAP1.1 外显子 1 对于细毛羊羊毛与半粗毛羊羊毛的区别。试验为 KAP1.1 蛋白的后续检测打下了基础,为研究影响绵羊羊毛质量和品质提供了理论依据。

第六章　和田羊毛囊KAP2.12基因的原核表达

为改良平原型和田羊的羊毛品质,对其影响羊毛品质因素的研究是必不可少的。此试验主要是对新疆南疆地区和田羊毛囊 KAP2.12 基因进行原核表达的研究和生物信息学分析,为平原型和田羊品种选育为主,对羊毛纤维的复杂结构和机械性能提供一定的帮助,进一步为研究角蛋白基因家族的功能奠定基础,同时为全面提升地方品种羊毛品质,推动南疆地区羊毛产业经济的发展。

一、材料与方法

(一)材料

平原型和田羊样本购自新疆和田地区洛浦县,于塔里木大学动物试验站饲养,然后从和田羊体侧将羊毛去除一部分,用提前准备好的工具对羊皮肤组织进行采样。

(二)和田羊角蛋白关联蛋白 KAP2.12 基因 cDNA 的获得

引物的设计与合成:根据 KAP2.12 基因序列,在 DNA star 软件上获得该基因的引物,并在每对引物的 5′ 端引入相应的限制性内切酶识别序列及保护碱基,序列如下:

上游引物 5′ — CTC GAG ATG ACC GGC TCC TGC TGC—3′(下划线为 *Hind* Ⅲ的酶切位点),下游引物 5′ — AAG CTT GCA GCA GGG GGA GGT CCT—3′ (下划线为 *Xho* Ⅰ的酶切位点)。

提取平原型和田羊总 RNA,逆转录获得 cDNA。利用 cDNA 为模板,对 KAP2.12 基因进行 PCR 扩增,将和田羊 KAP2.12 基因与克隆载体 pMD-19T-KAPs 构建重组质粒 pMD-19T-KAP2.12。对重组质粒 pMD-19T-KAP2.12 进行 PCR 与酶切鉴定,将 PCR 鉴定和双酶切鉴定都正确的菌落送测序,再利用 DNAMAN 软件对测序结果进行序列比对。

(三)和田羊 KAP2.12 基因原核表达

将和田羊 KAP2.12 基因经双酶切鉴定成功的目的片段与原核表达载体 pET-28a（＋）进行连接,构建 pET-28a（＋）-KAP2.12 重组质粒并筛选阳性克隆,对 pET-28a（＋）-KAP2.12 原核表达质粒的琼脂糖凝胶 PCR 鉴定和酶切鉴定,将 PCR 鉴定和双酶切鉴定均鉴定正确的菌落进行培养,37 ℃培养过夜,按菌液:甘油(1:1)的比例制备 50% 的甘油菌,然后送往生工生物工程有限公司测序,再利用 DNAMAN 软件对测序结果进行序列比对。

二、结果与分析

(一)和田羊 KAP2.12 基因的 PCR 扩增

将经反转录后获得的 KAP2.12 基因的 cDNA 进行 PCR 扩增,结果如图 6-1 所示。

由图 6-1 可知,在温度为 66 ℃和 68 ℃时, PCR 扩增得到大小为 399 bp 的片段,且达到预期结果,说明 KAP2.12 基因的 cDNA PCR 扩增是成功的,并且找到最适退火温度在 66~68 ℃。

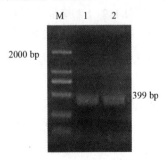

图 6-1　KAP2.12 PCR 扩增

Fig.6-1　KAP2.12 PCR amplification

泳道 M: DNA Marker;泳道 1:温度为 66 ℃ PCR 扩增条带;泳道 2:温度为 68 ℃ PCR 扩增条带

（二）PCR 扩增目的片段回收

将目的条带利用琼脂糖凝胶 DNA 回收试剂盒进行胶回收，用 1%琼脂糖凝胶电泳检测是否成功，结果如图 6-2 所示。

由图 6-2 可知，KAP2.12 基因的目的片段回收成功，并且扩大体系倍数的胶回收，是为后期实验提供足够的目的片段，保证实验能正常进行。

（三）pMD-19T-KAP2.12 重组质粒双酶切和 PCR 检测

（1）将蓝白斑筛选后的菌落，进行过夜培养，然后提取质粒，对得到的 pMD-19T-KAP2.12 重组质粒 PCR 扩增鉴定，结果如图 6-3 所示。

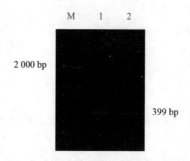

图 6-2　KAP2.12 PCR 扩增目的片段回收

Fig 6-2　KAP2.12 PCR amplification target fragment recovery

泳道 M：DNA Marker；泳道 1、2：KAP2.12 基因目的片段

由图 6-3 可知，pMD-19T-KAP2.12 重组质粒经 PCR 扩增后得到大小为 399 bp 的片段，和预期结果相同，说明 pMD-19T-KAP2.12 重组质粒可能为正确质粒。

（2）双酶切绵羊毛囊 pMD-19T-KAP2.12 重组质粒

继续将提取的 pMD-19T-KAP2.12 重组质粒进行单、双酶切鉴定，结果如图 6-4 所示。

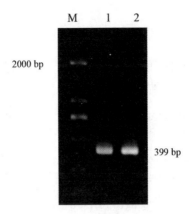

图 6-3　pMD-19T-KAP2.12 重组质粒 PCR

Fig.6-3　pMD-19T-KAP2.12 recombinant plasmid PCR

泳道 M：DNA Marker；泳道 1：温度为 66 ℃的 pMD-19T-KAP2.12 重组质粒；泳道 2：退火温度为 68 ℃

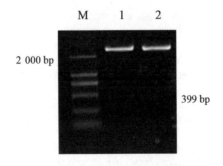

图 6-4　pMD-19T-KAP2.12 重组质粒双酶切

Fig.6-4　Single and double digestion of pMD-19T-KAP2.12 recombinant plasmid

泳道 M：DNA Marker；泳道 1、2：重组质粒 pMD-19T-KAP2.12 双酶切

由图 6-4 可知，经 *BamH* Ⅰ和 *EcoR* Ⅰ分别双酶切后的 pMD-19T-KAP2.12 重组质粒，同样获得了与预期结果相同大小的片段 399 bp，并且在大于 2 000 bp 处的条带为质粒条带，说明重组质粒构建成功。

综上所述，经 PCR 鉴定和双酶切鉴定后的 pMD-19T-KAP2.12 重组质粒为正确的质粒，说明 KAP2.12 基因的目的片段已成功插入到载体 pMD-19T 上，并获得具有 KAP2.12 基因目的片段的阳性克隆质粒。

（四）pMD-19T-KAP2.12 重组质粒序列分析

将测序的质粒利用 DNAMAN 软件与已知序列（登录号：CP027087）进行对比，其结果如下：

```
Merino KAP 2.12.seq    ATGACCGGCTCCTGCTGCGGCCCCACCTTCTCCTCCCTCA    40
HP-KAP 2.12.seq        ATGACCGGCTCCTGCTGCGGCCCCACCTTCTCCTCCCTCA    40

Merino KAP 2.12.seq    GCTGTGGCGGAGGCTGCCTCCAGCCCTGCTGCTACCGCGA    80
HP-KAP2.12.seq         GCTGTGGCGGAGGCTGCCTCCAGCCCTGCTGCTACCGCGA    80

Merino KAP 2.12.seq    CCCCTGCTGCTGCCGCCC[A]GTGTCCAGCCAGACCACCGTG    120
HP-KAP2.12.seq         CCCCTGCTGCYGCCGCCC[T]GTGTCCAGCCAGACCACCGTG    120

Merino KAP 2.12.seq    AGCCGCCCCGTGACCTTCGTGCCCCGCTGCACGCGCCCCA    160
HP-KAP 2.12.seq        AGCCGCCCCGTGACCTTCGTGCCCCGCTGCACGCGCCCCA    160

Merino KAP 2.12.seq    TCTGCGAGCCCTGCCGCCGCCGGTCTGCTGCGACCCCTG    200
HP-KAP 2.12.seq        TCTGCGAGCCCTGCCGCCGCCGGTCTGCTGCGACCCCTG    200

Merino KAP 2.12.seq    CAGCCTGCAGGAGGGCTGCTGCCGCCCCATCACCTGCTGC    240
HP-KAP 2.12.seq        CAGCCTGCAGGAGGGCTGCTGCCGCCCCATCACCTGCTGC    240

Merino KAP 2.12.seq    CCCACGTCGTGCCAGGCCGTGGTGTGCCGCCCCTGCTGCT    280
HP-KAP 2.12.seq        CCCACGTCGTGCCAGGCCGTGGTGTGCCGCCCCTGCTGCT    280

Merino KAP 2.12.seq    GGGCCACCACGTGCTGCCAGCCCGTCTCTGTGCAGTCCCC    320
HP-KAP2.12.seq         GGGCCACCACGTGCTGCCAGCCCGTCTCTGTGCAGTCCCC    320

Merino KAP 2.12.seq    GTGCTGCCGCCCCACCAGCTGCCAGCCGGCCCCCTGCCGC    360
HP-KAP 2.12.seq        GTGCTGCCGCCCCACCAGCTGCCAGCCGGCCCCCTGCCGC    360

Merino KAP2.12.seq     ACCACCTGCCGCACCTTCAGGACCTCCCCCTGCTGCTGA    399
HP-KAP 2.12.seq        ACCACCTGCCGCACCTTCAGGACCTCCCCCTGCTGCTGA    399
```

由比对结果可知，和田羊 KAP2.12 基因序列与已知序列美利奴羊序列 KAP2.12 基因序列同源性高达 99.74%，其中也有部分突变，第 99 位碱基由"A"突变为"T"。

（五）重组质粒 pET-28a（＋）-KAP2.12 PCR 鉴定和双酶切鉴定

1. 重组质粒 pET-28a（＋）-KAP2.12 的 PCR 鉴定

将提取好的重组质粒用 1% 的琼脂糖凝胶电泳检测，结果如图 6-5 所示。

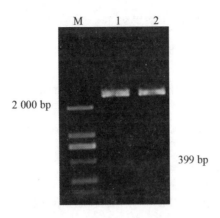

图 6-5　重组质粒 pET-28a（＋）-KAP2.12 PCR 鉴定

Fig.6-5 PCR identification of recombinant plasmid pET-28a（＋）-KAP2.12

泳道 M：DNA Marker；泳道 1、2：重组质粒 pET-28a（＋）-KAP2.12 PCR

2. 重组质粒 pET-28a（＋）-KAP2.12 双酶切鉴定

将 37 ℃酶切好的产物进行 1% 琼脂糖凝胶电泳，结果如图 6-6 所示。

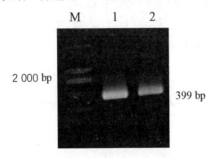

图 6-6　重组质粒 pET-28a（＋）-KAP2.12 双酶切鉴定

Fig. 6-6 Identification of Recombinant Plasmid pET-28a（＋）-KAP2.12

泳道 M：DNA Marker；泳道 1、2：重组质粒 pET-28a（＋）-KAP2.12 双酶切

由图 6-6 可知，在大小为 399 bp 处，有重组质粒 pET-28a（＋）-KAP2.12 目的条带，并且在大于 2 000 bp 处有质粒条带，说明重组质粒酶切成功。

（六）重组质粒 pET-28a（＋）-KAP2.12 序列分析

将重组质粒 pET-28a（＋）-KAP2.12 氨基酸序列利用 DNAMAN

软件进行氨基酸序列比对。结果如下：

```
Merino KAP2.12.seq    MTGSCCGPTFSSLSCGGGCLQPCCYRDPCCCRPVSSQTTV        40
HP-KAP 2.12.seq       ---------------------------------------C----    40

Merino KAP2.12.seq    SRPVTFVPRCTRPICEPCRRPVCCDPCSLQEGCCRPITCC        80
HP-KAP 2.12.seq       ------------------------------------------      80

Merino KAP2.12.seq    PTSCQAVVCRPCCWATTCCQPVSVQSPCCRPTSCQPAPCR       120
HP-KAP 2.12.seq       ------------------------------------------     120

Merino KAP2.12.seq    TTCRTFRTSPCC                                   132
HP-KAP 2.12.seq       ------------                                   132
```

可见重组质粒 pET-28a（＋）-KAP2.12 的氨基酸序列与已知美利奴羊氨基酸序列比对，由于有一个碱基突变，导致对应的氨基酸也发生变化，由 "Ser" 变成 "Cys"。

（七）和田羊毛囊 KAP2.12 基因的生物信息学分析

1. 和田羊毛囊 KAP2.12 基因蛋白质一级结构的预测

将和田羊毛囊 KAP2.12 基因氨基酸序列利用 ExPASy 软件中的 ProtParam 进行预测，并且与美利奴羊 KAP2.12（GenBank：AAW21278.1）基因进行比较，其结果如表 6-1 所示。

表 6-1　KAP2.12 蛋白质理化性质预测

Table 6-1　Prediction of Physicochemical Properties of KAP2.12 Protein

理化性质	美利奴羊 KAP2.12	和田羊 KAP2.12
氨基酸数量	132	132
等电点	8.52	8.63
原子数量	1883	1905
不稳定系数	75.16	75.53
脂肪系数	36.82	36.82
相对分子质量	14 163.68	14 276.76
分子式	$C_{569}H_{925}N_{179}O_{177}S_{33}$	$C_{578}H_{936}N_{182}O_{178}S_{31}$
平均亲水性	0.008	-0.08

由表 6-1 可以看出，和田羊 KAP2.12 基因与美利奴羊 KAP2.12 基因分别编码的蛋白质的理化性质差异性较小，由于目的片段大小同为

399 bp，所以编码的氨基酸数量相同。

2. 和田羊毛囊 KAP2.12 基因蛋白质二级结构的预测

利用 ExPASy 软件中的 Proteomic tools 的 SOPMA 预测其二级结构，并与美利奴羊 KAP2.12 基因的蛋白质进行比较，结果如图 6-7 所示。

由表 6-2 可以看出，和田羊 KAP2.12 基因编码的蛋白质的二级结构中 α - 螺旋、β - 转角和无规则卷曲含量为 "0"，与美利奴羊 KAP2.12 基因编码的蛋白质的二级结构差异较大。

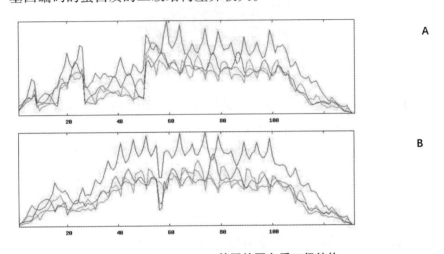

图 6-7　KAP 2.12 基因的蛋白质二级结构

A：美利奴羊 KAP 基因蛋白质二级结构；B：和田羊 KAP2.12 基因蛋白质二级结构

Fig. 6-7　Protein secondary structure of KAP 2.12 gene

A：Merino sheep KAP gene；B：KAP2.12 gene in Hetian sheep

表 6-2　KAP2.12 蛋白质二级结构的预测

Table 6-2　Prediction of KAP2.12 Protein Secondary Structure

折叠方式	美利奴羊 KAP2.12 基因	和田羊 KAP2.12 基因
α - 螺旋	3.79%	0.00%
β - 转角	0.00%	0.00%
延伸链	0.00%	7.58%
无规则卷曲	6.06%	0.00%

3. 和田羊毛囊 KAP2.12 基因蛋白质三级结构预测

利用 ExPASy 软件中的 SWISS-MODEL 软件进行三级结构的预测，其结果如图 6-8 所示。

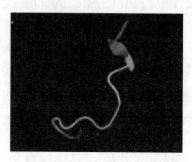

图 6-8　KAP2.12 基因蛋白质三级结构预测

Fig. 6-8　Prediction of tertiary structure of KAP2.12 gene protein

由图 6-8 可以看出，和田羊 KAP2.12 基因编码的蛋白质三级结构，有一处出现异常，可探究其异常的原因。

4. 和田羊毛囊 KAP2.12 基因的聚类分析

利用生物信息学软件 MEGA5.0 软件将和田羊毛囊 KAP2.12 基因与 GenBank 中其他基因进行聚类分析，其结果如图 6-9 所示。

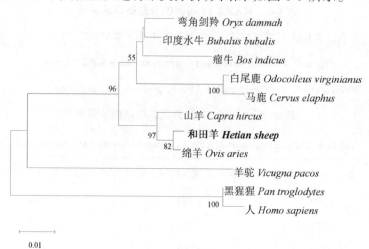

图 6-9　聚类分析

Fig. 6-9　Cluster Analysis

由图 6-9 可看出,将和田羊 KAP2.12 基因与 GenBank 中其他物种基因进行聚类分析,结果表明和田羊 KAP2.12 基因与山羊的亲缘关系较远,与美利奴羊的亲缘关系较近,与其他物种的亲缘关系较远。

三、讨论

和田羊毛囊 KAP2.12 基因序列大小为 399 bp,本试验通过对 KAP2.12 基因的克隆载体的构建及表达载体的构建,进行生物信息学分析,从而探究其影响羊毛性状和品质的因素。

在对 KAP2.12 基因序列进行对比时发现,在序列的第 99 位碱基处发生突变,由"A"突变为"T",但同源性仍高达 99.74%;和田羊 KAP2.12 基因的编码序列为 399 bp,可编码 132 个氨基酸,由于碱基突变,导致在第 35 个氨基酸处也发生突变,由"Ser"变成"Cys"。"Ser"是极性氨基酸,在脂肪和脂肪酸的新陈代谢及肌肉的生长中发挥着作用,有助于产生免疫血球素和抗体,维持免疫系统;"Cys"存在于许多蛋白质、谷胱甘肽中,是极性氨基酸,易于形成二硫键,Cys 可能是影响羊毛质量的因素之一。

根据和田羊 KAP2.12 基因编码的氨基酸序列,对和田羊 KAP2.12 基因蛋白质结构和功能进行预测。第一,利用 ExPASy 软件中的 ProtParam 可对其一级结构进行预测,也就是对理化性质的预测,其中包括相对分子质量、消光系数、氨基酸组成、等电点、半衰期、不稳定系数、总平均亲水性和脂肪系数,并且一级结构是形成蛋白质高级结构的基础,蛋白质只有具有高级结构,才能实现其生物学功能;第二,利用 ExPASy 软件中的 Proteomic tools 的 SOPMA 可对其二级结构进行预测,包括 α-螺旋、β-转角、延伸链和无规则卷曲,其中,二级结构主要以氢键维持其稳定性,和田羊 KAP2.12 基因编码的蛋白质中氢键含量较高,因此稳定性较好;第三,利用 ExPASy 软件中的 SWISS-MODEL 对三级结构进行预测,由于和田羊 KAP2.12 基因编码的蛋白质氨基酸序列的第 35 个氨基酸发生突变,导致和田羊 KAP2.12 基因与美利奴羊 KAP2.12 基因编码的蛋白质三级结构出现差异;第四,利用生物信息学软件 MEGA5.0 软件将和田羊毛囊 KAP2.12 基因与 GenBank 中其他品种绵羊基因进行聚类分析,结果显示和田羊 KAP2.12 基因与其他品种羊亲缘关系较远,而与美利奴羊亲缘关系较近。

由于羊毛的品质是受 KAPs 基因含量和数量影响的,因此和田羊羊毛可能受 KAP2.12 基因调控,可能会是影响和田羊羊毛质量与品质的重要因素。

四、结论

试验成功构建 KAP2.12 克隆载体和表达载体,并对其进行生物信息学分析, KAP2.12 基因的编码序列为 399 bp,可编码 132 个氨基酸,通过序列对比其同源性为 99.74%。由于其碱基突变,造成第 35 个氨基酸处发生突变,由"Ser"突变为"Cys"。同时为 KAP2.12 基因的原核表达打下了基础,为研究影响和田羊羊毛质量和品质提供了理论依据。

第七章　绵羊毛囊 KAP3.2 基因研究

第一节　和田羊毛囊 KAP3.2 基因 CDS 的克隆与原核表达

一、材料与方法

（一）材料

制备的 HP3 总 RNA、HS5 总 RNA。大肠杆菌 DH5α、大肠杆菌 BL21（DE3），pMD18-T 载体、pET28a（＋）载体。

（二）KAP3.2 基因成熟序列的获取

反转录获得 KAP3.2 基因成熟蛋白序列 cDNA 第一链。根据 GenBank 上发表的 KAP3.2 基因 cDNA 序列，GenBank 登录号：M21099.1，利用 BioEdit 软件分析设计一对引物：

KAP3.2F：5′ —catatg gct tgc tgc gct ccc cgc t—3′
（利用 ATG 起始密码子构成 *Nde* I 酶切位点 CATATG）

KAP3.2R：5′ —aagctt tta aca gcg ggg ctc gca g—3′
（加 *Hind* Ⅲ 酶切位点 AAGCTT）

根据大连宝生物（TAKARA）Reverse Transcriptase M-MLV（RNase H-）说明书进行操作获取 cDNA。利用反转录获得的 cDNA 第一链为模板，用 PCR 仪扩增 KAP3.2 基因成熟序列。构建 pMD18-T-KAP3.2CDS 重组质粒。并对 pMD18-T-KAPCDS 重组质粒地进行 PCR 鉴定，将经过 PCR 鉴定的可疑的阳性克隆质粒，进行 *Nde* I 和

Hind Ⅲ 双酶切反应,做进一步鉴定。对经过 PCR 鉴定和质粒双酶切鉴定后均认为符合要求的阳性菌落进行过夜培养,制备甘油菌,送公司测定序列。用 BioEdit 软件对 pMD18-T-KAP3.2CDS 重组质粒测序结果进行同源性分析。

（三）构建 KAP3.2 基因表达载体

构建 pET28a（＋）-KAP3.2CDS 表达载体,将 pMD18-T-KAP3.2CDS 重组体和原核表达载体 pET28a（＋）载体分别用 *Nde* I 和 *Hind* Ⅲ 双酶切。将回收的目的片段 KAP3.2CDS 和 PET28a（＋）载体定向连接。对 pET28a（＋）-KAP3.2CDS 原核表达质粒进行 PCR 鉴定和酶切鉴定。对经过 PCR 和双酶切鉴定后均符合要求的阳性质粒菌落,制备穿刺管,送生工生物工程(上海)有限公司测定序列,并用 BioEdit 软件对测序结果进行分析。

（四）KAP3.2 成熟蛋白序列的原核表达

取测序后的保藏菌液 20 μL,接种于 10 mL 含 Kana^r 的 LB 液体培养基(Kana 终浓度 0.1 mg/L)中,37 ℃摇菌过夜。4 ℃保存,留作二级种子液。

对菌液进行蛋白表达量探索,首先诱导及取样,取 200 μL 二级种子液,接种于 20 mL 的含 Kana^r 的 LB 液体培养基(Kana 终浓度 0.1 mg/L)中,37 ℃摇菌至 OD_{600}≈0.6 时,取样 1 mL,然后加入 IPTG（ IPTG 终浓度为 1 mmol/L ）,以后每一小时取样一次,每次取样 1 mL,连续取样 5 次。处理样本后 SDS-PAGE 检测,使用凝胶成像系统拍照,记录试验结果,并进行最佳 IPTG 浓度探索。

二、结果与分析

（一）KAP3.2 成熟蛋白编码序列的 PCR 扩增

对和田羊平原型(HP)和山区型(HS)皮肤毛囊的总 RNA 进行 RT-PCR 获得目的基因,1% 琼脂糖凝胶电泳,结果见图 7-1。

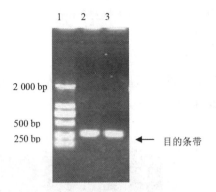

图 7-1 平原型、山区型和田羊 KAP3.2 成熟蛋白编码序列 PCR 扩增产物

Fig.7-1 The PCR product of KAP3.2 coding sequences of plain and mountain type Hetian Sheep

泳道 1：DL2000 Marker；泳道 2：平原型；泳道 3：山区型

如图 7-1 所示，所得条带位于 250 bp 之上且靠近 250 bp，与目的条带一致。

（二）pMD18-T-KAP3.2CDS 重组质粒 PCR 鉴定

将目的基因克隆到 pMD18-T 载体上并转化 DH5α，经蓝白斑筛选后，挑取白色菌落接种培养，提取质粒。对获得的 pMD18-T-KAP3.2CDS 重组质粒进行 PCR 扩增，1% 琼脂糖凝胶电泳，结果见图 7-2。

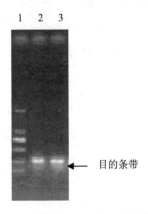

图 7-2 pMD18-T-KAP3.2CDS 重组质粒 PCR 鉴定

Fig. 7-2 PCR of recombinant plasmid pMD18-T-KAP3.2 CDS

泳道 1：DL2000 Marker；泳道 2：平原型；泳道 3：山区型

有目的条带出现,片段大小约为250 bp,说明所挑白色菌落为阳性。

（三）pMD18-T-KAP3.2CDS 重组质粒酶切鉴定

对 PCR 鉴定为阳性的重组质粒,进行 *Nde* Ⅰ 和 *Hind* Ⅲ 双酶切,1% 琼脂糖凝胶电泳,结果见图 7-3。

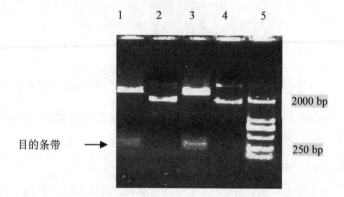

图7-3   pMD18-T-KAP3.2CDS 重组质粒双酶切鉴定

Fig. 7-3 Identification of pMD18-T-KAP3.2 CDS recombinant plasmid by double digestion

泳道 1：HP 质粒酶切；2：HP 质粒；3：HS 质粒酶切；4：HS 质粒；5：DL2000 Marker

酶切出现的目的条带,说明目的片段与 pMD18-T 连接成功,可以进行测序。

（四）pMD18-T-KAP3.2CDS 重组质粒序列测定

将 HP3-2、HP3-3、HS5-1、HS5-2 菌株送往上海生物工程技术服务有限公司,进行序列测定,经 BioEdit 软件比对分析,结果如下：

```
GenBank 序列   atggcttgct gcgctccccg ctgctgcagc gtccgcactg gtcctgccac caccatctgc        60
YMQ-HP3-2)    .......... .......... .......... .......... .......... ..........
YMQ-HP3-3)    .......... .......... .......... .......... .......... ..........
YMQ-HS5-1)    .......... .......... .......... .......... .......... ..........
YMQ-HS5-2)    .......... .......... .......... .......... .......... ..........


GenBank 序列   tcctctgaca aattctgtcg gtgtggagtc tgcctgccca gcagctgccc acacgacatc       120
YMQ-HP3-2)    .......... .......... .......... .......... ...C...... ..........
YMQ-HP3-3)    .......... .......... .......... .......... ...C...... ..........
```

```
YMQ-HS5-1）    .......... .......... .......... ....C..... ..........
YMQ-HS5-2）    .......... .......... .......... ....C..... ....G....

GenBank 序列   agcctcctcc agcccacctg ctgtgacaac tcccccgtgc cctgctatgt gcctgacacc    180
YMQ-HP3-2）    .......... .......T.. .......... .......... ..........
YMQ-HP3-3）    .......... .......T.. .......... .......... ..........
YMQ-HS5-1）    .......... .......T.. ...G...... .......... ..........
YMQ-HS5-2）    .......... .......T.. .......... .......... ..........

GenBank 序列   tatgtgccaa cttgctttct gctcaactct tcccacccca ctcctcgact gagcgggatc    240
YMQ-HP3-2）    .......... .......... .......... ...G...... ..........
YMQ-HP3-3）    .......... .......... .......... ...G...... ..........
YMQ-HS5-1）    .......... .......... .......... ...G...... ..........
YMQ-HS5-2）    .......... .......... .......... ...G...... ..........

GenBank 序列   aacctgacga ccttcattca gcctcgctgt gaaaatgtct gcgagccccg ctgttaa      300
YMQ-HP3-2）    .......... .......... ...G...... .......... .........
YMQ-HP3-3）    .......... .......... ...G...... .......... .........
YMQ-HS5-1）    .......... .......... ...G...... .......... .........
YMQ-HS5-2）    .......... .......... ...G...... .......... .........
```

（五）pET28a（＋）-KAP3.2CDS 重组质粒 PCR 鉴定

对获得的 pET28a（＋）-KAP3.2CDS 重组质粒进行 PCR 扩增,1%琼脂糖凝胶电泳,结果见图 7-4。

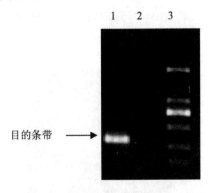

目的条带 →

图 7-4　pET28a（＋）-KAP3.2CDS 重组质粒 PCR 鉴定

Fig. 7-4　PCR identification of pET28a（＋）-KAP 3.2 CDS recombinant plasmid

泳道 1：重组质粒；2：空白载体；3：DL2000 Marker

（六）pET28a（＋）-KAP3.2CDS 重组质粒酶切鉴定

对 PCR 鉴定为阳性的重组质粒，进行 *Nde* Ⅰ 和 *Hind* Ⅲ 双酶切及 PCR，电泳结果见图 7-5、图 7-6、图 7-7。

在图 7-5 中可见，泳道 1、2 两处的 PCR 条带较泳道 3、4 处的亮，说明泳道 1、2 处样本的目的条带浓度比泳道 3、4 处多，所以可以确定，目的基因与 pET28a（＋）载体连接成功。如图 7-6 所示，在标记 1、2 处切胶取样，为目的条带，在标记 3、4 处切胶取样，为 pET28a（＋）载体；将取样后结果再进行 PCR 分析，结果见图 7-7。

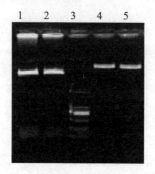

图 7-5 双酶切

Fig.7-5 Double digestion

泳道 1、2 为 HP3-2-1、HP3-2-5 质粒；泳道 3：DL2000；泳道 4、5 为 HP3-2-1、HP3-2-5 双酶切

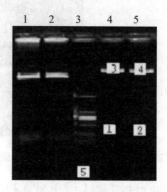

图 7-6 凝胶取样示意图

Fig.7-6 Schematic diagram of gel sampling

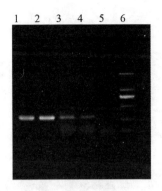

图 7-7 凝胶 PCR

Fig. 7-7 Gel PCR

泳道 1 ～ 5 分别对应图 7-6 取样点的 PCR 结果；泳道 6 为 DL2000 Marker

（七）pET28a（＋）-KAP3.2CDS 重组质粒序列测定

将 HP3-2-1、HP3-2-5 菌株送往上海生物工程技术服务有限公司，进行序列测定，经 BioEdit 软件比对分析，与克隆载体上连接的 KAP3.2 成熟蛋白编码序列相比，表达载体所连接的序列未发生基因突变，可以用于进一步的表达研究。

（八）氨基酸序列分析

绵羊毛囊 KAP3.2 的氨基酸序列对比如下：

```
GenBank序列   MACCAPRCCS VRTGPATTIC SSDKFCRCGV CLPSSCPHDI SLLQPTCCDN SPVPCYVPDT        60
KAP3.2 序列   .......... .......... .......... ....T..... .......... ..........        60


GenBank序列   YVPTCFLLNS SHPTPRLSGI NLTTFIQPRC ENVCEPRC*                              100
KAP3.2 序列   .......... .....G.... ........G. ........*                              100
```

通过翻译后氨基酸序列对比，可以看出和田羊 KAP 3.2 基因编码的成熟蛋白氨基酸序列分别在 35（丝氨酸→苏氨酸）、76、89（精氨酸→甘氨酸）处发生了氨基酸改变。

（九）目的蛋白表达

经终浓度 1 mmol/L 的 IPTG 诱导，每隔 1 h 收集一次菌液，进行 SDS-PAGE 电泳，结果见图 7-8。

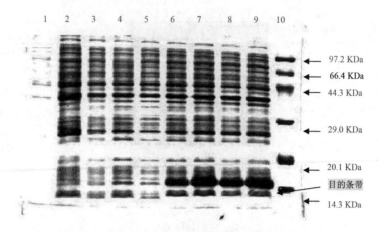

图7-8　不同诱导时间对蛋白表达量的影响

Fig. 7-8 Effects of different induction time on protein expression

泳道1、2分别为未转化的DE3菌株未诱导与诱导；泳道3、4分别为转入pET28a（+）空白载体的DE3菌株未诱导与诱导；泳道5～9分别为转入目的基因DE3菌株未诱导、诱导2 h、3 h、4 h、5 h，10 h为低分子量蛋白Marker

（十）最佳 IPTG 浓度

经终浓度分别为 0.2 mmol/L、0.4 mmol/L、0.6 mmol/L、0.8 mmol/L、1 mmol/L、1.2 mmol/L、1.4 mmol/L、1.6 mmol/L、1.8 mmol/L、2 mmol/L 的 IPTG 诱导，诱导 6 h，进行 SDS-PAGE 电泳，结果见图 7-9。

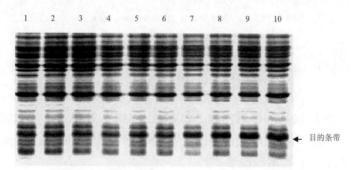

图7-9　不同浓度的 IPTG 对目的蛋白表达量的影响

Fig.7-9　Influence of different concentrations of IPTG on the expression level of target protein

泳道 1～10 分别为 0.2 、0.4 、0.6 、0.8、1、1.2、1.4、1.6、1.8、2 mmol/L 的 IPTG 诱导

在一定范围内随着 IPTG 浓度的增大,目的蛋白的表达量也随之增大。

（十一）目的蛋白表达形式

经细胞破碎后离心,将可溶物与固形物分开,进行 SDS-PAGE 电泳,结果见图 7-10。

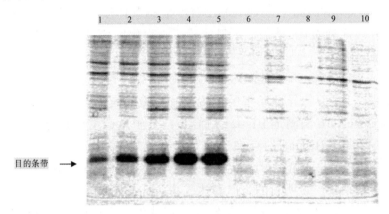

目的条带 →

图 7-10　不同时间目的蛋白表达形式

Fig.7-10 Expression patterns of target proteins at different times

泳道 1～5 为诱导后 1～5 h 沉淀;泳道 6～10 为诱导后 1～5 h 上清

三、结论与讨论

（1）本实验克隆得到了 KAP3.2 成熟蛋白编码序列,经琼脂糖凝胶电泳检测与 DL2000 Marker 对比,所得片段与预期目的片段吻合。在不同时间段内,目的蛋白都主要以包涵体的形式表达。

（2）本实验构建了 pMD18-T-KAP3.2CDS 克隆载体与 pET28a（+）-KAP3.2CDS 表达载体,经 PCR 鉴定和酶切鉴定,所得片段均与目的片段大小一致。

（3）对 pMD18-T-KAP3.2CDS 克隆载体质粒进行序列测定,与其在 GenBank 中序列比对,同源性为 98.7%。两个不同类型的 4 个菌株的测序结果在 104（G→C）、138（C→T）、226（C→G）、265（C→G）bp 处均发生了突变,所以测序结果可信,可以确定和田羊 KAP3.2CDS

序列结果是:

ATGGCTTGCTGCGCTCCCCGCTGCTGCAGCGTCCGCACTGGTCCTGCCACCACCATCT
GCTCCTCTGACAAATTCTGTCGGTGTGGAGTCTGCCTGCCCAGCACCTGCCCACACGACATC
AGCCTCCTCCAGCCCACTTGCTGTGACAACTCCCCCGTGCCCTGCTATGTGCCTGACACCTA
TGTGCCAACTTGCTTTCTGCTCAACTCTTCCCACCCCACTCCTGGACTGAGCGGGATCAACC
TGACGACCTTCATTCAGCCTGGCTGTGAAAATGTCTGCGAGCCCCGCTGTTAA。

（4）对 pET28a（＋）-KAP3.2CDS 表达载体质粒进行序列测定,与所用片段序列对比,结果显示目的片段未发生突变,说明可以进行后续蛋白质表达。

（5）经 IPTG 诱导和 SDS-PAGE 电泳,导入目的基因的菌株有特异性条带出现,但特异性条带的位置与预期有一定的偏差。唐威华等[1]的"SDS-PAGE 法测定 His-tag 融合蛋白分子量产生偏差的原因"一文所述的结论"His-tag 的存在确实是造成 P73-His 蛋白,用 SDS-PAGE 方法测得的分子量偏大的原因之一"可知:SDS-PAGE 法测得分子量偏大是正常现象。说明目的蛋白表达成功。

（6）经梯度 IPTG 诱导,得出在一定浓度范围内(0 ~ 2 mmol/L),随着 IPTG 浓度的增大,目的蛋白的表达量也随之增大。

（7）将可溶物与固形物分开进行 SDS-PAGE 电泳,结果说明:KAP3.2 成熟蛋白主要以包涵体的形式存在于表达菌株 DE3 中。

第二节　和田羊毛囊角蛋白 KAP 3.2 多克隆抗体制备

一、原核的大量诱导表达

将未诱导与诱导的菌体沉淀,进行 SDS-PAGE 电泳,结果见图 7-11。

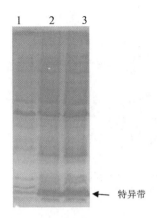

图 7-11　目的蛋白的诱导表达

Fig.7-11　Induced expression of target protein

泳道 1 为未诱导;泳道 2,3 为诱导

凝胶电泳图显示,泳道 1 未出现特异带;泳道 2,3 出现特异带,说明已保存的 KAP3.2-PET-28a(+)-BL-21(DE3)原核诱导表达成功。

本试验为原核的大量诱导表达,将已成功表达的原核表达菌种 BL-21(DE3)进行验证表达,发现该基因的特异带在凝胶电泳的较下方,显示分子量较小。蛋白质分子量的测定方法有多种,如渗透压法、光散射法、超速离心法、凝胶色谱法及聚丙烯酰胺凝胶电泳法(本实验采用聚丙烯酰胺凝胶电泳法)。近年来质谱技术领域成绩斐然[2],电喷雾离子化技术日益成熟,使用的质谱仪不仅可以测定小分子物质的分子量,而且也可以测定生物大分子物质的分子量,灵敏度、准确度为各种方法之首。试结果表明,原核诱导表达成功,可以进行原核的大量诱导表达,制备包涵体。

二、包涵体制备及蛋白质纯化

(一)包涵体获得

按照试验流程,进行破碎工程菌,洗涤包涵体,溶解包涵体,然后按说明书方法纯化蛋白。利用聚丙烯酰胺电泳检测蛋白。

(二)结果及分析

将诱导表达的目的蛋白混合液进行 SDS-PAGE 电泳,结果见图

7-12。

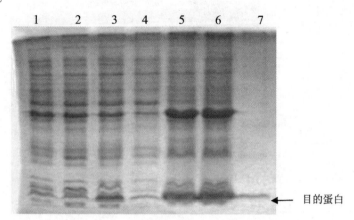

图 7-12　包涵体制备过程中目的蛋白表达情况

Fig.7-12　Expression of target protein during inclusion preparation

泳道 1,2 为未诱导,空白对照;泳道 3 为诱导;泳道 4 为菌体上清液;泳道 5 为穿过液;泳道 6 为菌体沉淀;泳道 7 为纯化目的蛋白

泳道 3 显示,原核诱导表达成功;泳道 5,6 与泳道 4 显示,目的蛋白在菌体沉淀中,并以包涵体形式大量存在,并得到大量表达;泳道 7 与泳道 6 显示成功纯化得到目的蛋白。

（三）讨论

重组蛋白可在 E.coli、酵母、昆虫和哺乳动物等体系中得到高效表达,其表达形式一般可分为:（1）细胞外的分泌表达;（2）细胞内可溶性表达;（3）细胞内不溶性表达,即产物以包涵体的形式存在。当重组蛋白以包涵体形式存在时,可获得高表达、高纯度的重组蛋白,避免蛋白酶对外源蛋白的降解（本试验重组蛋白以包涵体形式存在）,但不具有生物活性,要对其进行分离纯化,需要对包涵体进行变复性处理。由于包涵体难溶,必须首先将其溶解后才能进行蛋白纯化,可以用变性剂（尿素或盐酸胍）溶解包涵体,这样获得的重组蛋白产量虽高,却会破坏蛋白质的二级结构,需经蛋白复性才可能恢复它的生物活性。常用的纯化方法有:金属亲和层析,凝胶过滤层析,离子交换层析,疏水层析,双水相萃取技术,反胶团转移技术等（本实验采用金属 Ni 亲和层析法）。

金属亲和层析:是将一些亲和性标签构建到重组蛋白中,以便采用亲和层析的方法来重组蛋白质。常用的亲和标签有聚组氨酸（6-His tag）、谷胱甘肽（GST）等。利用金属镍与 6-His tag 之间的亲和性，通过在蛋白质的 N 端 /C 端加上 6 ~ 10 个组氨酸，在一般或变性条件下（8 M 尿素）借助它能与镍离子螯合柱紧紧结合的能力，用咪唑洗脱，或将 pH 降到 5.9 使组氨酸充分质子化，不再与结合镍离子，从而将带有 6-His tag 的融合蛋白质纯化出来。

W. Yang 等[3] 经过 Ni^{2+} 螯合柱，纯化得到 90% 的重组人体上游结合因子促排卵药物中尿促性素 1（HMG box 1 of hUBR）。蔡中华等[4] 采用这种技术对虹鳟肿瘤坏死因子（TNFα）重组蛋白进行纯化。经 Ni-NTA 亲和层析柱后，获得了两种高纯度的重组 TNF 蛋白。对纯化后蛋白含量测定结果表明，细菌培养液约可获得 0.5 ~ 1 mg/L 纯化的重组蛋白。通过 Ni-NTA 亲和树脂一步分离纯化，可获得纯化的重组人胰蛋白酶原 -2[5]。李光富等[6] 经包涵体洗涤和镍离子柱亲和层析纯化后，获得的重组 GST-TRX 融合蛋白，进行 SDS-PAGE 电泳，可获得单一条带的重组融蛋白。将大肠杆菌表达的 vMIP-Ⅱ包涵体变性溶解的蛋白用 Ni 亲和柱层析纯化，目的蛋白纯度可达 90% 以上[7]。

（四）小结

包涵体得到成功制备，并将获得目的蛋白纯化完成，可以进行兔抗的免疫反应，进行 KAP3.2 多克隆抗体制备。

三、和田羊角蛋白 KAP3.2 多克隆抗体制备

（一）材料

健康家兔两组（Ⅰ组，Ⅱ组），每组 3 只，体重 2 kg 左右，4 ~ 5 周龄。完全福氏佐剂（CFA），不完全福氏佐剂（IFA）；抗原（目的蛋白，实验二已纯化到）。

（二）方法

1. 兔子免疫方案

第 1 周—第 2 周：第一次兔子免疫处理，耳脉边缘静脉采集血清 1 mL，抗原加等体积完全福氏佐（CFA），充分乳化，前腿肌肉注射

（500 μL+500 μL）。

第 3 周—第 4 周：第二次兔子免疫处理，耳脉边缘静脉采集血清 1 mL，抗原与等体积不完全福氏佐剂（IFA），充分乳化，后腿作加强免疫（500 μL+500 μL）。

第 5 周—第 6 周：第三次兔子免疫处理，耳脉边缘静脉采集血清 1 mL，抗原与等体积不完全福氏佐剂（IFA），充分乳化，皮下作加强免疫（500 μL+500 μL）。

第 7 周：心脏取血 50~100 mL。

2. 血清采量处理

少量采血分离血清：血采集后静置 2 h，待血清自然分层，3 000 rpm，离心 5 min，收集血清。

大量采血分离血清：将血液置于 37 ℃ 1 h，再置 4 ℃冰箱内 3~4 h。待血块凝固收缩后，吸取血清，3 000 r/min，离心 15 min，取血清，分装后置 –20 ℃保存。

3. 免疫检测效果

将每次采集的血清取少许在载玻片，加抗原，观察沉淀反应，并在显微镜下观察沉聚反应，并存像。

（三）结果及分析

玻片镜下血清抗体 - 抗原免疫反应（心脏血清），结果见图 7-13。

图 7-13 A 为兔 I 组阴性对照，为免疫前血清抗原与抗体反应；图 7-13 B 为兔 I 组阳性反应，为兔 I 组心脏取血清抗原与抗体反应；图 7-13 A 与 B 玻片结果显示，B 有沉聚凝结反应，显示免疫反应成功。

图 7-13 C 为兔 II 组阴性对照，为免疫血清抗原与抗体反应；图 7-13 D 为兔 II 组阳性反应，为兔 II 组兔心脏取血清抗原与抗体反应；图 7-13C 与 D 玻片结果显示，D 有沉聚凝结现象，显示免疫反应成功。

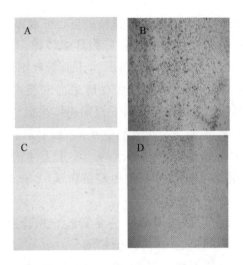

图 7-13　兔子血清免疫反应镜检结果

Fig.7-13　Microscopic examination results of rabbit serum immune reaction

A. Ⅰ组兔阴性对照；B. Ⅰ组兔免疫反应；C. Ⅱ组兔阴性对照；D. Ⅱ组兔免疫反应

（四）讨论

（1）疫原为 2 mg（半抗原约为 20~200 μg），一般需要与等量福式完全佐剂混合。加强免疫的剂量为首次剂量的 1/2（本实验用了原量），通常用不完全福式佐剂或不用佐剂（本实验用不完全福式佐剂）。如需制备高度特异性的抗血清，可选用低剂量抗原短程免疫法；反之，欲获得高效价的抗血清，宜采用大剂量抗原长程免疫法（本试验采用抗原长程免疫法）[8]。

（2）佐剂的使用：用可溶性蛋白抗原免疫家兔或山羊（本实验家兔），在加用佐剂时一次注入量一般为 0.5 mg/kg（本实验注入 2 mg）。如不加佐剂，则抗原剂量应加大 10~20 倍（本实验使用佐剂）。佐剂有福式（Freund's）佐剂，脂质体佐剂，氢氧化铝佐剂，明矾佐剂以及免疫刺激复合物（immune stimulating complex，ICOM）等。其中最常用的是福式佐剂，根据其组成分为完全福式佐剂（CFA）和不完全福式佐剂（IFA）两种。IFA 通常由羊毛脂一份，石蜡油 5 份组成，每毫升 IFA 中加 1~20 mg 卡介苗即为 CFA（本实验所用福式佐剂为订购）。

（3）兔子免疫过程耳脉静脉血清采集与心脏取血的技术

动物实验中,兔的采血方法大致分为耳缘静脉、耳动脉、心脏采血法以及大动脉采血法[9]。但是,耳缘静脉由于血管较细,血液回流缓慢,血量不易采到较多,而心脏采血法和大动脉采血法技术要求比较高,尽管血流量大,但易导致动物死亡,不利于短期连续采血[10]。耳动脉较粗大、颜色鲜红较易辨认,血量大,且免疫兔子取血间隔时间不需很长,可反复取血,取血后的试验动物仍是鲜活的。鉴于上述诸多优点,耳动脉取血法比较适合制备多克隆抗体获得免疫抗血清(本试验采用耳脉静脉取血,最后一次才用心脏取血)。

（4）免疫效价的检测可用环状沉淀实验或用琼脂双向扩散实验测定效价,本试验采用间接 ELISA 效价检测。

（5）抗体保存:抗血清经过 56 ℃,30 min 加热灭活后,加入适当的防腐剂。一般常用最终浓度为 1/1 000 的叠氮化钠(NaN$_3$),1/1 000 的硫柳汞或加入等量的中性甘油。分装小瓶,置 –20 ℃以下低温保存,数月至数年内抗体效价无明显变化。但应防止反复冻融,反复冻融几次则效价明显降低(本试验采用加入等量的中性甘油 -20 ℃, –80 ℃冷冻保藏)。蛋白质(抗体)试剂应置于非吸附性或低吸附性容器内,如聚丙烯酰胺、聚碳酸酯管等。被细菌污染的任何抗体或其他蛋白试剂均应弃去,因其在免疫检测试验中最易引起免疫特异反应。

（五）小结

用目的蛋白兔抗体成功免疫兔子,并采集获得血清,成功制备KAP3.2 多克隆抗体,可以进行间接 ELISA 效价检测。

四、间接 ELISA 效价检测

（一）材料

脱脂奶粉;Tween 20, HRP 标记的羊抗兔抗体(二抗);OPD 显色剂;硫酸;免疫血清。

（二）间接 ELISA 发检测血清 IgG 水品(抗体效价的测定)

用优化好的浓度为 0.1 μg/mL 的抗原及稀释浓度为 1 /2 000 的二

抗,来检测一免后 14 d、二免后 14 d 及三免后 14 d、21 d 分离的血清样本中 IgG 含量。

具体步骤如下:

将每一份免疫血清进行 2 倍系列稀释,稀释倍数为 1∶1 000、1∶2 000、1∶4 000、1∶8 000、1∶16 000、1∶32000、1∶64 000、1∶128 000、1∶256 000。

(1)将抗原按优化的最佳工作浓度 1 μg/mL 进行稀释后,每孔 100 μL 包被 96 孔酶标板中的样本,用 PBS 做空白对照。4 ℃包被过夜。然后用 PBS 清洗三次,每次 5 min,拍干。

(2)每孔加入 100 μL 封闭液(5% 脱脂奶粉),37 ℃封闭 1~2 h,洗涤,拍干。

(3)每孔加 100 μL 5% 脱脂奶粉倍比稀释(同上)的阳、阴性血清,37 ℃作用 1~2 h,洗涤,拍干。

(4)加入按最佳二抗浓度稀释(1∶2 000)的羊抗兔二抗,每孔 100 μL,37 ℃作用 1~2 h,洗涤,拍干。

(5)每孔加入新鲜配制的邻苯二胺(OPD)溶液 100 μL,室温避光作用 15 min(以优化的作用时间为准)至显色适度。

(6)每孔加入 50 μL 2 mol/L 的硫酸终止液,终止显色,用酶标仪记录 492 nm 处吸光值。

(7)检测结果的判定:样品 OD 值 ≥ 阴性血清样品的 OD 值 + 3S(S 为标准方差),此时样品对应的血清稀释值来确定。稀释度就是该样品的效价。

抗体效价根据 P/N。P/N = 待检血清的 OD492 值 / 阴性血清的 OD492 值。当 P/N ≥ 2.1,该点处的抗体最高稀释倍数即为其效价。

(三)结果及分析

(1)利用间接 ELISA 效价检测血清,颜色变化见图 7-14。

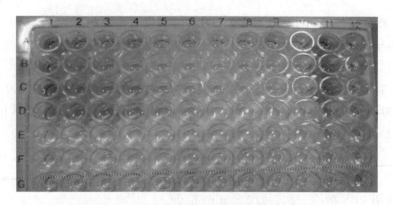

图 7-14　间接 ELISA 检测血清效价

Fig. 7-14　Indirect ELISA assay of serum titer

1~9 列, 分别稀释倍数:(1)1 000;(2)2 000;(3)4 000;(4) 8 000;(5)16 000;(6)32 000;(7)64 000;(8)128 000;(9)256 000; (10)列为空白对照;(11)列为阳性对照;(12)列为阴性对照。

G 行为未免疫对照组;F,E 行分别为Ⅰ组兔,Ⅱ组兔第一次免疫抗原稀释梯度变化,颜色变化不明显。

D,C 行分别为Ⅰ组兔,Ⅱ组兔第二次免疫抗原稀释梯度变化,颜色从左至右,颜色逐渐变浅。

B,A 行分别为Ⅰ组兔,Ⅱ组兔第三次免疫抗原梯度稀释变化,颜色从左至右,颜色逐渐变浅。

从 ELISA 检测结果可见免疫反应颜色深浅效果:第一次＜第二次 ＜第三次。

(2)阳性血清效价的测定结果见图 7-15。

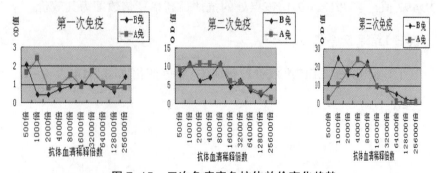

图 7-15　三次免疫家兔抗体效价变化趋势

Fig.7-15　Variation trend of antibody titer in rabbits immunized for three times

间接 ELISA 测定羊抗兔血清效价,三次免疫结果分别见图 7-15A、B、C,以未免疫阴血清为阴性对照,随着抗体稀释倍数的增加,吸光值总体呈下降,而且Ⅰ组(A 兔)兔子 OD 值表现得更规律。以测定孔 OD 值与阴性对照孔 OD 值之比(P/N)大于 2.1 为判断标准。Ⅰ组兔血清效价为 1∶12 800,Ⅱ组(B 兔)兔血清效价也为 1∶12 800;比值分别为 2.869 和 2.377,因此试验中选用Ⅰ组的阳性血清,兔抗血清效价为 12 800,比值为 2.869。

（四）讨论

ELISA 方法具有特异性和灵敏度高,操作简单,快速检测,重复性好,价格低等特点,是继免疫荧光技术和放射技术之后发展起来的一种免疫酶技术,但由于参与 ELISA 的反应物较多,ELISA 易受多种因素干扰,如抗原的包被浓度、酶标抗体工作浓度、血清稀释度等,这些均会直接影响 ELISA 检测结果的准确性[11]。但是在实验的过程中,笔者综合考虑了以上的影响因素,避免了对实验的干扰,因此,本实验中所应用的间接 ELISA 方法可以满足本实验的要求,得到了较理想的实验数据。

（五）小结

间接 ELISA 效价检测,结果显示该抗体特异性好。

（六）结论

SDS-PAGE 电泳分析显示 IPTG 诱导后表达融合蛋白,与预期结果相符。将纯化的融合蛋白免疫家兔,获得兔抗 KAP3.2 多克隆抗体血清,间接 ELISA 结果显示该抗体特异性好,效价高,成功制备了多克隆抗体。

第三节 绵羊毛囊 KAP3.2 基因真核表达载体构建及生物信息学分析

一、材料与方法

（一）动物材料

本实验所用到的平原型、山区型和田羊样本皆来于实验动物饲养站，卡拉库尔羊在第一师十二团购买。采集羊的皮肤样本，采集位置为其体侧。将采集好的样本存于液氮中。样品的总 cDNA 来自本课题组制备的卡拉库尔羊总 cDNA、平原型和田羊总 cDNA、山区型和田羊总 cDNA，藏于 -20 ℃的冰箱中备用。

（二）引物设计

从 GenBank 中通过（登录号：M21099.1）下载绵羊的特定基因序列，对真核表达 KAP3.2 基因进行特异性引物设计：

KAP3.2F: 5′-CTCGAGATGGCTTGCTGCGCTCCCCGCCT-3′（加入 *Xho* I 酶切位点 CTCGAG）

KAP3.2R: 5′-- AAGCTTACAGCGGGGCTCGCAG-3′（加 *Hind* III 的酶切位点 AAGCTT）

（三）毛囊角蛋白 KAP3.2 基因的 PCR 扩增

以本实验室制备好的 cDNA 做为实验所需的模板，加入 KAP3.2 基因的上下游引物，构建克隆载体 pMD19-T-KAP3.2，将重组质粒 pMD19-T-KAP3.2 用 *Xho* I，*Hind* III 双酶切鉴定。再构建重组真核表达质粒 pEGFP-N1-KAP3.2，使用 *Xho* I、*Hind* III 限制性内切酶酶切 pMD19-T-KAP3.2 和 pEGFP-N1 真核表达载体，将载体与目的片段用连接酶连接，重组质粒 pEGFP-N1-KAP3.2 的双酶切鉴定与测序分析。

二、结果与分析

（一）毛囊角蛋白 KAP3.2 基因的 PCR 扩增

用毛囊角蛋白 KAP3.2 基因进行 PCR 扩增得到大小为 294 bp 单一的目的条带，结果如图 7-16，由图可知位于 294 bp 处有三条明显的亮条带，与预期目标一致，回收后的基因片段可用于后续实验。

（二）重组克隆质粒 pMD19-T-KAP3.2 鉴定

使用 *Xho* Ⅰ, *Hind* Ⅲ 限制性内切酶将重组质粒 pMD19-T-KAP3.2 酶切，把酶切液放入电泳仪电泳后得到图 7-17，由图可知位于 294 bp 处有三条明显的亮条带，与预期条带大小相吻合，而实验对照空载体 294 bp 处没有出现目的条带，表明实验成功。

（三）真核表达重组质粒 pEGFP-N1-KAP3.2 鉴定

使用 *Xho* Ⅰ, *Hind* Ⅲ 限制性内切酶将重组质粒 pEGFP-N1-KAP3.2 酶切，把酶切结果电泳后得到图 7-18。

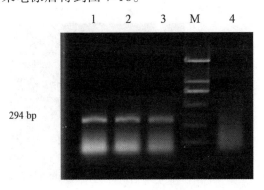

图 7-16 毛囊角蛋白 KAP3.2 基因的 PCR 扩增结果

1～3：平原型和田羊，山区型和田羊，卡拉库尔羊毛囊 KAP3.2 基因 PCR 结果；4：阴性对照；M：DL2000 DNA Marker

Fig. 7-16. PCR amplification results of KAP3.2 gene of hair follicle keratin

1～3：PCR results of KAP3.2 gene in plain type Hetian sheep，mountain type Hetian sheep and Karakul Sheep；4：Negative control M：DL2000 DNA marker

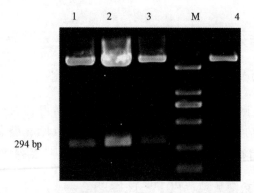

图 7-17 重组克隆质粒 pMD19-T-KAP3.2 双酶切

1 ~ 3：平原型和田羊，山区型和田羊，卡拉库尔羊；4：阴性对照；M：DL2000 DNA Marker

Fig. 7-17 Recombinant clone plasmid pMD19-T- KAP3.2 double enzyme digestion

1 ~ 3：pMD19-T-KAP3.2 double enzyme cutting results of plain type Hetian sheep，mountain type Hetian sheep and Karakul Sheep；4：Negative control；M：DL2000 DNA marker

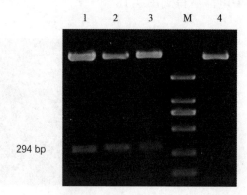

图 7-18 表达重组质粒 pEGFP-Nl-KAP3.2 双酶切

1 ~ 3：平原型和田羊，山区型和田羊，卡拉库尔羊 pEGFP-Nl-KAP3.2 双酶切结果；4：阴性对照；M：DL2000 DNA Marker

Fig.7-18 Double digestion of recombinant plasmid pEGFP-Nl-KAP3.2

1 ~ 3：the results of pEGFP-Nl-KAP3.2 double enzyme digestion of plain type Hetian Sheep，mountain type Hetian Sheep and Karakul Sheep；4：Negative control；M：DL2000 DNA marker

由图可知,位于 294 bp 处有三条明显的亮条带,与预期条带大小相吻合。而实验对照空载体 294 bp 处没有出现目的条带,表明实验成功。将重组质粒送睿博兴科生物技术有限公司进行序列测定。

(四)毛囊角蛋白 KAP3.2 基因序列分析

在送到公司测序结果后,将测序结果与已公布的基因序列进行同源性分析,其中山区型和田羊的基因序列出现了 6 处碱基突变,其同源性为 98%,平原型和田羊与卡拉库尔羊的基因序列出现了 5 处碱基突变,其同源性为 98%,此结果说明,已成功构建出了三种羊的载体。具体序列如下:

```
1    ATGGCTTGCT GCGCTCCCCG CTGCTGCAGC GTCCGCACTG GTCCTGCCAC CACCATCTGC  KAP3.2 CDS
1    .......... .......... .......... .......... .......... ..........  pEGFP-N1-KAP3.2 HP
1    .......... .......... .......... .......... .......... ..........  pEGFP-N1-KAP3.2 HS
1    .......... .......... .......... .......... .......... ..........  pEGFP-N1-KAP3.2 KL

61   TCCTCTGACA AATTCTGTCG GTGTGGAGTC TGCCTGCCCA GCAGCTGCCC ACACGACATC  KAP3.2 CDS
61   .......... .......... .......... .......... .....C.... ..........  pEGFP-N1-KAP3.2 HP
61   .......... .......... .......... .......... .....C.... ..........  pEGFP-N1-KAP3.2 HS
61   .......... .......... .......... .......... .....C.... ..........  pEGFP-N1-KAP3.2 KL

121  AGCCTCCTCC AGCCCACCTG CTGTGACAA TCCCCCGTGCC CTGCTATGTG CCTGACACC  KAP3.2 CDS
121  .......... ....T..... .......... .......... .......... ..........  pEGFP-N1-KAP3.2 HP
121  .......... ....T..... .......... .......... .......... ..........  pEGFP-N1-KAP3.2 HS
121  .......... ....T..... .......... .......... .......... ..........  pEGFP-N1-KAP3.2 KL

181  TATGTGCCAA CTTGCTTTCT GCTCAACTC TTCCCACCCCA CTCCTCGACT GAGCGGGATC  KAP3.2 CDS
181  .......... .......... .......... ....G..... .......... ..........  pEGFP-N1-KAP3.2 HP
181  .......... .......... .......... .G....G... .......... ..........  pEGFP-N1-KAP3.2 HS
181  .......... .......... .......... ..T...G... .......... ..........  pEGFP-N1-KAP3.2 KL

241  AACCTGACGA CCTTCATTCA GCCTCGCTGT GAAAATGTCT GCGAGCCCCG CTGT  KAP3.2 CDS
241  .......... .......... .....G..G. .A........ .......... ....  pEGFP-N1-KAP3.2 HP
241  .......... .......... .....G.... .......... .......... ....  pEGFP-N1-KAP3.2 HS
241  .......... .......... ......G... .......... .......... ....  pEGFP-N1-KAP3.2 KL
```

将三种羊的测序结果与已知序列通过 blast 在线软件进行同源性比对,通过分析可知,平原型和田羊有六处碱基发生突变,分别是 104 处 G 变为 C,138 处 C 变为 T,226 处 C 变为 G,265 处 C 变为 G,268 处 T 变为 G,230 处 T 变为 A。山区型和田羊有五处碱基发生突变,分别是 104 处 G 变为 C,138 处 C 变为 T,220 处 A 变为 G,226 处 C 变为 G,265 处 C 变为 G。卡拉库尔羊有五处碱基发生突变,分别是 104 处 G 变为 C,138 处 C 变为 T,219 处 C 变为 T,226 处 C 变为 G,265 处 C 变为 G。

(五)毛囊角蛋白 KAP3.2 成熟蛋白编码序列分析

1 MACCAPRCCS	VRTGPATTIC	SSDKFCRCGV	CLPSSCPHDI	SLLQPTCCDN	SPVPCYVPDT	GenBank 导出
1	....	....	....T.....	....	....	HP 型
1	....	....	....T.....	....	....	HS 型
1	....	....	....T.....	....	....	KL 型

61 YVPTCFLLNS	SHPTPRLSGI	NLTTFIQPRC	ENVCEPRC	GenBank 导出
61	.....G....	....	...GG	HP 型
61	...A.G....	....	...G.	HS 型
61	.....G....	....	...G.	KL 型

将 3 种羊的蛋白质编码序列与已知序列通过 NCBI 中的 tblastx 软件进行同源性比对,通过分析可知,平原型和田羊有四处发生了突变,分别是 35 处丝氨酸(Ser)突变为苏氨酸(Thr),76 处的精氨酸(Arg)突变为甘氨酸(Gly),89 处的精氨酸(Arg)突变为甘氨酸(Gly),90 处的半胱氨酸(Cys)突变为甘氨酸(Gly)。山区型和田羊有四处氨基酸发生了突变。分别是 35 处丝氨酸(Ser)突变为苏氨酸(Thr),74 处的苏氨酸(Thr)突变为精氨酸(Arg),76 处的精氨酸(Arg)突变为甘氨酸(Gly),89 处的精氨酸(Arg)突变为甘氨酸(Gly)。卡拉库尔羊有三处氨基酸发生了突变,分别是 35 处丝氨酸(Ser)突变为苏氨酸(Thr),76 处的精氨酸(Arg)突变为甘氨酸(Gly),89 处的精氨酸(Arg)突变为甘氨酸(Gly)。

(六)毛囊角蛋白 KAP3.2 基因编码蛋白一级结构分析

表 7-1　KAP3.2 基因编码蛋白氨基酸的一级结构

Table 7-1 Primary structure of amino acids encoded by KAP3.2 gene

一级结构参数	平原型和田羊	山区型和田羊	卡拉库尔羊
氨基酸数目	98	98	98
原子总数	1 406	1 406	1 410
分子质量 /ku	10 375.01	10 391.07	10 421.10
等电点	5.98	5.98	5.98

续表

一级结构参数	平原型和田羊	山区型和田羊	卡拉库尔羊
负电荷残基 / 个	6	6	6
正电荷残基 / 个	5	5	5
分子式	$C_{438}H_{693}N_{121}O_{138}S_{16}$	$C_{438}H_{693}N_{121}O_{137}S_{17}$	$C_{439}H_{695}N_{121}O_{138}S_{17}$
不稳定系数	49.14	52.58	48.65
平均疏水性	0.130	0.185	0.159
脂肪系数	64.59	65.61	64.59

（七）毛囊角蛋白 KAP3.2 基因编码蛋白二级结构预测

根据绵羊毛囊 KAP3.2 基因的序列对其进行二级结构预测,结果见表 7-2。

表 7-2　KAP3.2 基因编码蛋白氨基酸的二级结构

Table 7-2　Secondary structure of amino acids encoded by KAP3.2 gene

二级结构	平原型和田羊	山区型和田羊	卡拉库尔羊
α 螺旋	0	6.12%	5.10%
无规则卷曲	77.51%	74.49%	77.55%
延伸链	24.49%	16.33%	17.35%
β- 转角	0	3.06%	0

（八）毛囊角蛋白 KAP3.2 基因编码蛋白理化性质分析

通过 Signalp 软件对 KAP3.2 氨基酸序列中是否存在信号肽进行数据分析,结果见图 7-18,由图可知,KAP3.2 中不存在信号肽。

通过 TMHMM 软件对 KAP3.2 氨基酸序列中是否存在跨膜螺旋进行数据分析,结果如图 7-19,由图可知,KAP3.2 属于膜内蛋白。

通过 Protparam 软件对 KAP3.2 氨基酸序列中亲、pr 疏水性进行数据分析,结果如图 7-20,其中山区型和田羊和卡拉库尔羊氨基酸序列第48 位峰值最低,为 -1.133;第 64 位峰值最高为 1.422。山区型和田羊氨基酸序列第 93 位峰值最低,为 -1.189;第 64 位峰值最高为 1.422。

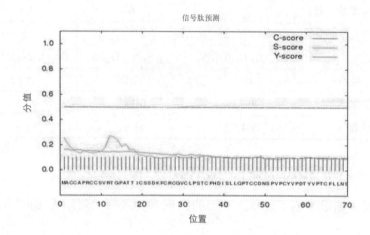

图 7-19　KAP3.2 基因编码蛋白信号肽分析

Fig. 7-19　Signal peptide analysis of KAP3.2 gene

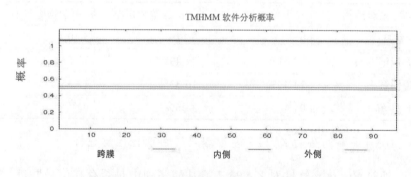

图 7-20　KAP3.2 基因编码蛋白跨膜螺旋分析

Fig.7-20　Cross membrane helix analysis of KAP3.2 gene encoding protein

　　通过 MEGA5.0 软件对毛囊角蛋白 KAP3.2 基因序列进行系统进化分析,结果见图 7-22。

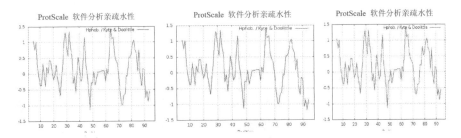

图 7-21 KAP3.2 基因编码蛋白亲疏水性分析

A：平原型和田羊 KAP3.2 基因编码蛋白亲疏水性分析；B：山区型和田羊 KAP3.2 基因编码蛋白亲疏水性分析；C：卡拉库尔羊 KAP3.2 基因编码蛋白亲疏水性分析

Fig.7-21 Hydrophilicity and hydrophobicity analysis of KAP3.2 gene coding protein

A：Hydrophilicity and hydrophobicity analysis of KAP3.2 gene encoding protein in plain Hetian sheep；B：Hydrophobicity analysis of KAP3.2 gene encoding protein in mountain type Hetian sheep；C：hydrophobicity analysis of KAP3.2 gene encoding protein in Karakul Sheep

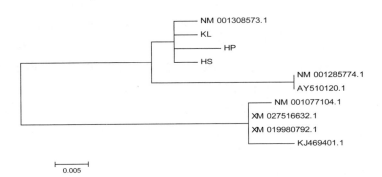

图 7-22 毛囊角蛋白 KAP3.2 基因序列系统进化树

Fig. 7-22 Phylogenetic tree of hair follicle keratin KAP3.2 gene sequence

三、讨论

绵羊毛囊角蛋白关联蛋白 KAP3.2 属于高硫角蛋白关联蛋白,从 GenBank 中通过(登录号:M21099.1)下载序列设计特异性引物,进行 PCR 扩增。将成功扩增出的 KAP3.2 基因片段与 pMD19-T 载体进行连接,使用 *Xho* Ⅰ, *Hind* Ⅲ 限制性内切酶将重组质粒 pMD19-T-KAP3.2 酶切,将回收的 KAP3.2 基因再连接到 pEGFP-N1 载体上,进行测序分析。绵羊毛囊角蛋白关联蛋白 KAP3.2 基因除去终止子,基因序列全长为 294 bp,可编码氨基酸的数量为 98 个。通过同源序列比对发现卡拉库尔羊,平原型、山区型和田羊同源性都为 98%。三种羊的基因序列在 104 bp 处(G 突变为 C)、138 bp 处(C 突变为 T)、226 bp 处(C 突变为 G)、268 bp 处(C 突变为 G)都出现了相同的突变。且 138 bp 处为同义突变。并且,山区型和田羊的基因序列于 220 处由 A 突变为 G,平原型和田羊的基因序列于 268 处由 T 突变为 G、230 处由 T 变为 A。卡拉库尔羊的基因序列于 219 处由 C 变为 T。这三种羊的氨基酸在 35 位、76 位、89 位出现了相同的突变,分别是丝氨酸(Ser)突变为苏氨酸(Thr),精氨酸(Arg)突变为甘氨酸(Gly),精氨酸(Arg)突变为甘氨酸(Gly)。并且,平原型和田羊的氨基酸于 90 位的半胱氨酸(Cys)突变为甘氨酸(Gly),山区型和田羊的氨基酸于 74 位的苏氨酸(Thr)突变为精氨酸(Arg)。通过蛋白质的二级预测发现,山区型和田羊的 α-螺旋、β-转角所占比例在三种羊内为最大,分别为 6.12%、3.06%。而卡拉库尔羊中的无规则卷曲的占比高达 77.55%。平原型和田羊中的延伸链占比则达到 24.49%。在对三种羊的蛋白质理化性质分析中发现,KAP3.2 中不含信号肽,并且蛋白质都存在于膜内。在系统进化树中可发现三种羊在进化上具有高度的保守性。

四、结论

本试验通过采用 PCR 技术成功扩增出平原型、山区型和田羊与卡拉库尔羊的毛囊角蛋白 KAP3.2 基因。通过同源序列比对发现卡拉库尔羊,平原型、山区型和田羊同源性都为 98%。说明 KAP3.2 基因序列具有高度的保守性。

参考文献

[1] 唐威华,张景六,王宗阳,等.SDS-PAGE 法测定 His-tag 融合蛋白分子量产生偏差的原因 [J]. 植物生理学报,2000,26（1）: 64-68

[2] Fenn J B, Mann M, Meng C K, et al. Electrospray ionization for mass spectrometry of large biomolecule[J]. Science，1989,246（4926）: 64.

[3]Yang W, Zeng W, Zhou D, et al. Cloning, expression, secondary structure characterization of HMG box 1 of hUBF from E. coli and its binding to DNA[J].Biochimica et Biophyscica Acta,2002, 1598（1-2）: 147-155.

[4] 蔡中华,宋林生,C J SECOMBES,等.虹鳟肿瘤坏死因子（TNFα）基因体外表达与纯化的研究 [J].水生生物学报,2003,（6）: 596-601.

[5] 涂艳,欧西军,朱乃硕.人胰蛋白酶原 -2 在大肠杆菌中的表达、纯化与活性测定 [J].复旦学报(自然科学版),2004（6）: 1067-1072+1078.

[6] 李光富,张兆松,王新军,等.Sj28GST 基因克隆和高效表达产物的纯化 [J].中国人兽共患病杂志,2004（1）: 15-18.

[7] 张少恩,孙晗笑,张光,等.大肠杆菌表达的 vMIP-Ⅱ包涵体的纯化与复性研究 [J].中国生物制品学杂志,2005（3）: 247-251.

[8] 吴雄文,梁智辉.实用免疫学实验技术 [M].武汉:湖北科学技术出版社,2002.

[9] 吕建敏,王德军,徐剑钦,等.实验用兔的取血方法 [J].中国养兔杂志,2004,6: 30.

[10] 曹访,邹海军,贾世全,等.一种改进的兔动脉采血方法 [J].上海畜牧兽医通讯,2007,1: 88.

[11] Vaz A J, Nakamur a P M, Camarg o M E, et al. Dot ELISA for the detection of anti-cysticerous cellulosae antibodies in cerebrospinal fluid using a new solid phase（resin- treated polyester fabric）and cysticerus longicollis antigens[J].Rev I nst Med Tr op Sao Paulo,1996, 38: 391.

第八章 绵羊毛囊 KAP4.2 基因研究

第一节 和田羊毛囊 KAP4.2 基因 CDS 的克隆与原核表达

一、材料与方法

（一）材料

实验动物由本课题组饲养于塔里木大学动物实验站，皮肤样本采集自山区型、平原型和田羊体侧部。采用 Trizol 法提取皮肤样本总 RNA，保存于 -80 ℃冰箱长期使用。大肠杆菌 DH5α，BL21（DE3）。

TaKaRa 产品 pMD 18-T 载体，pET28a（+）载体。

（二）和田平原型 2 号羊（HP2）毛囊 KAP4.2 基因的克隆与序列分析引物的合成

KAP4.2-F：5′ cat atg ctg cat ctc cag ctg cag3′ 利用起始密码子加 *Nde* I 酶切位点

KAP4.2-R：5′ gga tcc tca gta tgc ctg atg ttt 3′ 加 *BamH* I 酶切位点由生工生物工程（上海）有限公司合成。

（三）HP2 KAP4.2 基因的 PCR 扩增

利用反转录获得的 HP2 cDNA 第一链作为模版，使用 PCR 扩增出 KAP4.2 成熟蛋白序列。将回收的 KAP4.2 基因与 pMD 18-T 载体 16 ℃连接过夜，构建克隆质粒 pMD18-T-KAP4.2。筛选重组质粒阳性克隆。对重组质粒 pMD 18-T-KAP4.2 进行 PCR 以及双酶切鉴定。将经过 PCR 鉴定和双酶切鉴定为阳性的菌落,送公司测定序列,使用 DNAMAN 等软件对 pMD 18-T-KAP4.2 重组质粒目的基因序列进行同源性分析。

（四）原核表达载体 pET28a-KAP4.2 的构建

将酶切后回收的目的片段与酶切回收的 pET28a（+）目的片段定向连接为 pET28a（+）-KAP4.2,筛选 pET28a（+）-KAP4.2 阳性克隆。进行 pET28a（+）-KAP4.2 重组质粒的 PCR 鉴定,将经过 PCR 鉴定的可疑的阳性克隆质粒,再用 *BamH* Ⅰ 和 *Nde* Ⅰ 进行双酶切鉴定。对于鉴定阳性的克隆质粒用 *BamH* Ⅰ 于 30 ℃酶切 2 h 后加入 *Nde* Ⅰ 于 37 ℃下酶切 2 h,将经双酶切得到具有黏性末端的 KAP4.2 基因片段,与 pET-28a（+）空载体相连,就得到了 pET-28a（+）-KAP4.2 表达质粒。经过 PCR 鉴定和双酶切鉴定,鉴定为阳性的菌落,测定序列后使用 DNAMAN 等软件对目的基因序列进行同源性分析。

（五）和田羊毛囊 KAP4.2 基因的原核表达

将 pET28a（+）-KAP4.2 表达质粒转化入 BL21 原核表达菌。进行外源基因的诱导表达,分别按诱导时间 1 h、2 h、3 h、4 h 各收集 1 mL 菌体,探索蛋白表达的最佳时间。同时依次加入 IPTG 2 μL、4 μL、6 μL、8 μL、10 μL,诱导表达 4 h,各收集 1 mL 菌体,探索不同 IPTG 浓度原核表达蛋白表达最佳时间的影响。SDS-PAGE 检测目的蛋白质的表达,拍照,观察诱导表达情况。

二、结果与分析

（一）KAP4.2 基因的扩增及序列分析

以 HP2 总 RNA 反转录 cDNA 为模版,进行 KAP4.2 基因 PCR 扩增,产物经电泳检测,在预期的 372 bp 处有特异性扩增条带（见图 8-1）,表明成功获得目的基因片段。

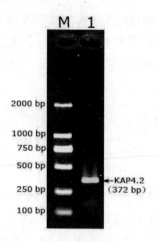

图 8-1　KAP4.2 基因的 PCR 扩增结果

Fig. 8-1 PCR amplification results of KAP4.2 gene

注：泳道 1 为 KAP4.2PCR 扩增产物；M 为 DNA 分子质量标准 DL2000。

（二）pMD18-T-KAP4.2 克隆载体的鉴定结果

1.pMD18-T-KAP4.2 克隆载体的 PCR 鉴定

将目的基因连接载体 pMD18-T 并转入 DH5α，以提取的阳性（白斑菌落活化）pMD18-T-KAP4.2 克隆质粒为模板，进行质粒 PCR，电泳检测结果显示，在 372 bp 出现特异性条带，如图 8-2 所示。

2.pMD18-T-KAP4.2 克隆载体的双酶切鉴定

对 pMD18-T-KAP4.2 克隆质粒进行双酶切，分别用 *BamH* Ⅰ 和 *Nde* Ⅰ 30 ℃，37 ℃酶切 4 h，10×Loading Buffer，电泳检测结果在 372 bp 出现预期特异性条带，如图 8-3 所示。

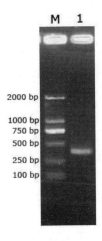

图 8-2 pMD-18T-KAP4.2 克隆载体的鉴定

Fig. 8-2 Identification of pmD-18T-KAP4.2 clone vector

注：泳道 1 为 KAP4.2PCR 扩增产物；M 为 DNA 分子质量标准 DL2000。

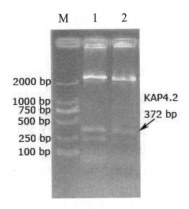

图 8-3 酶切鉴定重组质粒

Fig. 8-3 Identification of recombinant plasmid by enzyme digestion

注：泳道 1,2 为克隆质粒酶切结果；M 为 DNA 分子质量标准 DL2000。

序列分析：

```
KAP4.2 CDS      ATGCTGCATC TCCAGCTGCA GGCCCCGGTG TTGCCAGTCT GTGTGCTGCC AGCCCAGCTG    60
pMD18-T-KAP4.2  .......... .......... .......... .......... .......... ..........

KAP4.2 CDS      CCCCCGCATC TCCAGCTGCT GCCGCCCCTC TTGCTGTGGC TCCAGCTGCT GCCGCCCGAG   120
pMD18-T-KAP4.2  .......... ......C... .......... .......... ......T... ..........

KAP4.2 CDS      CTGCTGCCTG CGCCCAGTGT GTGGCCGGGT CTCCTGTCAC ACCACTTGCT ATCGCCCCAC   180
```

```
pMD18-T-KAP4.2    .........

KAP4.2 CDS        CTGTGTCATC TCCACCTGCC CCCGCCCCGT GAGCTGTCCC TCCTCTTGCT GCTGAATCTC    240
pMD18-T-KAP4.2    ..........       T

KAP4.2 CDS        TGCTTTGAAC ATACTGCTTC CTCATTTCCT CCCTCCCCAC AGCTGCAGAG CTTCTCTTTA    300
pMD18-T-KAP4.2    ..........

KAP4.2 CDS        AAATGCGGAG GGTTCAAGAG AACTGGTCTC TTGAATTTCA TAAGTAAACA TCAGGCATAC    360
pMD18-T-KAP4.2    ..........

KAP4.2 CDS        TGA
pMD18-T-KAP4.2    ...
```

利用 DNAMAN 软件,对测序结果进行分析比对,结果显示克隆载体 pMD18-T-KAP4.2 上所连接 KAP4.2 基因序列大小为 363 bp,与课题组已知 KAP4.2 序列进行比对,结果显示同源性为 99.1%,有三处位置发生突变,分别为:77 位 T 突变为 C,108 位 G 突变为 T,200 位 C 突变为 T。

将 KAP4.2 基因连接到高效克隆 PCR 产物的 pMD18-T 载体上,进行 PCR 和双酶切双重鉴定,经测序比对显示,结果显示目的条带为 KAP4.2,说明成功构建了 pMD18-T-KAP4.2 克隆载体。

（三）pET28a（＋）-KAP4.2 表达载体的鉴定结果

1.pET28a-KAP4.2 表达载体的 PCR 鉴定

以重组的 pET28a-KAP4.2 表达质粒为模板,进行 PCR 鉴定,点电泳结果显示在预期的 372 bp 出现特异性条带,如图 8-4 所示。

2.pET28a-KAP4.2 表达载体的双酶切鉴定

对 pET28a-KAP4.2 表达质粒进行双酶切,分别用 *BamH* Ⅰ 和 *Nde* Ⅰ 30 ℃,37 ℃酶切 4 h,10×Loading Buffer,电泳检测结果在 363 bp 出现预期特异性条带,如图 8-5 所示。

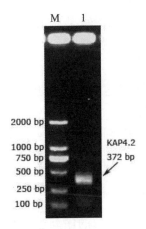

图 8-4 重组质粒 PCR 鉴定

Fig. 8-4 PCR identification of recombinant plasmids

注：泳道 1 为质粒 PCR 特异带；M 为 DNA 分子质量标准 DL2000。

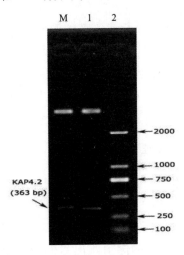

图 8-5 pET28a-KAP4.2 表达质粒的双酶切鉴定

Fig.8-5 Double-digestion identification of pet28A-KAP4.2 expression plasmid

注：泳道 1,2 为 pET28a 重组表达质粒酶切结果；M 为 DNA 分子质量标准 DL2000。

3. 序列分析

利用 DNAMAN 软件，对测序结果进行分析比对，结果显示表达载体 pET28a-KAP4.2 上所连接 KAP4.2 基因序列大小为 363 bp，与

GenBank 中已知序列进行比对,结果显示同源性为 99.1%,同样有三处相同位置发生同样突变,77 位 T 突变为 C,108 位 G 突变为 T,200 位 C 突变为 T。

选用 *E.coli* pET 原核表达系统,需构建原核表达载体,利用了设计引物时引进的两个酶切位点,与 pET28a 上具有相同酶切位点,进行黏性末端连接,经测序分析,正确链接 KAP4.2 目的条带,说明成功构建了 pET28a-KAP4.2 表达载体。

(四)SDS-PAGE 检测原核表达的目的蛋白

通过 DNAMAN 软件对所测的序列进行翻译,与 KAP4.2CDS 翻译氨基酸序列比较,结果如下:

```
KAP4.2 CDS-AA    MLHLQLQAPV LPVCVLPAQL PPHLQLLPPL LLWLQLLPPE LLPAPSVWPG LLSHHLLSPH    60
KAP4.2-AA        .......... .......... ....P..... .......... .......... ..........

KAP4.2 CDS-AA    LCHLHLPPPR ELSLLLLLNL CFEHTASSFP PSPQLQSFSL KCGGFKRTGL LNFISKHQAY    120
KAP4.2-AA        ......L... .......... .......... .......... .......... ..........
```

结果显示在 26、67 两处位置因碱基发生突变,影响蛋白质翻译,导致 36 位 L(亮氨酸)突变为 P(脯氨酸),67 位 P(脯氨酸)突变为 L(亮氨酸)。

1. 检测目的蛋白可溶性

对诱导得到的菌体经破碎、离心得到的上清和沉淀,进行 SDS-PAGE 电泳,结果显示在沉淀泳道 14 kD 左右出现目的蛋白,如图 8-6 所示。

对诱导表达的菌体进行处理,SDS-PAGE 检测后显示,分别用沉淀和上清与总样品相比,沉淀的泳道跑出目的条带比上清较明显,证明表达的目的蛋白大部分是以包涵体形式存在于沉淀中。

2. 对不同诱导时间的蛋白表达的检测

收集诱导 1 h,2 h,3 h,4 h 的菌体,对其进行上样处理后,进行 SDS-PAGE 检测,结果显示在 13.3 kD 处出现目的条带,并且有表达差异,如图 8-7 所示。

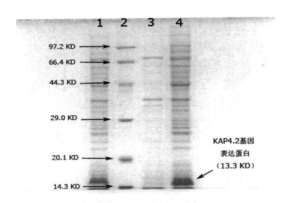

图 8-6 目的蛋白分离后存在部位电泳图

Fig. 8-6 Electrophoretic diagram of the existing site of target protein after separation

泳道 1：诱导菌体处理后上样的总样本；泳道 2：低蛋白质分子量标准；

泳道 3：样品处理后离心得到上清；泳道 4：样品处理后离心得到沉淀

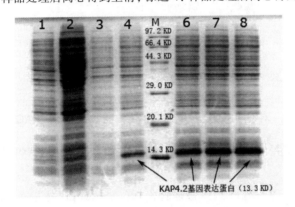

图 8-7 对不同诱导时间的蛋白表达的 SDS–PAGE 检测

Fig. 8-7 SDS-PAGE determination of protein expression at different induction times

泳道 1：未诱导的空 pET28a 载体转化 DE3 表达蛋白；泳道 2：诱导的空 pET28a 载体转化 DE3 表达蛋白；泳道 3：未诱导的重组 pET28a 转化 DE3 表达蛋白。泳道 4：诱导时间为 1 h 的表达蛋白；泳道 5：低蛋白质分子量标准；泳道 6：诱导时间为 2 h 的表达蛋白；泳道 7：诱导时间为 3 h 的表达蛋白；泳道 8：诱导时间为 4 h 的表达蛋白

通过对不同时间诱导表达的蛋白进行 SDS-PAGE 检测，结果显示，未转化目的基因的菌体，包括诱导和未诱导的，都没有出现目的蛋白的条带，转化过目的基因。未经 IPTG 诱导的菌体，同样没有出现目的条

带。成功转化目的基因的菌体,经诱导后,1 h 与 2 h、3 h、4 h 差别较大,而 1 h 以后诱导表达量未有明显变化,但是 4 h 条带最亮,因此得出诱导表达 3 h 后为表达量最佳时间。

3. 对不同浓度 IPTG 诱导的表达蛋白的检测

对第二次活化菌体,设置浓度梯度 0.2 mM,0.4 mM,0.6 mM,0.8 mM,1.0 mM,培养 4 h,以探索不同浓度 IPTG 对诱导表达的影响,样品处理后进行 SDS-PAGE 检测,结果如图 8-8 所示。

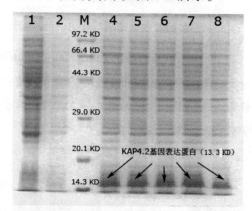

图 8-8　对不同浓度 IPTG 诱导的表达蛋白的 SDS-PAGE 检测

Fig.8-8 SDS-PAGE determination of expressed proteins induced by different concentrations of IPTG

泳道 1:诱导的空 pET28a 载体转化 DE3 表达蛋白;泳道 2:未诱导的重组 pET28a 转化 DE3 表达蛋白;泳道 3:低蛋白质分子量标准,泳道 4 ~ 8:诱导浓度分别为 0.2 mM,0.4 mM,0.6 mM,0.8 mM,1.0 mM 的重组 pET28a 转化 DE3 表达蛋白

通过对不同浓度 IPTG 诱导表达蛋白的 SDS-PAGE 检测显示,0.2 mM、0.4 mM、0.6 mM、0.8 mM、1.0 mM 诱导结果中,0.8 mM IPTG 浓度诱导效果最佳,可作为最佳的表达浓度。

三、讨论

大量的角蛋白关联蛋白基因被发现在人皮肤毛囊中表达。不同物种在 KAP 多基因家族数量和表达上成正比关系,表明 KAP 数量和含量变化可能是决定羊毛品质的一个重要因素。羊毛中高硫、超高硫 KAP

蛋白含量丰富,但高甘氨酸—酪氨酸 KAP 蛋白水平较低的毛发显得更有光泽,说明 KAP 在决定羊毛品质方面具有重要作用。KAP 基因位点可对羊毛细度、强度、长度进行标记。KAP4.2 基因是编码羊绒的结构蛋白基因之一。

有对 KAP4.2qPCR 研究[9]表明,对 KAP4.2 正常和 FL(Felting luster)突变体美利奴绵羊毛囊中的 KAP4.2 基因的表达差异非常显著($P<0.01$)。即在 FL 突变体美利奴绵羊毛囊中,KAP4.2 基因的表达显著上调。本实验对该基因做原核表达研究,构建原核载体,目的是纯化蛋白制备多克隆抗体或单克隆抗体,便于日后在蛋白水平检测转基因的表达状况,甚至构建真核表达载体,对其更深入剖析。

研究采用广泛应用的表达载体 pET28a,其多克隆位点 C 端上有一段组氨酸(His)融合表达标签(Tag),表达产物为融合蛋白,方便后继的纯化步骤或者检测。在此基础上,原核诱导表达会加上 6 聚组氨酸,由于目的蛋白本身为 13.3 kD,因此 SDS-PAGE 检测出的条带会比 DANMAN 比对的蛋白质分子量略大,在 SDS-PAGE 中,条带处于 14.3 kD 以上。

原核表达采用了 Lac 乳糖操纵子表达系统,其转录受 CAP 正调控和 Lac Ⅰ 负调控。LacUV5 突变能够在没有 CAP 的存在下更有效地起始转录,该启动子在转录水平上只受 Lac Ⅰ 的调控,因而随后得到了更广泛采用。Lac Ⅰ 产物是一种阻遏蛋白,能结合在操纵基因 Lac O 上从而阻遏转录起始。乳糖的类似物 IPTG 可以和 Lac I 产物结合,使其构象改变离开 Lac O,从而激活转录。IPTG 广泛用于诱导表达系统,但是 IPTG 有一定毒性,有人认为在制备医疗目的的重组蛋白并不合适,因而也可用乳糖代替 IPTG 作为诱导物的研究。

对控制绵羊毛囊、毛纤维蛋白基因研究技术日益成熟,原核表达虽能够在较短时间内获得基因表达产物,而且所需的成本相对比较低廉,但与此同时原核表达系统还存在许多难以克服的缺点。期待下一步研究将调控系统引入真核基因调控领域,以生产更有商业价值的动物副产品。

第二节　和田羊毛囊 KAP4.2 多克隆抗体制备

一、材料与方法

（一）材料

家兔。超低温冰箱中保存 BL21（DE3）-pET-28a-KAP4.2（+）甘油菌、BL21（DE3）菌株、pET28a-BL21（DE3）菌株。

（二）KAP4.2 基因的原核表达

将重组质粒转化细胞原核表达后，提取蛋白进行 SDS-PAGE 检测 KAP4.2 基因的表达。将 KAP4.2 基因原核表达工程菌提取包涵体。用 Ni-NTA 柱进行 KAP4.2 基因表达蛋白的纯化、复性及 SDS-PAGE 检测。

（三）KAP4.2 基因多克隆抗体的制备及检测

将 KAP4.2 基因表达蛋白免疫动物，利用间接 ELISA 法检测 KAP4.2 基因多克隆抗体效价。进行结果判定：白色背景上肉眼直接观察到结果，反应孔内颜色越深，阳性程度越强，阴性反应为无色或极浅，在酶标仪上，在 492 nm 处 OD 值，通常大于规定的阴性对照 OD 值的 2.1 倍，即为阳性，处理数据，绘制柱形图，计算效价。

二、结果与分析

（一）KAP4.2 基因原核表达的 SDS-PAGE 检测

将处理好的样本进行 SDS-PAGE 检测，结果显示在 13.3 kD 处出现目的条带，并且不同诱导时间 KAP4.2 基因存在表达差异，如图 8-9 所示。

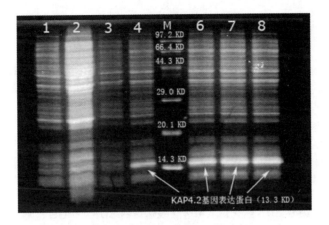

图 8-9 对不同诱导时间的 KAP4.2 原核表达蛋白的 SDS-PAGE 检测

Fig.8-9 SDS-PAGE determination of KAP4.2 prokaryotic expression protein at different induction times

泳道 1：未诱导的空 pET28a 载体转化 DE3 表达蛋白；泳道 2：诱导的空 pET28a 载体转化 DE3 表达蛋白；泳道 3：未诱导的重组 pET28a 转化 DE3 表达蛋白。泳道 4：诱导时间为 1 h 的表达蛋白；泳道 M：低蛋白质分子量标准；泳道 6：诱导时间为 2 h 的表达蛋白；泳道 7：诱导时间为 3 h 的表达蛋白；泳道 8：诱导时间为 4 h 的表达蛋白

由 SDS-PAGE 检测结果可以看出，未转化目的基因的菌体，包括诱导和未诱导的，都没有出现目的蛋白的条带；转化目的基因的菌体但未经 IPTG 诱导的菌体，同样没有出现目的条带；但转化目的基因的菌体，经诱导后，在 13.3 kD 附近均产生了较为明显的目的条带，说明保存的 pET-28a-KAP4.2-BL21 菌株中的目的基因未丢失，可用来菌株扩繁，提取包涵体；此外可以明显看出，目的蛋白表达量因诱导时间不同而不同，1 h 与 2 h、3 h、4 h 差别较大，但是 3 h、4 h 条带最亮，可以得出最佳诱导时间为 3 h，此时，目的蛋白的表达量达最大，因此在菌株扩繁，大量提取包涵体时，诱导时间设置为 3 h 最佳，可获得大量表达蛋白。

（二）纯化后 KAP4.2 基因表达蛋白的 SDS-PAGE 检测

将诱导 4 h 菌液、穿过液蛋白、透析后蛋白进行上样处理，进行 SDS-PAGE 检测，结果如图 8-10 所示。

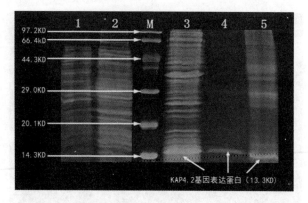

图 8-10　纯化后 KAP4.2 表达蛋白 SDS-PAGE 检测

Fig.8-10 SDS-PAGE determination of purified KAP4.2 expression protein

泳道 1：未诱导的 DE3 菌体；泳道 2：未诱导的空 pET28a 载体转化 DE3 表达蛋白；泳道 M：低蛋白质分子量标准；泳道 3：诱导 3hKAP4.2 基因表达蛋白；泳道 4：纯化后 KAP4.2 基因表达蛋白；泳道 5：穿过液蛋白

由 SDS-PAGE 检测结果可以看出，未转化目的基因的菌体未产生目的条带；诱导 3 h 的目的条带较纯化后的目的蛋白和穿过液中目的蛋白条带明亮，说明通过 Ni 柱亲和层析后，有一部分目的蛋白未能亲和到 Ni 柱上，而存在于穿过液中，这样使得纯化后的目的蛋白条带较诱导的条带明显较暗；由纯化蛋白的条带可知，经过柱、透析获得了纯度较高的抗原，几乎没有杂蛋白条带，可以用于后期的免疫试验。

（三）液相沉淀反应检测 KAP4.2 基因多克隆抗体

将三次免疫的阳性血清分别加入抗原，设置对照组（免疫前的阴性血清，加抗原），进行镜检，结果如图 8-11 所示。

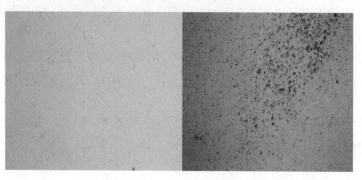

A. 免疫前　　　　　　　　　B . 第一次免疫

C. 第二次免疫　　　　　　D. 第三次免疫

图 8-11　液相沉淀反应检测 KAP4.2 多克隆抗体（10×4）

Fig.8-11　Detection of KAP4.2 polyclonal antibody by liquid precipitation reaction（10×4）

由镜检结果可以看出，免疫前阴性血清与抗原无沉淀反应；而一次免疫、二次免疫和三次免疫均发生了液相沉淀反应，但第三次免疫沉淀反应更为明显，在显微镜视野中可以观察到抗原抗体的结合速度明显增加并且保留的时间也变长，说明免疫应答反应已经达到成熟阶段，可以获得较多的多克隆抗体。

（四）间接 ELISA 法检测 KAP4.2 基因多克隆抗体效价

将抗原用包被液稀释至终浓度 1 mol/mL，阴性血清及三次免疫的阳性血清用 pH 7.4 封闭缓冲液稀释 250 倍，将羊抗兔（二抗）稀释 2 000 倍，将一抗（阳性血清）做梯度稀释，设置阴性（阴性血清，加抗原）和空白（阳性血清，不加抗原）对照，做间接 ELISA 检测效价，反应结果如图 8-12 所示。

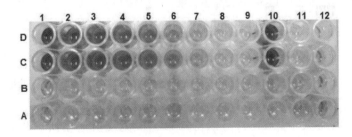

图 8-12　间接 ELISA 法检测抗体效价呈色反应

Fig. 8-12　Indirect ELISA assay for antibody titer color reaction

A：阴性对照（免疫前血清）；B：一次免疫血清；C：二次免疫血清；D：三次免疫血清

1～10 梯度稀释：依次为 500 倍、1 000 倍、2 000 倍、4 000 倍、8 000 倍、16 000 倍、32 000 倍、64 000 倍、128 000 倍、250 倍；11：阴性对照；12：空白对照（无抗原）

由于在酶联免疫吸附试验中，加入酶反应的底物（OPD）后，底物被酶催化成为有色产物，产物的量与标本中受检物质的量直接相关，故可根据呈色的深浅进行定性或定量分析，由图可知，一次免疫和阴性对照颜色均较浅，且大致相同，说明一次免疫机体未产生抗体或产生抗体量较少，由呈色反应无法判别；二次免疫和三次免疫颜色较阴性对照深，说明二次免疫机体开始产生抗体或产生抗体量较多；此外，可以明显看出，颜色随着一抗的浓度降低而变浅；对于空白组，由于未加入抗原，颜色极浅。

在酶标仪上测得各反应孔的 OD_{492}，将数据处理后做柱形图如图 8-13 所示。

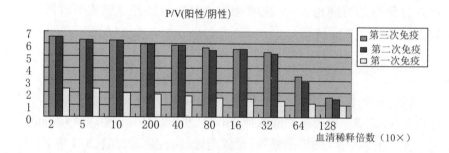

图 8-13　间接 ELISA 法检测多克隆抗体效价 Figure 8-13 Detection of polyclonal antibody titer by indirect ELISA

Fig. 8-13 Detection of polyclonal antibody titer by indirect ELISA

分析所做柱形图可以看出，三次免疫血清 P/N 值均随血清稀释倍数增加呈递减趋势；同样的稀释倍数下，第三次免疫 P/N 值明显大于第一次免疫，略大于第二次，可以得知第三次免疫血清中所产生多克隆抗体含量最高，当稀释至 6 400×10 倍时仍具有较高效价（>2.1）；此外还可以看出二次免疫已经得到较高效价的多克隆抗体，在同等的稀释倍数下，P/N 值与第三次免疫相同或接近。经过三次免疫，获得了较高效价的多克隆抗体，为后续 KAP4.2 基因的真核表达奠定了基础。

三、讨论

本研究采用广泛应用的表达载体 pET-28a, 其多克隆位点 C 端上有一段组氨酸(His)融合表达标签(Tag), 这段组氨酸标签是被翻译蛋白的金属结合域, 有利用与 Ni-NTA 结合, 方便蛋白质纯化与检测, 在大多数情况下, 组氨酸标签的表达不影响纯化蛋白的结构, 从而有助于得到高效的抗原, 同时该载体的表达产物为融合蛋白, 这种载体本身不具有溶解性高的融合蛋白, 也没有催化二硫键形成的酶融合蛋白, 而且不含信号肽序列, 所以同种蛋白用这个载体, 蛋白质主要以包涵体的形式存在, 这样就有利于表达蛋白的纯化和检测。在此基础上, 原核诱导表达会加上 6 聚组氨酸, 有 13.3 kD, 因此 SDS-PAGE 检测出的条带会比 DANMAN 比对的蛋白质分子量略大, 在 SDS-PAGE 中, 条带处于 14.3 kD 以上。

在过 Ni-NTA 柱时, 采用尿素做变性剂, 尿素属于中强度变性剂, 它对包涵体氢键有较强的可逆性变性作用, 用尿素溶解具有不电离, 呈中性, 成本低, 蛋白质复性后除去不会造成大量蛋白质沉淀等优点, 所以本研究采用尿素做变性剂。

在对目的蛋白透析过程中, 采用透析复性, 用含低浓度变性剂复性液将蛋白稀释至较低浓度, 以达到蛋白复性的目的。

在免疫过程中, 免疫对象选择了家兔, 其优点是, 体型适中, 易饲养, 生命力强, 安全性高, 采血量可观, 从而可获得较大量的多克隆抗体。

后期检测多克隆抗体效价选择了酶联免疫吸附试验(ELISA), 是以免疫学反应为基础, 将抗原、抗体的特异性反应与酶对底物的高效催化作用相结合起来的一种敏感性很高的试验技术, 加入酶反应的底物后, 底物被酶催化成为有色产物, 产物的量与标本中受检物质的量直接相关, 故可根据呈色的深浅进行定性或定量分析。由于酶的催化效率很高, 间接地放大了免疫反应的结果, 使测定方法达到很高的敏感度。

对控制绵羊毛囊、毛纤维蛋白基因研究技术日益成熟, 原核表达虽能够在较短时间内获得基因表达产物, 而且所需的成本相对比较低廉, 但与此同时原核表达系统还存在许多难以克服的缺点。期待下一步研究将调控系统引入真核基因调控领域, 以生产更有商业价值的动物副产品。

四、结论

由间接 ELISA 法检测多克隆抗体效价结果可知,经过 KAP4.2 基因原核表达、KAP4.2 基因表达蛋白纯化、动物免疫实验获得了高效价的多克隆抗体,为后续 KAP4.2 基因的真核表达奠定了基础,进而可分析和研究 KAP4.2 基因在和田羊毛囊中的表达情况并运用于生产实践。

第三节 绵羊毛囊 KAP4.2 基因真核表达载体的构建

和田羊主要产于新疆南疆的和田地区,具有浓厚的地区特色,属于绵羊属,有平原型和山区型之分,是新疆特有的耐干旱、耐炎热和耐粗饲料的半粗毛品种。平原型、山区型和田羊因长期在荒漠化与半荒漠化草原的生态环境和低营养的条件下生活,具有高度适应能力的特点。例如被毛中两型毛居多,长且均匀,最粗纤维细度偏小,光泽度高,尤其是羊毛的弹性好,极具光泽,常用于织制地毯和毛毯,其羊毛是著名"和田地毯"的唯一的原材料。但是也存在一些缺点,例如产毛量和繁殖率均较低。因此,为了解决这一问题,本小组主要从对影响羊毛的基因进行研究和探索;卡拉库尔羊产于新疆维吾尔自治区南部塔里木盆地的北部边缘(约 90% 以上繁殖在新疆南疆的库车、沙雅、新和、轮台、阿瓦提等县),其羊毛属于异质半粗毛,可制成织毡、粗呢、其中最珍贵的莫属羔皮用羊(出生 3 天),可制作高档裘皮。随着分子生物学、结构生物学、分子遗传学等技术的不断发展,国内外对绵羊毛囊的研究和探索已经深入到分子水平。羊毛纤维基质中大多数为高硫角蛋白,占总含量的20% ~ 30%,其中高硫角蛋白又包含了 KAP1、KAP2、KAP3 三个家族。在毛干的韧性和强度方面起着十分重要的作用,同时具有影响毛发直径、参与毛发结构分化和皮肤附属器官形成等功能。大量的角蛋白中关联蛋白基因被发现在人皮肤毛囊中表达,并且在不同物种中 KAP 多基因家族在数量和表达上呈线性相关,由此可知,KAP 含量可决定羊毛的品质,且 KAP 含量变化和数量有可能是决定羊毛品质的一个重要因素。然而和田羊与卡拉库尔羊作为地方上的品种,主要缺陷存在于体格小、产毛量低等因素,并且有一部分羊毛品质不佳,底绒细小,毛辫粗大,死毛含量偏高。但是目前国内外毛纺产品的市场已经向轻薄、柔软、挺括、高档方向发展。

所以,为了进一步的改良和田羊的羊毛品质,对影响羊毛品质因素的研究是具有重要意义。本小节主要是对新疆南疆地区和田羊与卡拉库尔羊毛囊 KAP4.2 基因进行真核表达的研究和生物信息学分析,以和田羊品种选育为主,对羊毛纤维的复杂结构和机械性能提供重要的帮助,为进一步深入研究角蛋白基因家族的功能奠定更好的基础,也为了全方位地提升地方品种羊毛品质,大力推动南疆地区羊毛产业的经济发展。

一、材料与方法

（一）材料

卡拉库尔羊来自新疆生产建设兵团第一师十二团,平原型、山区型和田羊来自新疆和田地区洛浦县、策勒县,并饲养于塔里木大学动物试验站,然后从和田羊与卡拉库尔羊体侧羊毛中选取一部分去除,并用提前准备好的实验器材对羊皮肤组织进行采样。所有操作严格遵循动物伦理与福利要求。

（二）绵羊角蛋白关联蛋白 KAP4.2 基因的获得

提取绵羊总 RNA,逆转录得到 cDNA。利用逆转录所得的 cDNA 为模板,对 KAP4.2 基因进行 PCR 扩增,将和田羊 KAP4.2 基因经 PCR 扩增获得的目的片段与载体 pMD-19T 进行连接,构建 pMD-19T-KAP4.2 重组质粒,并对重组质粒 pMD-19T-KAP4.2 重组质粒进行 PCR、酶切鉴定,将正确的 PCR 和双酶切鉴定的菌落送测序,再利用 DNAMAN 软件对测序结果进行序列比对。

（三）绵羊毛囊 KAP4.2 基因的真核表达

将和田羊、卡拉库尔羊 KAP4.2 基因经双酶切鉴定成功的目的片段与载体 pEGFP-N1（＋）进行连接,构建绵羊毛囊 KAP4.2 基因表达载体 pEGFP-N1（＋）-KAP。对 pMD-19T-KAP4.2 重组质粒和 pEGFP-N1（＋）用 *BamH* I 和 *EcoR* I 双酶切, 将 pMD-19T-KAP4.2 重组质粒和

pEGFP-N1（+）酶切产物回收，将 KAP4.2 目的片段连接到 pEGFP-N1（+）载体上，筛选 pEGFP-N1（+）-KAP4.2 重组质粒阳性克隆，对 pEGFP-N1（+）-KAP4.2 真核表达质粒进行 PCR 和酶切鉴定，并进行 KAP4.2 核苷酸序列测定分析。

二、结果与分析

（一）绵羊毛囊 KAP4.2 基因的 PCR 扩增

将经反转录后获得的 KAP4.2 基因的 cDNA 进行 PCR 扩增，结果如图 8-13 所示。

由图 8-13 可知，在温度为 56 ℃时，PCR 扩增得到大小为 363 bp 的片段，且达到预期结果，说明 KAP4.2 基因的 cDNA PCR 扩增是成功的，并且找到最适退火温度在 56 ℃。

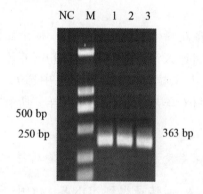

图 8-13　毛囊 KAP4.2 基因 PCR 扩增结果

NC：阴性对照；泳道 M：DL2000；1：平原型和田羊；2：山区型和田羊；3：卡拉库尔羊

Fig. 8-13　PCR amplification results of wool follicle KAP4.2 gene

NC：Negative control；Line M：DL2000Line 1：Plain-type Hetian sheep；2：Mountain-type hetian sheep；3：Karakul sheep

（二）PCR 扩增目的片段回收

将目的条带利用琼脂糖凝胶 DNA 回收试剂盒进行胶回收，用 1% 琼脂糖凝胶电泳检测是否成功，结果如图 8-14 所示。

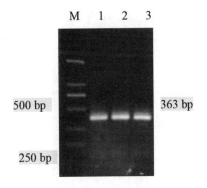

图 8-14　KAP4.2 PCR 扩增目的片段回收

泳道 M：DL2000；泳道 1：平原型和田羊；2：山区型和田羊；3：卡拉库尔羊

Fig.8-14　KAP4.2PCR amplification target fragment recovery

Line M：DL2000；Line　1：Plain-type Hetian sheep；2：Mountain-type hetian sheep；3：Karakul sheep

由图 8-14 可知，KAP4.2 基因的目的片段回收成功，并且扩大体系倍数的胶回收，是为后期实验提供足够的目的片段，保证实验能正常进行。

1.pMD-19T-KAP4.2 菌液 PCR 检测和重组质粒双酶切

（1）将蓝白斑筛选后的菌落，进行过夜培养，然后提取质粒，对得到的 pMD-19T-KAP4.2 重组质粒菌液进行 PCR 扩增鉴定，结果如图 8-15 所示。

由图 8-15 可知，pMD-19T-KAP4.2 重组质粒经 PCR 扩增后得到大小为 363 bp 的片段，和预期结果相同，说明 pMD-19T-KAP4.2 重组质粒为正确质粒。

2.pMD-19T-KAP4.2 重组质粒双酶切

继续将提取的 pMD-19T-KAP4.2 重组质粒进行双酶切鉴定，结果如图 8-16 所示。

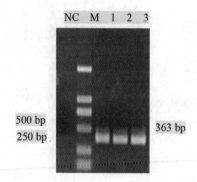

图 8-15　pMD-19T-KAP4.2 重组质粒菌液 PCR

NC：阴性对照；泳道 M：DL2000：泳道 1：平原型和田羊；2：山区型和田羊；3：卡拉库尔羊

Fig.8-15　pMD-19T-KAP4.2 recombinant plasmid PCR

NC：Negative control；Line M：DL2000；Line 1：Plain-type Hetian sheep；2：Mountain-type hetian sheep；3：Karakul sheep

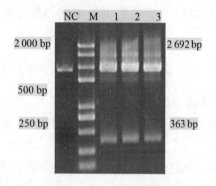

图 8-16　pMD-19T-KAP4.2 重组质粒双酶切

NC：阴性对照；泳道 M：DL8000：泳道 1：平原型和田羊；2：山区型和田羊；3：卡拉库尔羊

Fig. 8-16　Single and double digestion of pMD-19T-KAP4.2 recombinant plasmid

NC：Negative control；Line M：DL8000；Line 1：Plain-type Hetian sheep；2：Mountain-type hetian sheep；3：Karakul sheep

由图 8-16 可知，经 *Xho* Ⅰ和 Hand Ⅲ分别双酶切后的 pMD-19T-KAP4.2 重组质粒，同样获得了与预期结果相同大小的片段 363 bp，并且在 2 692 bp 处的条带为质粒条带，说明克隆成功。

综上所述,经 PCR 鉴定和双酶切鉴定后的 pMD-19T-KAP4.2 重组质粒为正确的质粒,说明 KAP4.2 基因的目的片段已成功插入到载体 pMD-19T 上,并获得具有 KAP4.2 基因目的片段的阳性克隆质粒。

（三）重组质粒 pMD-19T-KAP4.2 序列分析

将测序的质粒利用 DNAMAN 软件与已知序列（登录号: CP027087）进行对比,其结果如下:

```
美利奴羊:   1  ATGCTGCATC TCCAGCTGCA GGCCCCGGTG TTGCCAGTCT GTGTGCTGCC AGCCCAGCTG   60
山区型和田羊: 1  ---------- ---------- ---------- ---------- ---------- ----------   60
平原型和田羊: 1  ---------- ---------- ---------- ---------- ---------- ----------   60
卡拉库尔羊:  1  ---------- ---------- ---------- ---------- ---------- ----------   60

美利奴羊:   61 CCⒸCCGCATC TCCAGCTGCT GCCGCCⒸCTC TTGCTGTGGC TCCAGCTⒸCT GCCGGCCCⒸAG 120
山区型和田羊: 61 ---------- ---------- ---Ⓣ--CTC --- ---------- ---------- ---------- 120
平原型和田羊: 61 CCTCCGCATC TCCAGCTGCT GCCGCCCCTC TTGCTGTGGC TCCAGCT ⓉCT GCCGCCCGAG 120
卡拉库尔羊:  61 ---------- ---------- ---------- ---------- ---------- -----ⒸAG 120

美利奴羊:  121 CTGCTGCCTG CGCCCAGTGT GTGGCCGGGT CTCCTGTCAC ACCACTTGCT ATCGCCCCAC 180
山区型和田羊:121 ---------- ---------- ---------- ---------- ---------- ---------- 180
平原型和田羊:121 ---------- ---------- ---------- ---------- ---------- ---------- 180
卡拉库尔羊: 121 ---------- ---------- ---------- ---------- ---------- ---------- 180

美利奴羊:  181 CTGTGTCATC TCCACCTGCⒸ CCCGCCCCGT GAGCTGTCCC TCCTCTTGCT GCTGAATⒸTC 240
山区型和田羊:181 ---------- ---------- ---------- ---------- ---------- ---ⒼTC 240
平原型和田羊:181 ---------- ------Ⓣ-- ---------- ---------- ---------- ---------- 240
卡拉库尔羊: 181 ---------- ---------- ---------- ---------- ---------- ---------- 240

美利奴羊:  241 TGCTTTGAAC ATACTGCTTⒸ CTCATTTCCT CⒸCTCCCCAC AGCTGCAGAG CTTCTCTⓉTA 300
山区型和田羊:241 ---------- ---------- ---------- ---------- ---------- --Ⓐ-- 300
平原型和田羊:241 ---------- ------Ⓣ- --- ---Ⓣ-- ---------- ---------- ---------- 300
卡拉库尔羊: 241 ---------- ---------- ---------- ---------- ---------- ---------- 300

美利奴羊:  301 AAATGCGGAG GGTTCAAGAG AACTGGTCTC TTGAATTTCA TAAGTAAACA TCAGGCATAC 360
山区型和田羊:301 ---------- ---------- ---------- ---------- ---------- ---------- 360
平原型和田羊:301 ---------- ---------- ---------- ---------- ---------- ---------- 360
卡拉库尔羊: 301 ---------- ---------- ---------- ---------- ---------- ---------- 360

美利奴羊:  361 TGA 363
山区型和田羊:361 --- 363
平原型和田羊:361 --- 363
卡拉库尔羊: 361 --- 363
```

从上述碱基序列比较可见,与美利奴羊比较,山区型和田羊分别是 86 位 C→T,238 位 C→G,297 位 T→A 这 3 处不同;平原型和田羊分别是 63 位 C→T,108 位 G→T,200 位 C→T,260 位 C→T,272 位 C→T 这 5 处碱基不同;卡拉库尔羊有 118 位 G→C 这 1 处碱基不同。

（四）重组质粒 pEGFP-N1（＋）--KAP4.2 PCR 鉴定和双酶切鉴定

1. 重组质粒 pEGFP-N1（＋）--KAP4.2 的 PCR 鉴定

将提取好的重组质粒用 1% 的琼脂糖凝胶电泳检测，结果如图 8-17 所示。

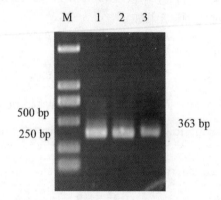

图 8-17　重组质粒 pEGFP-N1（＋）-KAP4.2 PCR 鉴定

泳道 M：DL2000；泳道 1：平原型和田羊；2：山区型和田羊；3：卡拉库尔羊

Fig. 8-17　PCR identification of recombinant plasmid pEGFP-N1（＋）-KAP4.2

NC：Negative control；Line M：DL2000；Line 1：Plain-type Hetian sheep；2：Mountain-type hetian sheep；3：Karakul sheep

2. 重组质粒 pEGFP-N1（＋）-KAP4.2 双酶切鉴定

将 37℃ 酶切好的产物进行 1% 琼脂糖凝胶电泳，结果如图 8-18 所示。

由图 8-18 可知，在大小为 363 bp 处，有重组质粒 pEGFP-N1（＋）-KAP4.2 目的条带，并且在 4 733 bp 处有质粒条带，说明重组质粒酶切成功。

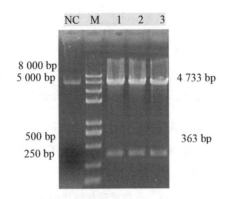

图 8-18　重组质粒 pEGFP-N1（+）-KAP4.2 双酶切鉴定

泳道 M：DL8000；泳道 1：平原型和田羊；2：山区型和田羊；3：卡拉库尔羊

Fig. 8-18 Identification of Recombinant Plasmid pEGFP-N1（+）-KAP4.2

NC：Negative control；Line M：DL8000；Line 1：Plain-type Hetian sheep；

2：Mountain-type hetian sheep；3：Karakul sheep

（五）重组质粒 pEGFP-N1（+）-KAP4.2 序列分析

将测序获得的基因序列翻译为 KAP4.2 蛋白氨基酸序列,结果如下：

```
美利奴羊： 1  MLHLQLQAPV LPVCVLPAQL PPHLQLLPPL LLWLQLLPP□ LLPAPSVWPG LLSHHLLSPH  60
山区型和田羊： 1  MLHLQLQAPV LPVCVLPAQL PPHLQLLPPL LLWLQLLPPE LLPAPSVWPG LLSHHLLSPH  60
平原型和田羊： 1  MLHLQLQAPV LPVCVLPAQL PPHLQLLPPL LLWLQLLPPE LLPAPSVWPG LLSHHLLSPH  60
卡拉库尔羊： 1  MLHLQLQAPV LPVCVLPAQL PPHLQLLPPL LLWLQLLPP□ LLPAPSVWPG LLSHHLLSPH  60

美利奴羊： 61  LCHLHL□PPR ELSLLLLLN□ CFEHTA□SFP □SPQLQSFS□ KCGGFKRTGL LNFISKHQAY120
山区型和田羊： 61  LCHLHLPPPR ELSLLLLLN□ CFEHTASSFP PSPQLQSFS□ KCGGFKRTGL LNFISKHQAY120
平原型和田羊： 61  LCHLHL□PPR ELSLLLLLNL CFEHTA□SFP □SPQLQSFSL KCGGFKRTGL LNFISKHQAY120
卡拉库尔羊： 61  LCHLHLPPPR ELSLLLLLNL CFEHTASSFP PSPQLQSFSL KCGGFKRTGL LNFISKHQAY120
```

由 KAP4.2 蛋白的氨基酸序列分析结果可见,与美利奴绵羊比较,山区型和田羊有 80 位 L（亮氨酸）→ V（缬氨酸）,100 位 L（亮氨酸）→ I（异亮氨酸）这 2 处氨基酸不同,在 KAP4.2 基因碱基序列中第 80 位碱基突变,并未造成氨基酸的改变；平原型和田羊有 67 位 P（脯氨酸）→ L（亮氨酸）,87 位 S（丝氨酸）→ F（苯丙氨酸）,91 位 P（脯氨酸）→ L（亮氨酸）这 3 处氨基酸不同,其中 KAP4.2 基因第 63 位和第 108 位基因的突变并未引起氨基酸的改变；卡拉库尔羊有 40 位 E（谷氨酸）

→Q（谷氨酰胺）这 1 处氨基酸不同。

（六）绵羊（三个地方品种）毛囊 KAP4.2 基因的生物信息学分析

1. 绵羊毛囊 KAP4.2 基因蛋白质一级结构的预测

对绵羊毛囊 KAP4.2 蛋白的一级结构进行预测，结果见表 8-1。

从 KAP4.2 蛋白理化性质可见，平原型和田羊与其他三种绵羊的个别一级结构参数略有差异，但是差异并不显著。

表 8-1　蛋白质理化性质预测

Table 8-1　Prediction of physicochemical properties of proteins

理化性质	山区型和田羊	平原型和田羊	卡拉库尔羊	美利奴羊
Number of amino acids	120	120	120	120
Molecular weight1	13363.07	13469.28	13376.11	13377.10
Theoretical pI	8.49	8.49	8.89	8.49
Formula	$C_{631}H_{989}N_{159}O_{150}S_5$	$C_{640}H_{1003}N_{159}O_{149}S_5$	$C_{632}H_{992}N_{160}O_{149}S_5$	$C_{632}H_{991}N_{159}O_{150}S_5$
Total number of atoms	1934	1956	1938	1937
Instability index	77.487	1.067	7.647	7.48
Aliphatic index	130.00	137.33	130.83	130.83

2. 绵羊 KAP4.2 基因二级结构预测

分别对 3 种绵羊与美利奴绵羊的 KAP4.2 蛋白的氨基酸序列二级结构进行预测，分析结果见图 8-19、图 8-20、图 8-21、图 8-22，以及表8-2，可见与美利奴绵羊比较，平原型和田羊的 α - 螺旋占比最高，山区型和田羊的延长链占比最高，卡拉库尔羊的无规卷曲占比最高。

表 8-2　3 个地方品种绵羊与美利奴羊二级结构的差异

Table 8-2　The differences of secondary structure between three local breeds of sheep and Merino sheep

折叠方式	山区型和田羊	平原型和田羊	卡拉库尔羊	美利奴羊
α-螺旋	25.83%	33.33%	26.67%	30.00%
β-转角	8.33%	8.33%	6.67%	6.67%
延长链	17.50%	14.17%	16.67%	15.83%
无规卷曲	48.33%	44.17%	50.00%	47.50%

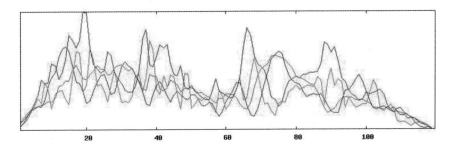

图 8-19　美利奴羊 KAP4.2 基因蛋白质二级结构

Fig. 8-19　Protein secondary structure of gene in Merino sheep KAP4.2

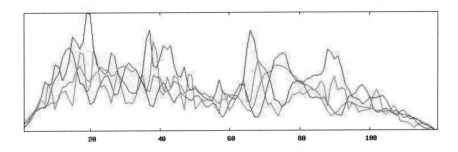

图 8-20　山区型和田羊 KAP4.2 基因蛋白质二级结构预测

Fig.8-20　Protein secondary structure prediction of gene in Mountain-type Hetian sheep KAP4.2

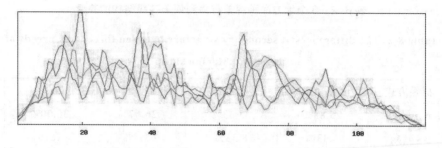

图 8-21　平原型和田羊 KAP4.2 基因蛋白质二级结构预测

Fig.8-21.　Protein secondary structure prediction of gene in Plain-type Hetian

sheep KAP4.2

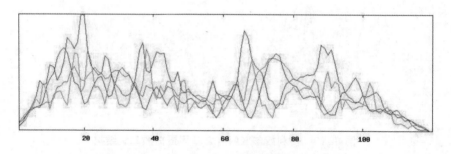

图 8-22　卡拉库尔羊 KAP4.2 基因蛋白质二级结构预测

Fig. 8-22　Protein secondary structure prediction of gene in Karakul sheep

KAP4.2

A.美利奴　　　　　　　　B.山区型和田羊

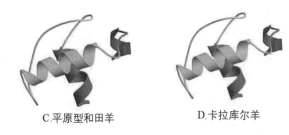

C.平原型和田羊　　　　　　D.卡拉库尔羊

图 8-23　绵羊 KAP4.2 三级结构预测

Fig. 8-23 Tertiary structure prediction of sheep KAP4.2

如图 8-23 所示,绵羊毛囊 KAP4.2 蛋白的三级结构预测结果表明, 3 种绵羊个别氨基酸的不同,并没有造成蛋白三级结构的差异,其结构都与美利奴绵羊类似,说明其三维结构高度保守。

四、讨论

3 个地方品种绵羊毛囊 KAP4.2 基因序列大小为 363 bp,本试验通过对 KAP4.2 基因的克隆载体的构建及表达载体的构建,进行生物信息学分析,从而探究其影响羊毛性状和品质的因素。通过生物信息学分析,与美利奴羊氨基酸序列进行比对,山区型和田羊的第 80 位氨基酸由亮氨酸变为缬氨酸,第 100 位氨基酸由亮氨酸变为异亮氨酸;平原型和田羊的第 67 位氨基酸由脯氨酸变为亮氨酸,第 87 位氨基酸由丝氨酸变为苯丙氨酸,第 91 位氨基酸由脯氨酸变为亮氨酸;卡拉库尔羊的第 40 位氨基酸由谷氨酸变为谷氨酰胺。

其次,根据 3 个地方品种绵羊毛囊 KAP4.2 基因编码的氨基酸序列,对 3 个地方品种绵羊毛囊 KAP4.2 基因的蛋白质结构和功能进行预测。第一,利用 ExPASy 软件中的 ProtParam 可对其进行一级结构的预测(理化性质的预测),其中包括相对分子质量、消光系数、氨基酸组成、等电点、半衰期、不稳定系数、总平均亲水性和脂肪系数,并且一级结构是形成蛋白质高级结构的基础,蛋白质具有高级结构时,才能实现其生物学功能;第二,利用 ExPASy 软件中的 Proteomic tools 的 SOPMA 对其二级结构进行预测,包括 α-螺旋、β-转角、延伸链和无规则卷曲,其中,二级结构主要靠氢键来维持稳定性,绵羊 KAP4.2 基因编码过程中的蛋白质中氢键含量较高,因此稳定性较好;第三,利用 ExPASy 软件中的 SWISS-MODEL 对三级结构进行预测,3 个地方品种绵羊毛囊 KAP4.2 基因编码的蛋白质氨基酸序列的发生突变,并未导致 3 个地方品种绵羊毛囊 KAP4.2 基因与美利奴羊 KAP4.2 基因编码的蛋白质三级结构出现差异。因为羊毛的品质是受 KAPs 基因的含量和数量影响,所以 3 个地方品种绵羊毛囊的羊毛可能受 KAP4.2 基因调控,也可能会是影响其羊毛质量与品质的重要因素。

五、结论

成功构建 KAP4.2 克隆载体和表达载体,并对其进行生物信息学分析,KAP4.2 基因的编码序列为 363 bp,可编码 120 个氨基酸,通过与美利奴羊核苷酸序列对比,3 个地方品种绵羊其同源性分别为 99.17%、98.62%、99.72%。由于其碱基突变,分别造成山区型和田羊、平原型和田羊、卡拉库尔羊的 2 处、3 处、1 处氨基酸序列处发生突变。试验为 KAP4.2 基因的真核表达打下了基础,为研究影响和田羊和卡拉库尔羊羊毛质量和品质提供了理论依据。

第九章　绵羊毛囊 KAP7 基因的研究

第一节　毛囊 KAP7 基因的原核表达与多克隆抗体制备

一、材料与方法

平原型和田羊购自和田地区洛浦县,山区型和田羊购自和田地区策勒县,卡拉库尔羊购自新疆生产建设兵团第一师十二团,采集绵羊体侧皮肤样本,于液氮中保存备用。

（一）引物设计

通过 DNAMAN 软件根据 GenBank 中 Merino（X05638.1）对原核表达 KAP7 基因进行引物设计,同时设计绵羊毛囊内参引物 18S（KF703715.1）：

KAP7F：5′-CATATGACTCGTTTCTTTTGCTGCGG-3′
（利用 ATG 起始密码构成 *Nde* I 酶切位点 CATATG）
KAP7R：5′-CTCGAGTCAGTAGGTGCTGTAGCC-3′
（加 *Xho* I 的酶切位点 CTCGAG）
18SF：5′- CGGTCGGCGTCCCCCAACTT-3′
18SR：5′- GCGTGCAGCCCCGGACATCTAA-3′

（二）获取毛囊 KAP7 基因

用 Trizol 提取平原型与山区型和田羊、卡拉库尔羊皮肤毛囊总

RNA：反转录 RNA 得到 cDNA 第一链，使用高甘酪蛋白 KAP7 基因的引物扩增得到目的片段。将回收的 KAP7 目的基因定向连接到克隆载体 pMD19-T 上，构建重组克隆质粒 pMD19-T-KAP7。

将提取的重组质粒 pMD19-T-KAP7 用 *Xho* Ⅰ，*Nde* Ⅰ 两种限制性内切酶酶切，构建原核表达重组质粒 pET-28a-KAP7，用 *Xho* Ⅰ，*Nde* Ⅰ 两种限制性内切酶分别酶切鉴定原核表达重组质粒 pET-28a-KAP7 的双酶切鉴定与测序分析。

（三）绵羊毛囊 KAP7 基因的原核表达与检测

将测序成功重组质粒 pET-28a-KAP7 转化到 BL21（DE3）中，并用空载体 pET-28a 做阴性对照，毛囊 KAP7 蛋白的提取，纯化，浓缩，SDS-PAGE 检测原核表达蛋白。

（四）多克隆抗体的制备

用 6～8 周龄雌性家兔为材料，免疫前心脏取血 5 mL 4 ℃ 3 000 r/min 离心 30 min，收集血清做为阴性对照，保存备用。对于家兔进行初次免疫，加强免疫两次，最后一次免疫注射取 100 μg 表达蛋白加 100 μL 不完全弗氏完全佐剂和 100 μL 1×PBS 充分混匀至乳状，10 d 后心脏取血。将血液在 4 ℃ 冰箱中过夜，8 000 r/min 离心 30 min 去取上清为阳性多克隆抗体，-80 ℃ 保存备用。ELISA 法检测抗体效价。

二、结果分析

（一）绵羊毛囊总 RNA 提取

通过 Trizol 提取绵羊毛囊总 RNA，经 0.8% 的琼脂糖凝胶电泳分析得到：各泳道 28S 和 18S 条带清晰，同时可以看到较弱的 5S 条带（图 9-1），经生物分光度计检测，其 $OD_{260}/OD_{280}=1.86$，说明提取的 RNA 完整性较好，可以完成 RT-PCR。

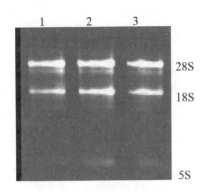

图 9-1　皮肤毛囊总 RNA 提取结果

M：DL2000 DNA Marker；1 ~ 3：平原型和田羊,山区型和田羊,卡拉库尔羊总 RNA 提取

Fig.9-1　Extraction the follicle total RNA

M：DL2000 DNA Marker；Lane1 ~ 3：Plain-type Hetian sheep，Mountain-type Hetian sheep，Karakul sheep

（二）18S PCR 扩增

用设计的 18S 引物做模板 cDNA 为底物 PCR 扩增,2% 的琼脂糖凝胶电泳,由电泳图可知,样品在 103 bp 处有目的条带,而阴性对照没有条带(图 9-2),因此可以判断 RNA 逆转录成功,可以完成其他实验。

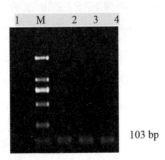

图 9-2　18S PCR 扩增结果

1：阴性对照；M：DL2000 DNA Marker；2 ~ 4：平原型和田羊,山区型和田羊,卡拉库尔羊 18S PCR 扩增

Fig.9-2 PCR result of 18S

Lane1：Negative control；Lane M：DL2000 DNA Marker；Lane2 ~ 4：Plain-type Hetian sheep，Mountain-type Hetian sheep，Karakul sheep of PCR result of 18S

（三）皮肤毛囊 KAP7 基因的扩增

用 KAP7 引物为模板 cDNA 做底物 PCR 扩增，2% 的琼脂糖凝胶电泳，由电泳图可知，3 个样品在 258 bp 处有目的条带，而阴性对照没有条带（图 9-3），说明 KAP7 引物扩增得到目的条带，可以进行回收备用。

（四）重组克隆质粒 pMD19-T-KAP7 的双酶切鉴定

提取 pMD19-T-KAP7 重组质粒分别用双酶切的方法鉴定，经电泳分析得到双酶切图（图 9-4）都在 258 bp 处有条带，与理论相符，pMD19-T 载体的位置也符合理论要求，可以确定连接成功。

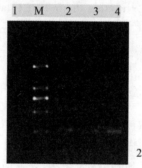

258 bp

图 9-3　毛囊 KAP7 基因 PCR 结果

1：阴性对照；M：DL2000 DNA Marker；2～4：平原型和田羊，山区型和田羊，卡拉库尔羊毛囊 KAP7 基因 PCR 结果

Fig.9-3　PCR result of follicle KAP7 gene

Lane1: Negative control; LaneM: DL2000 DNA Marker; Lane2 ～ 4: Plain-type Hetian sheep , Mountain-type Hetian sheep , Karakul sheep of PCR result of follicle KAP7 gene

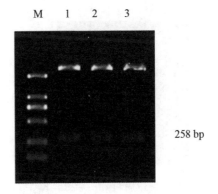

258 bp

图 9-4 重组克隆质粒 pMD19-T-KAP7 双酶切

M：DL2000 DNA Marker；1 ~ 3：平原型和田羊，山区型和田羊，卡拉库尔羊重组克隆质粒 pMD19-T-KAP7 双酶切

Fig.9-4 Recombinant clone plasmid results of pMD19-T-KAP7 by double enzymes

M：DL2000 DNA Marker；Lane1 ~ 3：Plain-type Hetian sheep ，Mountain-type Hetian sheep ，Karakul sheep of recombinant clone plasmid results of pMD19-T-KAP7 by double enzymes

（五）重组表达质粒 pET-28a-KAP7 的鉴定

将原核表达重组质粒 pET-28a-KAP7 双酶切的方法鉴定，经电泳图得到双酶切图（图 9-5），3 个样品在 258 bp 处都有目的条带，而阴性对照表达载体 pET-28a 的双酶切在 258 bp 处没有目的条带，pET-28a 的大小与理论相符，确定连接成功，将菌液送往上海生工测序。

（六）毛囊 KAP7 基因的原核表达与检测

提取经 IPTG 诱导后的 BL21 大肠杆菌菌中的蛋白，经 17% 分离胶的 SDS-PAGE 电泳分析得到大小约在 10 Ku 处有目的条带，而空的表达载体 pET-28a 在该位置处没有条带（图 9-6），结果与预期结果相同，说明 KAP7 蛋白可以在外源细胞（BL21）中表达。

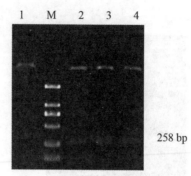

图 9-5　重组表达质粒 pET-28a-KAP7 双酶切

1：pET-28a 双酶切 M：DL2000 DNA Marker；2 ～ 4：平原型和田羊，山区型和田羊，卡拉库尔羊重组表达质粒 pET-28a-KAP7 双酶切

Fig. 9-5 Recombinant expression plasmid of pET-28a-KAP7 by double enzymes

Lane1：pET-28a　Lane M：DL2000 DNA Marker；Lane2-4：Plain-type Hetian sheep，Mountain-type Hetian sheep，Karakul sheep of recombinant expression plasmid of pET-28a-KAP7 by double enzymes

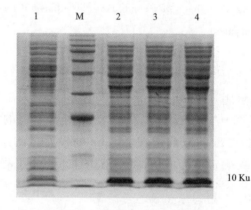

图 9-6　毛囊 KAP7 基因的蛋白表达

1：pET-28a；M：(11 ～ 180 kD)蛋白 Marker；2 ～ 4：平原型和田羊，山区型和田羊，卡拉库尔羊

Fig. 9-6　Follicle KAP7 gene expression

Lane 1：pET-28a；Lane M：(11 ～ 180 kD)Protein Marker；Lane 2 ～ 4：Plain-type Hetian sheep，Mountain-type Hetian sheep，Karakul sheep of follicle *KAP7* gene expression

（七）毛囊 KAP7 的纯化

通过 Ni- 琼脂糖凝胶 6FF 将 KAP7 蛋白进行纯化,纯化前后 3 个样品约在 10 Ku 处有目的条带,通过纯化在后的蛋白中非目的蛋白的含量明显降低,得到较高浓度的目的蛋白(图 9-7),有利于后期的免疫实验。

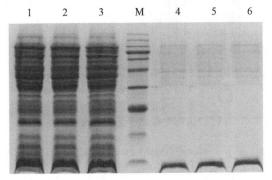

图 9-7　毛囊 KAP7 基因蛋白纯化

1 ～ 3：平原型和田羊,山区型和田羊,卡拉库尔羊 KAP7 基因在 BL21 中蛋白表达　M：(11-180 kD) 蛋白 Marker；4 ～ 6：平原型和田羊,山区型和田羊,卡拉库尔羊 KAP7 基因纯化后的蛋白。

Fig.9-7 Follicle KAP7 gene protein purification

Lane1 ～ 3： Protein expression of KAP7 gene in Plain–type Hetian sheep , Mountain–type Hetian sheep , Karakul sheep Lane M：11–180 kD) Protein Marker； Lane 4 ～ 6： Plain–type Hetian sheep , Mountain–type Hetian sheep , Karakul sheep of KAP7 gene purified protein.

（八）ELISA 法检测抗体效价

间接 ELISA 检测多克隆抗体效价时,以纯化的 KAP7 蛋白样品为抗原,以免疫前的家兔血清作为阴性对照,以获得的免疫家兔血清为一抗,用 HRP 标记的小鼠抗兔 IgG 为二抗,用酶标仪测定 96 孔板在 490 nm 处 OD 值,并计算效价,见图 9-8。通过计算得到阳性血清随着稀释倍数(10、100、1 000、10 000 倍)的增大免疫活性降低,在 10 倍稀释梯度时免疫活性最大,至 1 000 倍时抗体的效价略有降低,在 10 000 倍时明显降低,但阳性血清 / 阴性血清(P/N)>2.1。说明多克隆抗体制备成功,具有高效价和高特异性,并且随着抗体血清的浓度降低,其免疫活性也随之降低。

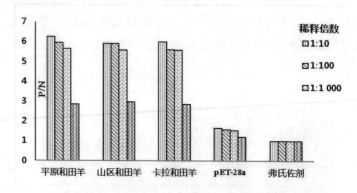

图 9-8   间接 ELISA 检测多克隆抗体效价

Fig.9-8 Titers of polyclonal antibody by Indirected ELISA

(九)基因序列分析

毛囊角蛋白 KAP7 基因比对结果序列比对结果如下:

```
Ovis  KAP7      ATGACTCGTTTCTTTTGCTGCGGAAGCTACTTCCCAGGCT        40
28a-HP-KAP7 序列  -----------------------C----------------        40
28a-HS-KAP7 序列  ----------------------------------------        40
28a-KL-KAP7 序列  ----------------------------------------        40


Ovis  KAP7      ATCCTTCCTATGGAACCAATTTCCACAGGACCTTCAGAGC        80
28a-HP-KAP7 序列  ----------------------------------------        80
28a-HS-KAP7 序列  -----------------------------G----------        80
28a-KL-KAP7 序列  ----------------------------------------        80


Ovis  KAP7      CACCCCCCTGAACTGCGTTGTGCCCCTTGGCTCTCCCCTT        120
28a-HP-KAP7 序列  ----------------------------------------        120
28a-HS-KAP7 序列  ----------------------------------------        120
28a-KL-KAP7 序列  ----------------------------------------        120


Ovis  KAP7      GGTTATGGATGCAATGGCTACAGCTCCCTGGGCTACGGTT        160
28a-HP-KAP7 序列  ----------------------------------------        160
28a-HS-KAP7 序列  ----------------------------------------        160
28a-KL-KAP7 序列  ----------------------------------------        160
```

```
Ovis  KAP7        TCGGTGGAAGCAGCTTTAGCAACCTGGGCTGTGGCTATGG       200
28a-HP-KAP7 序列  ----------------------------------------       200
28a-HS-KAP7 序列  ----------------------------------------       200
28a-KL-KAP7 序列  ----------------------------------------       200


Ovis  KAP7        GGGCAGCTTTTATAGGCCATGGGGCTCTGGCTCTGGCTTT       240
28a-HP-KAP7 序列  ----------------------------------------       240
28a-HS-KAP7 序列  ----------------------------------------       240
28a-KL-KAP7 序列  ----------------------------------------       240


Ovis  KAP7        GGCTACAGCACCTACTGA                             258
28a-HP-KAP7 序列  -----------------                              255
28a-HS-KAP7 序列  -----------------                              255
28a-KL-KAP7 序列  -----------------                              255
```

　　注：HP：平原型和田羊；HS：山区型和田羊；KL：卡拉库尔羊

　　通过测序结果与 GenBank 中 Merino（X05638.1）进行序列对比得到：山区型和田羊和平原型和田羊同源性都达到99%，卡拉库尔羊为100%，其中平原型和田羊基因第 22 位处由 G 突变为 C，山区型和田羊在 70 位处由 A 突变为 G。平原型和田羊氨基酸低 8 位由甘氨酸（Gly）突变为精氨酸（Arg），山区型和田羊 24 位苏氨酸（Thr）突变为丙氨酸（Ala），卡拉库尔羊氨基酸序列没有突变。

　　毛囊 KAP7 蛋白氨基酸比对如下：

```
Ovis  KAP7. pro.   MTRFFCCGSYFPGYPSYGTNFHRTFRATPLNCVVPLGSPL     40
HP-KAP7  pro.      -----------R----------------------------     40
HS-KAP7  pro.      -----------------------A----------------     40
KL-KAP7  pro.      ----------------------------------------     40


Ovis  KAP7. pro.   GYGCNGYSSLGYGFGGSSFSNLGCGYGGSFYRPWGSGSGF     80
HP-KAP7  pro.      ----------------------------------------     80
HS-KAP7  pro.      ----------------------------------------     80
KL-KAP7  pro.      ----------------------------------------     80


Ovis  KAP7. pro.   GYSTY                                        85
HP-KAP7  pro.      -----                                        85
HS-KAP7  pro.      -----                                        85
KL-KAP7  pro.      -----                                        85
```

注：HP：平原型和田羊；HS：山区型和田羊；KL：卡拉库尔羊；pro：蛋白序列

（十）毛囊 KAP7 基因编码蛋白一级结构分析

经过 Protparam 软件在线预测 KAP7 基因编码蛋白的一级结构，见表 9-1。

表 9-1　KAP7 基因编码蛋白氨基酸的一级结构

Table 9-1　KAP7 primary structure of the gene encoding the protein acids

一级结构参数	平原型和田羊	山区型和田羊	卡拉库尔羊
氨基酸数目	85	85	85
原子总数	1 226	1 206	1 210
分子质量 /ku	9 177.2	9 048.0	9 078.0
等电点	9.12	8.91	8.91
负电荷残基 / 个	0	0	0
正电荷残基 / 个	5	4	4
分子式	$C_{419}H_{577}N_{107}O_{117}S_6$	$C_{414}H_{566}N_{104}O_{116}S_6$	$C_{415}H_{568}N_{104}O_{117}S_6$
不稳定系数	22.05	15.43	16.88
平均疏水性	-0.173	-0.095	-0.125
脂肪系数	30.94	32.12	30.94

（十一）毛囊 KAP7 基因编码蛋白二级结构预测

利用 ExPASy 在线服务器中的 SOPMA 软件分析预测 KAP7 基因编码蛋白质二级结构见表 9-2。

表 9-2　KAP7 基因编码蛋白的二级结构

Table 9-2　KAP7 Secondary structure of the gene encoding the protein acids

二级结构	平原型和田羊	山区型和田羊	卡拉库尔羊
α - 螺旋	1.18%	7.06%	1.18%
无规则卷曲	58.82%	58.82%	60.00%
延伸链	28.24%	24.71%	28.24%
β 转角	11.76%	9.41%	10.59%

可见 KAP7 蛋白的二级结构在 3 个绵羊品种（系）中，与其他绵羊比较，山区型和田羊 KAP7 的 α - 螺旋占比最高，延伸链、β - 转角的占比较低。

（十二）毛囊 KAP7 基因编码蛋白三维结构预测

利用 ExPASy 在线服务器中的 Phyre 软件分析 KAP7 基因编码氨基酸的三级结构，如图 9-9 所示。

3 个品种（系）绵羊的三级结构比较可见，在山区型和田羊中有形成不完全的 α - 螺旋的趋势，而其他绵羊都没有 α - 螺旋。

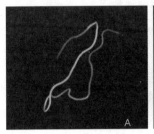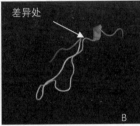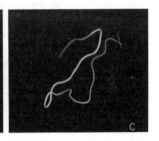

图 9-9　毛囊 KAP7 基因蛋白三级结构预测

A：平原型和田羊毛囊 KAP7 基因蛋白；B：山区型和田羊毛囊 KAP7 基因蛋白；C：卡拉库尔羊毛囊 KAP7 基因蛋白

Fig. 9-9 Follicle KAP7 gene protein tertiary structure prediction

A: Plain-type Hetian sheep follicle KAP7 gene protein；B: Mountain-type Hetian sheep follicle KAP7 gene proteint；C: Karakul sheep follicle KAP7 gene protein

（十三）毛囊 KAP7 基因编码蛋白理化性质

利用 ProtScale 软件对 KAP7 氨基酸序列的疏水性 / 亲水性进行预测，结果见图 9-10。氨基酸序列疏水性最大值为 1.667，亲水性最大值为 1.467。

利用 NetPhos3.1 Server 对 KAP7 蛋白进行磷酸化位点分析，分析结果见图 9-11。

由图 9-11 可知，绵羊毛囊 KAP7 蛋白有 1 个 Thr 和 4 个 Tyr，有可能成为蛋白激酶磷酸化的位点。

ProScale 预测 KAP7 序列

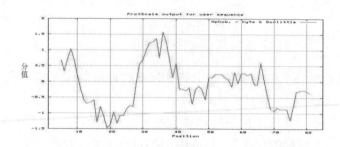

图 9-10　KAP7 蛋白疏水性 / 亲水性预测

Fig.9-10　KAP7 protein hydrophobicity / hydrophilicity prediction

NetPhos3.1 预测序列中磷酸化位点

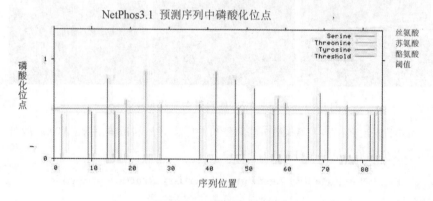

图 9-11　磷酸化位点分析

Fig.9-11 Analysis of phosphorylation sites

三、讨论

　　毛囊 KAP7 基因的编码区序列长度为 258 bp,可以编码 85 个氨基酸,通过 DNAMAN 软件将 GenBank 中 Merino（X05638.1）与平原型和田羊,山区型和田羊,卡拉库尔羊的 KAP7 测序结果进行序列进行比对,结果表明:山区型和田羊和平原型和田羊与 GenBank 中 Merino 序列同源性都达到 99%,卡拉库尔羊为 100%,其中平原型和田羊基因第 22 位处由 G 变异为 C,山区型和田羊在 70 位处由 A 变异为 C。平原型和田羊氨基酸低 8 位由甘氨酸（Gly）变异为精氨酸（Arg）,山区型和田羊 24 位苏氨酸(Thr)变异为丙氨酸(Ala),卡拉库尔羊氨基酸序列没有差异。通过同源性分析得出卡拉库尔羊的亲缘关系与 Merino 羊最近,而两个品种的和田羊之间有一些小的差异。由于 KAPs 基因的含量直接影响到羊毛的品质,高 Gly/Tyr 蛋白 KAP7 基因的成熟蛋白编码序列高度保守,是编码羊绒的结构蛋白基因之一,对羊毛的细度、强度、长度、光泽等品质有重要作用,因此两个品种的和田羊 KAP7 基因的差异可能是会影响羊毛的品质。和田羊为浅色毛绵羊,卡拉库尔羊为深色毛绵羊,它们的毛色不同也可能受到 KAP7 基因的调控。

本实验室研究人员已经证实了 IPTG 的诱导时间为 4 h 是 pET-28a-KAP7 在 BL21 中表达的最优条件,所以在试验时省去了对诱导时间的探索。高纯度的蛋白,有助于抗体的制备,此次试验在 PBS 缓冲液中透析浓缩抗原蛋白时发现,蛋白呈白色素状析出,有助于蛋白的回收。在使用包被液溶解抗原蛋白时,用超声波助溶。经过第一次免疫后,机体会产生相应的抗体,但经过一段时间后抗体会逐渐减少,因此通过多次免疫家兔,使得抗体的免疫活性提高,得到具有高生物活性的血清抗体。

此次使用 C 端有组氨酸(His)融合表达标签(Tag)的原核表达载体 pET-28a,有被翻译蛋白的金属结合位点,可以与 Ni-NTA 结合,从而有助于高纯度的抗原回收,并且该载体表达的 KAP7 蛋白是可溶性蛋白,更有利于蛋白的纯化和检测(附件 1)。在 Ni-NTA 使用,尿素对蛋白的氢键有可逆效应,因此,以尿素作为变性剂,在目的蛋白纯化时用不同 pH 的 Buffer 选择性吸附或释放蛋白质以实现蛋白质纯化。

使用完全弗氏佐剂作为抗原的乳化剂,将抗原蛋白与乳化剂混合后,乳化剂从油状变为乳白状,且乳白液中无沉淀说明乳化完全,经多次免疫家兔得到多克隆抗体,采用间接 ELISA 法检测多克隆抗体效价,是一种敏感性很高的技术,加入酶反应底物 TMB 后,底物被催化成蓝色产物,加入浓硫酸终止反应,测定 OD_{490} 值,通过 ELISA 法检测抗体效价,用阳性血清 OD_{490}/ 阴性血清 OD_{490} (P/N)的值来判定血清抗体效价。将抗体血清稀释至 10 000 倍时 P/N=2.7>2.1,仍具有免疫活性,说明多克隆抗体制备成功,对今后的真核表达和单克隆抗体的制备有重要作用。

四、结论

通过克隆平原型和田羊、山区型和田羊、卡拉库尔羊的毛囊 KAP7 基因,构建的原核表达系统可以在原核细胞中表达出目的蛋白,免疫家兔获得具有免疫活性的多克隆抗体,为后续 KAP7 基因的真核表达奠定了基础。

第二节　绵羊毛囊 KAP7 基因实时荧光定量 PCR 分析

一、材料与方法

(一)动物材料

平原型和田羊(3 只)购自和田地区洛浦县,山区型和田羊(3 只)购自和田地区策勒县,卡拉库尔羊(3 只)购自农一师十二团,采集绵羊体侧皮肤样本,于液氮中保存备用。

(二)引物设计

根本 GenBank 中登录号为 X05638 对实时荧光定量 PCR(Real-time PCR)的 KAP7 引物和毛囊内参基因 18S 引物进行设计,结果如表 9-3 所示。

表 9-3　KAP7 和 18S 引物设计

Table.9-3 KAP7 and 18S primer design

gene	上游引物	下游引物	长度（bp）
KAP7	ggacaatggctccagatgactac	acaagcaaaaccccttcctactca	343
18S	cggtcggcgtcccccaactt	gcgtgcagccccggacatctaa	103

（三）总 RNA 提取与 cDNA 的获得

使用 Trizol 提取平原型和田羊（3 只），山区型和田羊（3 只），卡拉库尔羊（3 只）皮肤毛囊总 RNA，反转录得到 cDNA。用内参引物 18S 扩增 cDNA，通过梯度 PCR 仪选择最适退火温度。选择最适底物浓度的，用生物分光光度计检测 cDNA 的浓度，并将 cDNA 浓度调配至 250 ng/μL，用双蒸水稀释 5 倍，共 5 个梯度，做荧光定量 PCR 的标准曲线，通过标准曲线的扩增图预测 cDNA 可检出范围，用于后期的荧光定量分析。

（四）实时荧光定量分析

使用最适退火温度和 cDNA 可检出范围的某一浓度做实时荧光定量 PCR，每个样做 3 个平行，共 27 个，用 18S 做内参，SYBR Green 荧光标记，其反应总体系为 25 μL：2 × Power Tap PCR Master Mix 10 μL，20 μmol/L KAP7 F，KAP7 R 引物各 0.5 μL，cDNA 模板 1 μL（250 ng/μL），双蒸水 12.9 μL，SYBR Green 0.1 μL 反应条件为：94 ℃ 预变性 60 s；94 ℃变性 60 s，60 ℃退火 45 s，72 ℃延伸 1 min，40 个循环，然后进行 55 ~ 95 ℃的熔解曲线分析，荧光波长为 490 nm，计算分析数据。

二、结果分析

（一）最适退火温度的选择

经过 18S 引物验证说明 cDNA 反转录成功，可以用来进行其他的试验，通过设定 56 ℃、58 ℃，60 ℃、62 ℃ 4 个退火温度来扩增 KAP7 基因得到，跨越 8 ℃，都有目的条带出现，但是在 60 ℃时的条带最清楚，并且引物二聚体最少，表明引物特异强，结果可靠，因此选择 60 ℃作为退火温度，退火温度为 60 ℃的电泳结果如图 9-12 所示。

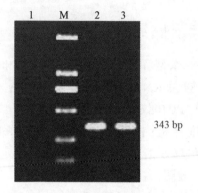

图 9-12　退火温度为 60 ℃时 KAP7 基因 PCR 扩增

1：阴性对照；M：DL2000 DNA Marker；2,3：60 ℃时 PCR 结果

Fig.9-12　The KAP7 gene was amplified by PCR at an annealing temperature of 60 ℃

Lane1：Negative control；LaneM：DL2000 DNA Marker；Lane2,3：PCR result of 60 ℃

（二）实时荧光定量扩增曲线和溶解曲线

以 5 倍稀释梯度做实时荧光定量 PCR 的扩增曲线（图 9-13），各梯度的曲线平滑性较好，表明各梯度的扩增效率相近，曲线拐点清楚。

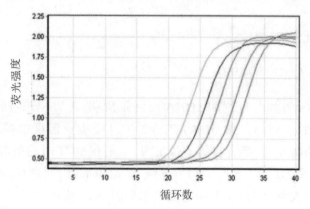

图 9-13　实时荧光定量 PCR 扩增曲线

Fig.9-13 Real-time PCR amplification curve

通过绘制荧光定量 PCR 的熔解曲线得到溶解温度都出现在相同位置(图 9-14),扩增无特异性产物出现,表明在该条件下扩增条件良好,可以用此条件来验证 KAP7 基因在 3 个品种总的表达量的差异。因此可以用 0.08 ~ 250 ng/μL 浓度的 cDNA 为底物做定量分析。

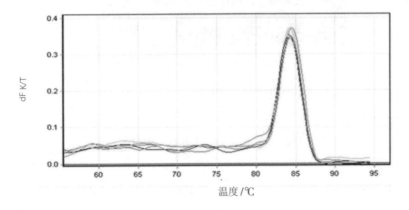

图 9–14　KAP7 基因引物扩增的熔解曲线(T_m=84 ℃)

Fig.9-14　The melting curve of KAP7 gene primers(T_m=84 ℃)

(三)毛囊 KAP7 基因表达量的分析

试验通常采用内参基因进行数据校正和标准化,以消除不同样品在 RNA 产量,质量及反转录效率上可能存在的差异,将 3 个品种共 9 个样做实时荧光定量 PCR 分析,同时每个样品都用 18S 做内参引物对照,用相对定量的 CT 值法(2-$\Delta\Delta$CT 法)计算各样品的标准化值,通过 t- 检验 3 个品种中 KAP7 基因在 mRNA 水平的表达量差异。样品的实时荧光定量 PCR 产物经电泳分析得到大小为 343 bp,而阴性对照无条带(图 9-15)。

通过实时荧光定量 PCR 得到在 mRNA 水平上 KAP7 基因在平原型和田羊与山区型和田羊之间表达量差异不显著(P>0.05),而两个品种的和田羊与卡拉库尔羊中 KAP7 基因表达量差异显著(P<0.05)(图 9-16)。

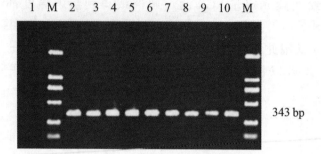

图 9-15　毛囊 KAP7 基因 PCR

1：阴性对照；M：DL2000 DNA Marker；2～4：平原型和田羊；5～7：山区型和田羊；8～10：卡拉库尔羊

Fig.9-15　Follicle PCR result of KAP7

Lane1：Negative control Lane；M：DL2000 DNA Marker；Lane2～4：Plain-type Hetian sheep；5～7：Mountain-type Hetian sheep；8～10：Karakul sheep

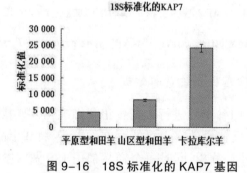

图 9-16　18S 标准化的 KAP7 基因

Fig. 9-16 18S gene standardized KAP7

（四）讨论

实时荧光定量 PCR 用荧光染料或荧光标记探针对 PCR 产物进行标记，并对反应过程进行在线监测，其灵敏度高、特异强、重复性好。该技术也广泛用于医学、农学、食品检疫等多个领域。

通过实时荧光定量 PCR 技术检测新疆南疆平原型和田羊、山区型和田羊与卡拉库尔羊 3 个地方品种绵羊皮肤毛囊中 KAP7 基因在 mRNA 水平表达量的差异。两个品种的和田羊 KAP7 基因在皮肤毛囊中的表达丰度相近,和田羊与卡拉库尔羊 KAP7 基因表达量存在差异,和田羊的表达丰度偏低,卡拉库尔羊皮肤毛囊中 KAP7 基因的表达量比和田羊高。然而,毛囊 KAP7 基因编码的主要是高甘氨酸(Gly)-酪氨酸(Tyr)蛋白,Gly 和 Tyr 是组成羊毛重要成分,在形成羊毛的过程中,Gly 的转变产物为卟啉,卟啉是血红蛋白和细胞色素的辅基,Tyr 的转变产物有可能是黑色素,使毛发形成黑色。和田羊是浅色毛,卡拉库尔羊是深色毛,推测卡拉库尔羊深色毛中这种转变和利用可能会更加频繁。因此,毛囊 KAP7 基因在 3 个品种中 mRNA 水平表达量的差异,使得毛色不同可能受到 KAP7 基因的影响。

荧光定量 PCR 引物的设计严格按照引物设计的要求完成,当 $T_m<80$ ℃时出现的峰为二聚体,不能用来完成试验,通过熔解曲线得到扩增峰在 84 ℃,因此证明此次设计的引物可以用来完成定量分析。通过 PCR 的产物电泳图可以得出,引物在扩增的时候没有出现引物二聚体,更加证实了引物设计的合理性。

（五）小结

通过荧光定量 PCR 分析得到在毛囊 KAP7 基因在平原型和田羊与山区型和田羊皮肤毛囊 mRNA 水平上表达量差异不显著($P>0.05$),在两个品种的和田羊与卡拉库尔羊肤毛囊 mRNA 水平上表达量差异显著($P<0.05$),因此判断和田羊与卡拉库尔羊毛色可能受到 KAP7 基因的影响。

第三节　绵羊毛囊 KAP7 基因的真核表达

一、材料与方法

（一）动物材料

平原型和田羊购自新疆南疆和田地区洛浦县,山区型和田羊购自新疆南疆和田地区策勒县,卡拉库尔羊购自新疆生产建设兵团第一师十二团,采集绵羊体侧皮肤样本,于液氮中保存备用。

（二）引物设计

通过 DNAMAN 软件根据 GenBank 中 Merino（X05638.1）对真核表达 KAP7 基因进行引物设计，同时设计绵羊毛囊内参引物 18S：

KAP7F: 5′-AAGCTTATGACTCGTTTCTTTTGC-3′

（利用 ATG 起始密码构成 *Hind* Ⅲ 酶切位点 CATATG）

KAP7R: 5′-CTGCAGGTAGGTGCTGTAG-3′

（加 *Pst* Ⅰ 的酶切位点 CTCGAG）

18SF: 5′-CGGTCGGCGTCCCCAACTT-3′

18SR: 5′-GCGTGCAGCCCCGGACATCTAA-3′

（三）皮肤毛囊总 RNA 提取与反转录

用 Trizol 提取平原型和山区型和田羊，卡拉库尔羊皮肤毛囊总 RNA 经反转录获得 cDNA 第一链，用内参引物 18S 验证 RNA 完整性。使用 PCR 扩增得到 KAP7 基因的目的片段，将回收 KAP7 基因片段，定向连接到克隆载体 pMD19-T 上，构建重组克隆质粒 pMD19-T-KAP7 并鉴定。

（四）重组真核表达质粒 pEGFP-N1-KAP7 的构建

将 pMD19-T-KAP7 重组质粒和真核表达载体 pEGFP-N1 分别用 *Pst* Ⅰ、*Hind* Ⅲ 37℃酶切过夜，构建重组质粒 pEGFP-N1-KAP7 鉴定重组质粒 pEGFP-N1-KAP7，COS-7 细胞的复苏、培养和传代，重组真核表达质粒 pEGFP-N1-KAP7 转染 COS-7 细胞检测重组真核表达质粒 pEGFP-N1-KAP7 转染 COS-7 细胞后蛋白表达情况。

（五）毛囊角蛋白 KAP7 基因真核表达蛋白 Western Blot 检测

取转染的 COS-7 细胞适量加入 100 μL 的 PBS 和 100 μL 的蛋白上样缓冲液，沸水中煮沸 5 min 后 10 000 r/min 离心 10 min，用 15% 的 SDS-PAGE 分离胶胶检测蛋白。把凝胶用转膜液浸湿，裁去不用的部分置于转膜液中，根据胶的大小裁出合适的 PVDF 膜，进行转膜。之后进行免疫反应，将条带放入毛囊 KAP7 蛋白免疫家兔得到的多克隆抗体中（1∶5 000），加小鼠抗兔的二抗（1∶2 500）常温孵育。在暗室中进行 DAB 显色反应,待有条带出现后取出 PVDF 膜,并拍照。

二、结果与分析

(一)18S 引物扩增

用 18S 引物验证 RNA 的完整度,2% 的琼脂糖凝胶电泳,由 18S 电泳图可知,3 个样品在 103 bp 处有目的条带,但是阴性对照无目的条带(图 9-17),因此可以判断 RNA 逆转录成功,可以完成后续实验。

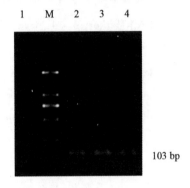

图 9-17　18S PCR 扩增

1:阴性对照;M:DL2000 DNA Marker;2～4:平原型和田羊,山区型和田羊,卡拉库尔羊 18S PCR 扩增

Fig.9-17 PCR result of 18S

Lane1:Negative control;LaneM:DL2000 DNA Marker;Lane2 ～ 4:Plain-type Hetian sheep,Mountain-type Hetian sheep,Karakul sheep of PCR result of 18S

(二)毛囊 KAP7 基因的 PCR 扩增

用毛囊 KAP7 基因 PCR 扩增 cDNA 得到预期大小为 255 bp 单一的目的条带,KAP7 基因的 PCR 扩增成功(图 9-18)。

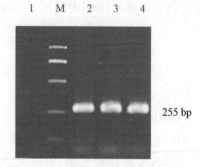

图 9-18　毛囊 KAP7 基因 PCR 结果

1：阴性对照；M：DL2000 DNA Marker；2～4：平原型和田羊,山区型和田羊,卡拉库尔羊毛囊 KAP7 基因 PCR 结果

Fig. 9-18　Follicle keratin PCR result of KAP7gene

Lane1：Negative control；LaneM：DL2000 DNA Marker；Lane2～4：Plain-type Hetian sheep, Mountain-type Hetian sheep, Karakul sheep follicle keratin PCR result of KAP7gene

（三）重组克隆质粒 pMD19-T-KAP7 鉴定

将重组质粒 pMD19-T-KAP7 用双酶切鉴定,经电泳分析得到 3 个样品都在 255 bp 处有条带(图 9-19),与理论大小相符,确定连接成功。

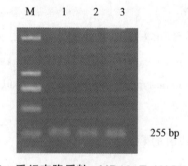

图 9-19　重组克隆质粒 pMD19-T-KAP7 双酶切图

M：DL2000 DNA Marker；1～3：平原型和田羊,山区型和田羊,卡拉库尔羊重组克隆质粒 pMD19-T-KAP7 双酶切

Fig.9-19 Recombinant clone plasmid results of pMD19-T-KAP7 by double enzymes

M：DL2000 DNA；Marker Lane1～3：Plain-type Hetian sheep , Mountain-type Hetian sheep , Karakul sheep of recombinant clone plasmid results of pMD19-T-KAP7 by double enzymes

（四）真核表达重组质粒 pEGFP-N1-KAP7 鉴定

重组表达质粒 pEGFP-N1-KAP7 经双酶切鉴定得到 3 个样品都在 255 bp 处有目的条带，而 pEGFP-N1 空载体的双酶切没有条带（图 9-20），将菌液送往上海生工测序。在 GenBank 中公布的基因序列对比，同源性山区型和平原型和田羊达到 99%，卡拉库尔羊同源性达到 100%，表明表达载体连接成功。

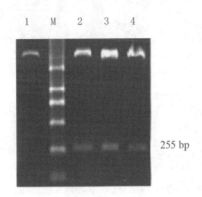

图 9-20　重组表达质粒 pEGFP-N1-KAP7 双酶切图

1: pEGFP-N1; M: DL2000 DNA Marker; 2 ~ 4: 平原型和田羊，山区型和田羊，卡拉库尔羊重组表达质粒 pEGFP-N1-KAP7 双酶切

Fig. 9-20 Recombinant expression plasmid of pEGFP-N1-KAP7 by double enzymes

Lane1: pEGFP-N1; LaneM: DL2000 DNA Marker; Lane2 ~ 4: Plain-type Hetian sheep，Mountain-type Hetian sheep，Karakul sheep of recombinant expression plasmid of pEGFP-N1-KAP7 by double enzymes

（五）重组质粒 pEGFP-N1-KAP7 转染 COS-7 细胞的检测

真核表达重组质粒转染 COS-7 细胞 72 h 后用倒置荧光显微镜观察荧光蛋白表达情况，并拍照。结果显示平原型和田羊、山区型和田羊及卡拉库尔羊 pEGFP-N1-KAP7-COS-7 转染体，pEGFP-N1 转染体都出现荧光，COS-7 细胞和 Lipofectamine 2000 转染的 COS-7 细胞没有荧光（图 9-21），因此排除 COS-7 和 Lipofectamine 2000 对试验结果的影响。将收集的 COS-7 细胞在 DPBS 中煮沸 5 min 后，用毛囊

KAP7 引物 PCR 扩增得到平原型和田羊、山区型和田羊及卡拉库尔羊 pEGFP-N1-KAP7-COS-7 转染体的目的条带,而空载体 pEGFP-N1 转染的 COS-7 没有目的条带,更能证明真核表达重组质粒 pEGFP-N1-KAP7-COS-7 成功转进 COS-7 细胞,而空载体 pEGFP-N1 即使成功转入 COS-7 细胞中,但也不可能表达出毛囊 KAP7 蛋白,这为毛囊 KAP7 基因可以在 COS-7 真核细胞中的表达提供基础。

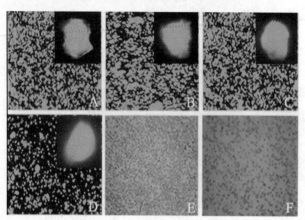

图 9-21　重组质粒 pEGFP-N1-KAP7 转染 COS-7 细胞结果

A,B,C,分别为平原型和田羊,山区型和田羊,卡拉库尔羊 pEGFP-N1-KAP7-COS-7 转染体;D: pEGFP-N1-COS-7 转染体;E: COS-7 细胞;F: Lipofectamine 2000-COS-7 转染体

Fig.9-21 Transfected the pEGFP-N1-KAP7 into COS-7

A,B,C: Transfection of Plain-type Hetian sheep, Mountain-type Hetian sheep, Karakul sheep pEGFP-N1-KAP7-COS-7; D: Transfection of pEGFP-N1-COS-7; E: COS-7; F: Transfection of Lipofectamine 2000-COS-7

(六)重组质粒 pEGFP-N1-KAP7 在 COS-7 细胞中表达蛋白 Western Blot 检测

通过 Western Blot 检测毛囊 KAP7 基因在 COS-7 中的表达,得到大小约为 39 ku 的蛋白(图 9-22),因此,可以判断真核表达载体转染 COS-7 细胞成功,并成功表达蛋白。

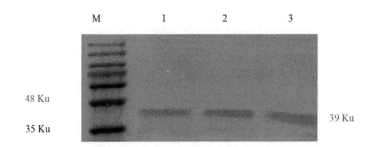

图 9-22　KAP7 蛋白 Western Blot 图

M：（11-180Ku）蛋白 Marker；1 ～ 3：平原型和田羊，山区型和田羊，卡拉库尔羊 KAP7 蛋白 SDS-PAGE

Fig.9-22　Western Blot of KAP7

Lane M：Protein marker（11-180 Ku）；Lane1 ～ 3：Plain-type Hetian sheep，Mountain-type Hetian sheep，Karakul sheep Western Blot of KAP7

（七）毛囊 KAP7 基因编码蛋白一级结构分析

经过 Protparam 软件在线预测 KAP7 基因编码蛋白的一级结构，见表 9-4。

表 9-4　KAP7 基因编码蛋白的一级结构

Table 9-4　KAP7 primary structure of the gene encoding the protein acids

	平原型和田羊	山区型和田羊	卡拉库尔羊
氨基酸数目	85	85	85
原子总数	1 226	1 206	1 210
分子质量 /ku	9 177.2	9 048.0	9 078.0
等电点	9.12	8.91	8.91
负电荷残基 /个	0	0	0
正电荷残基 /个	5	4	4
分子式	$C_{419}H_{577}N_{107}O_{117}S_6$	$C_{414}H_{566}N_{104}O_{116}S_6$	$C_{415}H_{568}N_{104}O_{117}S_6$
不稳定系数	22.05	15.43	16.88

续表

	平原型和田羊	山区型和田羊	卡拉库尔羊
平均疏水性	-0.173	-0.095	-0.125
脂肪系数	30.94	32.12	30.94

（八）毛囊 KAP7 基因编码蛋白二级结构预测

利用 ExPASy 在线服务器中的 SOPMA 软件分析预测 KAP7 基因编码蛋白质二级结构，如表 9-5 所示。

表 9-5　KAP7 基因编码蛋白的二级结构

Table 9-5　KAP7 secondary structure of the gene encoding the protein acids

	平原型和田羊	山区型和田羊	卡拉库尔羊
α- 螺旋	1.18%	7.06%	1.18%
无规则卷曲	58.82%	58.82%	60.00%
延伸链	28.24%	24.71%	28.24%
β- 转角	11.76%	9.41%	10.59%

（九）毛囊 KAP7 基因编码融合蛋白三维结构预测

利用 ExPASy 在线服务器中的 Phyre 软件分析 KAP7 基因编码融合蛋白的三级结构预测，如图 9-23 所示，3 个品种绵羊 KAP7 基因编码融合蛋白的三级结构预测一致。

（十）聚类分析

通过测序结果得到，原核表达引物与真核表达引物得到的测序结果是相同的，因此核苷酸序列比对与氨基酸序列比对与第二节同。使用 MEGA5.0 软件将平原型和田羊，山区型和田羊，卡拉库尔羊的 KAP7 基因与 GenBank 中 KAP7 基因进行聚类分析（图 9-24），结果显示平原型和田羊与山区型和田羊的亲缘关系较近，而和田羊与卡拉库尔羊的亲缘关系较种间远。

图 9-23　KAP7 基因融合蛋白三级结构预测

A：平原型和田羊 KAP7 基因蛋白融合三级结构预测；B：山区型和田羊 KAP7 基因融合蛋白三级结构预测；C：卡拉库尔羊 KAP7 基因融合蛋白三级结构预测

Fig.9-23 KAP7 gene fusion protein tertiary structure prediction

A：Plain-type Hetian sheep of KAP7 gene fusion protein tertiary structure prediction；B：Mountain-type Hetian sheep of KAP7 gene fusion protein tertiary structure prediction；C：Karakul sheep of KAP7 gene fusion protein tertiary structure prediction

三、讨论

毛囊 KAP7 属于Ⅰ型 HGT 蛋白，通过对平原型和田羊、山区型和田羊与卡拉库尔羊 3 个品种绵羊毛囊角蛋白 KAP7 的克隆分析表明，毛囊 KAP7 基因全长 255 bp，可以编码 85 个氨基酸。与 GenBank（X05638）中的绵羊该基因进行比对，山区型和田羊和平原型和田羊同源性都达到 99%，卡拉库尔羊为 100%，其中平原型和田羊基因第 22 位处由 G 突变为 C，山区型和田羊在 70 位处由 A 突变为 C。平原型和田羊氨基酸低 8 位由甘氨酸（Gly）突变为精氨酸（Arg），山区型和田羊 24 位苏氨酸（Thr）突变为丙氨酸（Ala），卡拉库尔羊氨基酸序列没有突变，这与原核表达 KAP7 引物扩增得到的结果一致。通过二级结构的预测，山区型和田 α 螺旋达到 7.06%，比另外两种高（1.18%），无规则卷曲所占比例最大，因此判断，3 个品种皮肤毛囊中 KAP7 角蛋白存在细微的差别，这些细微的差别可能会影响到 3 种绵羊的羊毛性状。但是通过毛囊 KAP7 基因编码融合蛋白的三级结构预测得到一致的蛋白三维结构，因此，个别氨基酸的变异可能不会使整个蛋白的空间结构发生改变，只能改变某段肽链的结构。

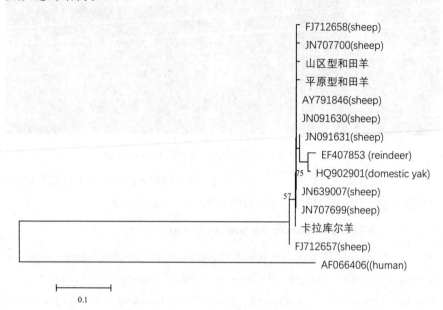

图 9-24　聚类分析

Fig.9-24 Cluster analysis

对于 GenBank 中 KAP7 基因的聚类分析结果表明,山区型和田羊和平原型和田羊聚在一起,与卡拉库尔羊有差异,但差异不显著。驯鹿、牦牛聚在一起,而人的与其他物种的差异特别大,不同物种之间 KAP7 基因具有一定的相似性,表明物种间有一定的亲缘关系,这对生物的进化有一定的意义。

KAP7 基因引物在设计的时候去掉了最后的终止密码子 TGA,这是与原核表达引物设计上又一个区别(另一个区别是酶切位点不同),因为 pEGFP-N1 表达载体的荧光标记基因是在酶切位点的后面(附件4),如果存在终止密码子,pEGFP-N1 表达载体将不能正常地表达荧光蛋白,不能判断重组质粒 pEGFP-N1-KAP7 是否转染成功。通过去除 TGA 终止密码子,使 KAP7 基因可以顺利翻译出目的蛋白,与荧光蛋白同时表达出融合蛋白。

为了在试验中方便地检测目的基因的表达,本实验采用了带有绿色荧光蛋白标签的 pEGFP-N1 真核表达载体,可以方便地反映其所携带基因的表达情况,实验结果也显示转染重组质粒 pEGFP-N1-KAP7 的

COS-7 细胞能够表达出荧光蛋白,并且表达的融合蛋白既具有 KAP7 蛋白的活性又具有 EGFP 蛋白的活性。COS-7 表达出的目的蛋白的大小比毛囊 KAP7 基因编码的蛋白大 29 Ku,因此判断在表达毛囊 KAP7 蛋白的同时,也连续翻译出 pEGFP-N1 载体上的绿色荧光蛋白,表达蛋白分布在细胞质中。

pEGFP-N1 是研究蛋白质结构与功能的具有绿色荧光蛋白基因的新型蛋白质定位的报告基因,是近年来研究活细胞中基因表达的重要指示基因,优点是:(1)可靠,安全,不需添加辅助因子或者底物来协助显示指示蛋白;(2)可用于活体、原位、实时表达;(3)检测方便,只需在紫外光或蓝光激发即可显示荧光,利用荧光显微镜可直接检测观察;(4)荧光强度稳定,但可以通过调节 pH 来去除或者恢复绿色荧光蛋白光谱状态;(5)表达种属限制少,可以在多种原核和真核生物;(6)绿色荧光蛋白基因小,易于与其他目的基因形成融合基因,在蛋白质体内定位的研究已得到广泛应用;(7)容易改造,可以通过替换氨基酸改变荧光的颜色。现在已用于 FITC 系统同时检测多标记基因的表达。因此,绿色荧光蛋白被认为是一种检测活细胞内基因表达和蛋白定位的理想方法,是一种方便实用的遗传转化的选择工具。

四、小结

通过 RNA 提取,反转录,绵羊毛囊 KAP7 基因的扩增,构建真核表达重组质粒 pEGFP-N1-KAP7,转染 COS-7 细胞,荧光表达等得到毛囊 KAP7 基因在 COS-7 细胞中表达出大小约为 39 Ku 的目的蛋白。

五、结论

本次主要的研究材料是平原型和田羊,山区型和田羊,卡拉库尔羊体侧皮肤,研究的对象是皮肤毛囊 KAP7 基因,通过 3 部分试验得到的主要结论是:

(1)通过克隆平原型和田羊,山区型和田羊,卡拉库尔羊的皮肤毛囊 KAP7 基因,构建的原核表达系统可以在原核细胞中表达出目的蛋白,通过免疫家兔可以获得高效价的多克隆抗体。

(2)通过荧光定量 PCR 得到毛囊 KAP7 基因在平原型和田羊与山

区型和田羊皮肤毛囊 mRNA 水平上表达量差异不显著（$P>0.05$），而在两个品种的和田羊与卡拉库尔羊皮肤毛囊 mRNA 水平上表达量差异显著（$P<0.05$）。

（3）通过克隆平原型和田羊、山区型和田羊及卡拉库尔羊的皮肤毛囊 KAP7 基因，构建真核表达重组质粒转染到 COS-7 细胞中，得到 KAP7 基因在 COS-7 细胞中表达出大小约 39 Ku 的目的蛋白。

（4）用软件将 GenBank 中 Merino（X05638.1）与平原型和田羊、山区型和田羊及卡拉库尔羊的毛囊角白 KAP7 测序结果进行序列进行比对，结果表明：山区型和田羊和平原型和田羊与 GenBank 中 Merino 序列的同源性都达到 99%，卡拉库尔羊与其比较同源性为 100%。其中平原型和田羊基因第 22 位处由 G 变异为 C，山区型和田羊在 70 位处由 A 变异为 C。造成平原型和田羊氨基酸低 8 位氨基酸由甘氨酸（Gly）变异为精氨酸（Arg），山区型和田羊第 24 位苏氨酸（Thr）变异为丙氨酸（Ala），卡拉库尔羊氨基酸序列则无差异。

第十章 和田羊皮肤角蛋白基因表达定量研究

第一节 和田羊皮肤毛囊角蛋白基因靶序列的克隆

和田羊是新疆地区特色品种羊,它的羊毛织制的地毯具有 3 000 年来独特的历史文化气息,它不仅结实耐用,还具有抗腐烂、防潮湿、舒适度好、色泽鲜艳且不易褪色的优良品质。和田地毯别致精美的图案,极具神秘的东方色彩,还能作为装饰观赏和收藏品。和田羊虽然是一种半粗毛羊,却是很好的纺织原料。

羊毛的品质是影响绵羊生产性状经济效益高低的重要因素,虽然羊毛品质都会受到诸多外界因素影响,但起决定作用的还是绵羊本身的遗传因素。此外,不同品种的羊毛品质都存在差异性,其基因的研究可以探寻造成这种差异的原因。近年来,人和动物毛囊发育的细胞和分子水平研究发展迅速,许多能够影响毛囊发育和改变毛发周期的信号通路以及调控基因相继被发现和研究。这些研究可以提高对毛囊发育和毛发生产的了解和认识,为改进羊毛品质奠定了理论基础。羊毛品质主要从羊毛的细度、长度、卷曲度、弹性、强韧度等方面来判断,改良和提高羊毛的品质,可以增加经济效益,促进畜牧业及毛纺业快速、稳定地发展。

近年来,羊毛产业主要用于地毯及纺织业,随着人民对生活的要求逐渐升高,对羊毛品质的要求也更高。但是,和田羊不仅繁殖率低,产毛量也不高,羊毛品质也跟不上市场需求,对和田羊养殖户造成较大的经济损失,因此,有关和田羊毛质量的相关研究变得极为重要。

一、和田羊毛囊基因的获取

（一）试验材料

在和田地区洛浦县和策勒县，利用动物组织皮肤采样器获取绵羊皮肤组织冻存于液氮中保存备用，平原型与山区型和田羊各采 3 只羊的皮肤，每只羊采 3 片面积 1 cm² 的腹侧部皮肤样本。

（二）引物设计与合成

根据 GenBank 上公布的绵羊 KAPs、KIFs 基因序列（如登录号：X62509），应用生物软件设计出该基因以及内参基因 18S rRNA 的扩增引物。所有引物均由上海生工合成，本试验引物设计选取的 CDS 序列是相应基因在 GenBank 上具有 Poly-A 尾巴前面的部分，该部分序列并不能被编码成蛋白质，具体引物如表 10-1 所示。

18S rRNA 引物：F：5′-cgg tcg gcg tcc ccc aac tt-3′，

R：5′-gcg tgc agc ccc gga cat cta a-3′

二、和田羊皮肤毛囊角蛋白基因分析

（一）获取和田羊皮肤总 RNA 和 cDNA

提取平原型、山区型和田羊皮肤组织总 RNA，并对其进行 1% 凝胶电泳鉴定，结果如图 10-1 的图 A 所示，两个样本均有 28S、18S、5S 三条带，且 28S 和 18S 亮度高于 5S，说明 RNA 提取质量较好。

表 10-1　引物序列

Table 10-1 Oligonucleotide sequences

基因名称	引物序列	片段大小
KAP1.1	F：5′- ctt aag aat gaa ggg gga agc-3′ R：5′- ata ttg aag gag aaa gca ggt ctg-3′	297 bp
KAP2.12	F：5′- acc gac cgt ctg aaa aag tt-3′ R：5′- gat aca aga agg gaa gaa gga a-3′	166 bp
KAP3.2	F：5′- cac atc ttt gca cgg gct tag tga-3′ R：5′- gga aga agg tct cca att cta tgc-3′	182 bp

续表

基因名称	引物序列	片段大小
KAP4.2	F：5′- ctc cct ttt tct tca gca cat c-3′ R：5′- gcc agt agg agg aca ttt att t-3′	168 bp
KAP5.5	F：5′- ctg ccc ccg att cta aca cca c-3′ R：5′- acc aag atg cgc cag gga aga-3′	168 bp
KAP6.1	F：5′- gga tgc cac gaa aga ctc-3′ R：5′- aaa aag gga agg gtt ggt-3′	137 bp
KAP7	F：5′- gga cca tgg ctc cag atg act ac-3′ R：5′- aca agc aaa acc cct tcc tac tca-3′	343 bp
KAP8	F：5′- tga aat acc aga ggc atg gaa tct-3′ R：5′- cat ccc aca act tga taa tga caa-3′	263 bp
KIF1.2	F：5′- cac ttg tgg aaa gcc cat tgg-3′ R：5′- aag gct ggt ccc aga agt gga act-3′	158 bp
KIF2.9	F：5′- gcg cac gct ctg gga aag gct acc-3′ R：5′- gcc att ggc ccc acg aca acc-3′	114 bp

反转录获取的 cDNA 需用 18S rRNA 进行 PCR 扩增鉴定,并做阴性对照,结果如图 B 所示,说明这两个样品的 cDNA 可以用于做克隆实验。

（二）和田羊皮肤角蛋白 KAPs、KIFs 基因 PCR 扩增结果

利用反转录获取的 cDNA,根据不同引物设计不同的退火温度,分别扩增两种类型和田羊各自的 10 个 KAP、KIF 基因。

该基因及片段大小分别为 KIF2.9：114 bp；KIF1.2：158 bp；KAP8：263 bp；KAP7：343 bp；KAP6.1：137 bp；KAP5.5：168 bp；KAP4.2：168 bp；KAP3.2：182 bp；KAP2.12：166 bp；KAP1.1：297 bp。

以反转录获取的 cDNA 作为模板,分别进行平原型、山区型和田羊 KAP、KIF 基因 PCR 扩增,扩增产物经电泳检测片段大小,结果如图 10-2 所示,通过与 DL 2000 Marker 比对,显示所有目的基因片段大小与预期结果一致。

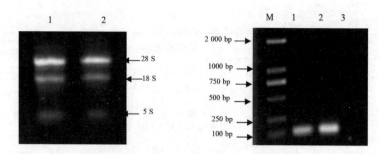

图 10-1 和田羊皮肤总 RNA（A）检测及 cDNA（B）验证电泳图

Fig. 10-1 Total RNA detection（A）and cDNA verification（B）electrophoretic of sheep skin

图 B 中：泳道 M：DL 2000 Marker；泳道 1：平原型和田羊；泳道 2：山区型和田羊；泳道 3：阴性对照

Note：lane M：DL 2000 Marker；lane 1：plain and tian Yang；lane 2：mountain type hetian sheep；Lane 3：negative control

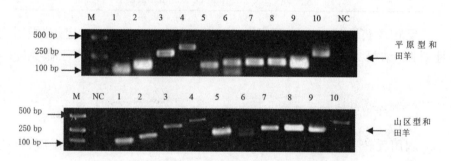

图 10-2 和田羊角蛋白基因 PCR 扩增电泳图

Fig. 10-2 gene PCR amplification electrophoresis map of hetian

注：泳道 M：DL 2000 Marker；泳道 1：KIF2.9 114 bp；泳道 2：KIF1.2 158 bp；泳道 3：KAP8 263 bp；泳道 4：KAP7 343 bp；泳道 5：KAP6.1 137 bp；泳道 6：KAP5.5 168 bp；泳道 7：KAP4.2 168 bp；泳道 8：KAP3.2 182 bp；泳道 9：KAP2.12 166 bp；泳道 10：KAP1.1 297 bp；泳道 NC：阴性对照

Note：lane M：DL 2000 Marker；lane 1：KIF2.9 114 bp；lane 2：KIF1.2 158 bp；Lane 3：kap8 263 bp；Lane 4：kap7 343 bp；Lane 5：KAP6.1 137 bp；Lane 6：KAP5.5 168 bp；Lane 7：KAP4.2 168 bp；Lane 8：KAP3.2 182 bp；Lane 9：KAP2.12 166 bp；Lane 10：KAP1.1 297 bp；Lane NC：negative control.

（三）和田羊皮肤角蛋白基因克隆鉴定结果

目的片段与 pCR4-TOPO 载体连接转化后，提取质粒进行双重鉴定结果如图 10-3 所示。质粒 PCR 鉴定（如图 10-3A、B），片段大小显示正确。利用 *EcoR* Ⅰ 酶切质粒，鉴定结果（如图 10-3C、D）显示目的片段大小与预期相符，表明克隆基因片段结果正确。

将生物公司测序结果与 GenBank 上绵羊序列进行比对，例如图 10-3 所示，获得角蛋白基因序列同源保守区保守性较好，均达到95%及以上。尽管都有部分碱基突变，但根据一级结构分析，所得序列的氨基酸组份基本变化不大。因此，可以得出结论该平原型和山区型和田羊10 个角蛋白基因都成功克隆，确定这些角蛋白基因存在于绵羊皮肤内，为以后羊毛性状控制候选基因的研究提供一定的基础借鉴。

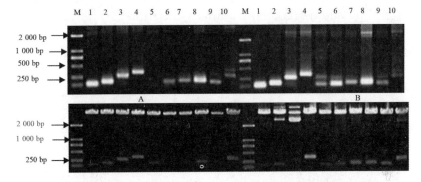

图 10-3　平原型（A、C）和山区型（B、D）和田羊双重鉴定电泳图

Fig. 10-3 The double identification electrophoresis of plain （A，C）and mountain type （B，D）of Hetian sheep

注：图（A、B）：质粒 PCR 鉴定；图（C、D）：质粒 *EcoR* Ⅰ酶切鉴定；泳道 M：DL 2000 Marker；泳道 1：KIF2.9；泳道 2：KIF1.2；泳道 3：KAP8；泳道 4：KAP7；泳道 5：KAP6.1；泳道 6：KAP5.5；泳道 7：KAP4.2；泳道 8：KAP3.2；泳道 9：KAP2.12；泳道 10：KAP1.1

Note：Fig（A，B）：identification of plasmid PCR ；Fig.（C，D）：the identification of plasmid *EcoR* I enzyme；Lane M：DL 2000 Marker；Lane 1：KIF2.9；Lane 2：KIF1.2；Lane 3：KAP8；Lane 4：KAP7；Lane 5：KAP6.1；Lane 6：KAP5.5；Lane 7：KAP4.2；Lane 8：KAP3.2；Lane 9：KAP2.12；lane 10：KAP1.1

（四）和田羊皮肤角蛋白基因测序分析

将 KAPs 序列与 GenBank 中序列比对，以 KAP3.2 为例，结果如下：

```
M21099        CACATCTTTG CACGGGCTTA GTGATGAGCT GCTCCTAAGT         40
HP-KAP3.2     - - - - - - - - - - - - - - - - - - - - - - - - - - - - - - - - - - - - -   - 40
HS-KAP3.2     - - - - - - - - - - - - - - - - - - - - - - - - - - - - - - - - - - - - -     40


M21099        CTTAATGCGT GATCTGGCCT TCAACACTCA CTATTACCTA         80
HP-KAP3.2     - - - - - C - - - - - - - - - - - - - - - - - - - - - - - - - - - - - - - -     80
HS-KAP3.2     - - - - - C - - - - - - - - - - - - - - - - - - - - - - - - - - - - - - - -     80


M21099        CATCAAATTA AATCAATCCC AATAGCTTGG GCAGTGTTTT         120
HP-KAP3.2     - - - - - - - - - - - - - - - - - - - - - - - - C - - - - - - - - - - - -     120
HS-KAP3.2     - - - - - - - - - - - - - - - - - - - - - - - - C - - - - - - - - - - - -     120


M21099         CATGCATTTG CCCAACTTCT TGGATTCTTT CTTCTTTTGC         160
HP-KAP3.2     - - - - - - - - - - - - - - - - - - - - - - - - - - - - - - - - - - - - - - -     160
HS-KAP3.2     - - - - - - - - - - - - - - - - - - - - - - - - - - - - - - - - - - - - - -     160


M21099        ATAGAATTGG AGACCTTCTT CC         182
HP-KAP3.2     - - - - - - - - - - - - - - - - - - - - - - -     182
HS-KAP3.2     - - - - - - - - - - - - - - - - - - - - - - -     182
```

三、讨论与结论

（一）讨论

毛囊是调节羊绒生长的重要结构，分为初级和次级毛囊，初级毛囊产生粗毛，次生毛囊生产羊绒。角蛋白作为一种大型蛋白质家族，在皮肤、毛囊和其他器官的上皮细胞中具有重要的结构和功能作用。在形态上羊绒纤维由外表皮鞘和内皮层组成。角蛋白和角蛋白关联蛋白被认为在定义纤维的物理力学性质方面起着重要作用，而纤维生长涉及角蛋白和角蛋白关联蛋白基因的表达[1]。角蛋白在上皮细胞中具有多重的稳态和应力增强的机械和非机械功能，它作为上皮细胞骨架主要结构，参与细胞分裂、分化、迁移调控以及细胞凋亡的过程[2]。这些功能像角蛋白结合蛋白一样被翻译后修饰严格控制。超过一半的角蛋白基因在成熟的哺乳动物皮肤组织中表达[3]。哺乳动物的角蛋白基因在基因组中具有很高的保护作用,但在其保守的外显子/内含子结构中,也显示出在进化过程中出现祖先基因的多重复制事件[4]。角蛋白基因的表达通常是通过表皮细胞中鳞状层上皮细胞的分化来调节的。在人类已知的 54 个功能性角蛋白基因中,有大约 21 种不同的基因,包含毛发和毛囊特异性角蛋白,并与多种遗传性疾病有关[5]。可靠的角蛋白基因注释是研究遗传性皮肤或毛发疾病的必要条件[84]。还有许多研究表明,羊绒的角蛋白成分与羊绒质量密切相关,当其受到遗传、营养、生理、环境等因素的影响时,其关系可能发生变化[6]。李丽娟等研究发现 KIF 控制位点的遗传差异对绒毛质量和生产性能的表型起重要作用[7]。Mei Jin 等通过实时荧光定量及免疫荧光技术发现角蛋白可以抑制羊绒生长[8]。

　　羊绒生长是在光周期和多种刺激和抑制信号控制下的一种季节性和周期性现象。但是也有研究表明绒毛和两型毛的细度变粗,会降低地毯的柔软度。纤维卷曲弹性越好织成的地毯越松软,越不易倒伏。在所有的羊绒品质中,纤维粗细和长度是重要的经济指标,是羊绒价值高低的基本标准,也是商业回报的基础。众所周知,羊绒性状的变异主要受到遗传因素和环境因素的控制,因此对羊绒数量和质量的调控基因的鉴定为改进羊绒生产提供了机会。本实验以特色和田羊为研究对象,利用 PCR 扩增技术和蓝白斑筛选,成功克隆和田羊皮肤 KAPs、KIFs 角蛋白基因,初步得出这 10 个角蛋白基因均在皮肤组织中存在,且序列同源性较高的结果,为探寻提高羊毛产量或改善品质等方面研究奠定基础。

（二）小结

　　本试验克隆平原型和山区型和田羊皮肤 KAPs、KIFs 角蛋白基因,双重鉴定以及测序后,确认该 10 个基因均存在于和田羊皮肤组织中。

　　本试验克隆平原型和山区型和田羊皮肤 KAPs、KIFs 角蛋白基因,双重鉴定以及测序后,确认该 10 个基因均存在于和田羊皮肤组织中。

第二节　和田羊皮肤角蛋白基因实时荧光定量分析

新疆和田羊是和田地区特色产业品种羊,也是优良的半粗毛羊,它的羊毛用途越来越广泛,极受消费者喜爱。优质的羊毛和羊肉在广大市场供不应求,因此,为促进和田羊经济发展,提高和田羊生产性状,是研究的重要并且亟待解决问题的课题。本试验利用实时荧光定量技术从定量方面对和田羊角蛋白基因表达差异进行分析。

一、和田羊毛囊基因获取材料与方法

(一)试验材料

和田羊皮肤样本采于和田地区洛浦县,平原型和田羊样本采 3 只羊,山区型和田羊样本采 3 只羊,采集腹侧部皮肤面积为 1 cm^2 的样本,每只羊采 3 ~ 5 片皮肤组织,冻存于液氮中备用。

(二)引物设计

本试验使用引物同于本章第一节设计的引物。

(三)获取皮肤组织总 RNA 和 cDNA

取出液氮中冻存的平原型、山区型和田羊皮肤组织,使用 Trizol 法,获取皮肤样本总 RNA 后,使用生物分光光度计测出 RNA 浓度及 OD_{260}/OD_{280} 的值来验证 RNA 质量[9];再利用 1% 琼脂糖凝胶电泳 (120 V,25 min) 鉴定 RNA 完整性。反转录 RNA 获取 cDNA,利用 18S rRNA 引物验证 cDNA。

(四)实时荧光定量分析

选取浓度适宜的 cDNA 和梯度质粒,以及适宜的退火温度,将每个基因每个样(各 3 只羊)再加一组空白对照,每个样均做 3 个平行重复,共 21 个,以 18S rRNA 为内参基因,SYBR Green 荧光标记染料进行标记。反应结束后,保存试验数据,并用电泳检测。计算公式为: $2^{-\triangle\triangle Ct}$,再进行 t- 检验差异显著性分析。

二、和田羊毛囊角蛋白荧光定量 PCR 分析

(一)获取和田羊皮肤总 RNA 和 cDNA

提取平原型、山区型和田羊皮肤组织总 RNA,并对其进行 1% 凝胶电泳鉴定,结果如图 10-4 所示,两个样本均有 28S、18S、5S 三条带,且 28S 和 18S 亮度高于 5S,说明 RNA 提取质量较好。

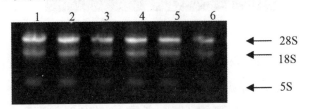

图 10-4 和田羊 RNA 验证电泳图

Fig.10-4 The electropherogram of RNA of Hetian sheep

注:泳道 1 ~ 3:平原型和田羊;泳道 4 ~ 6:山区型和田羊

Note:lane 1 ~ 3:plain and field sheep;Lane 4 ~ 6:mountain type and field sheep

cDNA 质量利用 18S rRNA 引物 PCR 扩增进行验证,结果如图 10-5 所示。

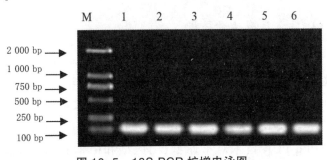

图 10-5 18S PCR 扩增电泳图

Fig. 10-5 The electrophoresis of 18S PCR amplification

注释:泳道 M:DL 2000 Marker;泳道 1 ~ 3:平原型和田羊;泳道 4 ~ 6:山区型和田羊

Note:lane M:DL 2000 Marker;lane 1 ~ 3:plain and field sheep;Lane 4 ~ 6:mountain type and field sheep

（二）线性化质粒

使用载体 pCR4-TOPO，选取 *Sca*I Ⅰ酶切质粒，质粒线性化结果如图 10-6 所示。

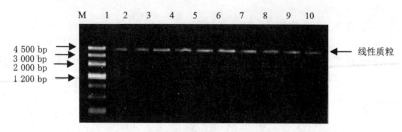

图 10-6　和田羊角蛋白基因线性化质粒

Fig.10-6 The linearized plasmids of the keratin gene of Hetian sheep

注：M：Marker Ⅲ；泳道 1：KIF2.9；泳道 2：KIF1.2；泳道 3：KAP8；泳道 4：KAP7；泳道 5：KAP6.1；泳道 6：KAP5.5；泳道 7：KAP4.2；泳道 8：KAP3.2；泳道 9：KAP2.12；泳道 10：KAP1.1

Note：M：Marker Ⅲ；Lane 1：KIF2.9；Lane 2：KIF1.2；Lane 3：KAP8；Lane 4：KAP7；Lane 5：KAP6.1；Lane 6：KAP5.5；Lane 7：KAP4.2；Lane 8：KAP3.2；Lane 9：KAP2.12；lane 10：KAP1.1

（三）和田羊皮肤角蛋白基因表达量分析

1. KAP1.1 基因表达量分析

KAP1.1 位于 21 号染色体上，属于高硫蛋白家族成员。冯静等[10] 研究发 KAP1.1 基因的 BB 基因型可作为绵羊纤维直径的预测的一种标记。Theopoline 等[11] 研究发现高硫蛋白基因 KAP1.1 与羊毛细度性状有密切关系。因此，KAP1.1 的表达量对改善羊毛品质具有重要意义。本试验采用 q-PCR 技术对平原型、山区型和田羊 KAP1.1 基因表达量差异分析，实验结果用 Excel 统计，利用内参基因 18S Ct 值进行标准化换算，最后用 t- 检验进行方差分析，结果如图 10-7 显示平原型和山区型和田羊 KAP1.1 基因在皮肤中表达量差异不显著（$P=0.215, P > 0.05$）。

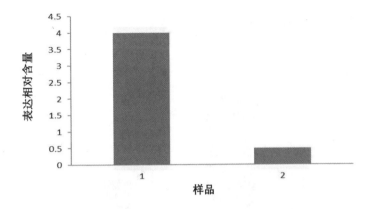

图 10-7　和田羊 KAP1.1 相对表达量

Fig. 10-7 The relative expression of KAP1.1 of hetian sheep

注：1 号：平原型和田羊；2 号：山区型和田羊

Note：1：plain and field sheep；No. 2：mountain type and field sheep

同时，对 qPCR 产物进行琼脂糖凝胶电泳检测（如图 10-8 所示），得出片段大小 297 bp，与预期相符。

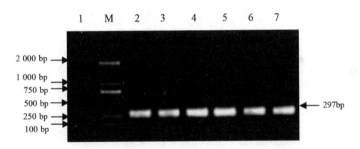

图 10-8　和田羊 KAP1.1qPCR 电泳图

Fig. 10-8 The electropherogram of KAP1.1 qPCR of hetian sheep

注：泳道 1：阴性对照；泳道 M：DL 2000 Marker；泳道 2 ~ 3：平原型和田羊 KAP1.1 基因；泳道 4 ~ 7：山区型和田羊 KAP1.1 基因

Note：lane 1：negative control；lane M：DL 2000 Marker；lane 2 ~ 4：plain and field sheep KAP1.1 gene；lane 4 ~ 7：mountain type and field sheep KAP1.1 gene

2. KAP2.12 基因表达量分析

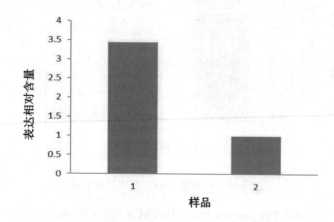

图 10-9　和田羊 KAP2.12 相对表达量

Fig.10-9 The relative expression of KAP2.12 of hetian sheep

注：1 号：平原型和田羊；2：是山区型和田羊

Note：1：plain and field sheep；2：mountain type and field sheep

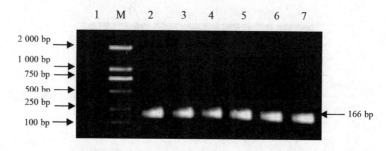

图 10-10　和田羊 KAP2.12qPCR 电泳图

Fig. 10-10 The electropherogram of KAP2.12 qPCR of hetian sheep

注：泳道 1：阴性对照；泳道 M：DL 2000 Marker；泳道 2～4：平原型和田羊 KAP2.12 基因；泳道 5～7：山区型和田羊 KAP2.12 基因

Note：lane 1：negative control；lane M：DL 2000 Marker；lane 2～4：plain and field sheep KAP2.12 gene；lane 5～7：mountain type and field sheep KAP2.12 gene

KAP2.12 是高硫蛋白家族基因，为偏碱性蛋白，并且有研究证实 I 型 KAP2 定位于绵羊 3 号染色体。陶志等[12] 研究推测 KAP2 基因的优势基因型为 BB 基因型。

采用 q-PCR 技术对平原型、山区型和田羊 KAP2.12 基因进行实时荧光定量实验，利用内参基因 18S Ct 值校准数据，结果（如图 10-9）显示平原型和山区型和田羊 KAP2.12 基因在皮肤中表达量（$P=0.045$，$P < 0.05$）差异显著。同时，对 qPCR 产物进行琼脂糖凝胶电泳检测（如图 10-10 所示），得出片段大小 166 bp，与预期相符。

3.KAP3.2 基因表达量分析

KAP3 家族也属于高硫蛋白辅助蛋白，是最小的角蛋白。杨柯伟等[13]采用 RT-PCR 检测发现藏绵羊角蛋白中间丝基因 KAP3.2 在皮肤组织中高度表达，该基因无内含子，属于疏水性蛋白，环状结构占靶蛋白的 95.92%。赵濛等[14]通过对内蒙古阿尔巴斯绒山羊定量分析发现 KAP3.1 在 8 ~ 10 月表达量高于其他月份，并且差异极为显著。

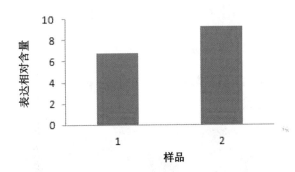

图 10-11　和田羊 KAP3.2 相对表达量

Fig. 10-11 The relative expression of KAP3.2 of hetian sheep

注：1 号：平原型和田羊；2 号：山区型和田羊

Note：1：plain and field sheep；No. 2：mountain type and field sheep

针对平原型、山区型和田羊 KAP3.2 基因进行实时荧光定量检测，以 18S 作为内参基因校准数据，并利用统计学进行差异显著性分析，结果（如图 10-11 所示）显示平原型和山区型和田羊 KAP3.2 基因在皮肤中表达量（$P=0.037$，$P < 0.05$）差异显著。同时，对 qPCR 产物进行电泳检测（如图 10-12 所示），得出片段大小 182 bp，与预期相符。

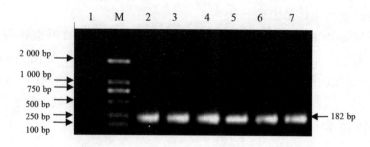

图 10-12　和田羊 KAP3.2 qPCR 电泳图

Fig. 10-12 The electropherogram of KAP3.2 qPCR of Hetian sheep

注释：泳道 1：阴性对照；泳道 M：DL 2000 Marker；泳道 2 ~ 4：平原型和田羊 KAP3.2 基因；泳道 5 ~ 7：山区型和田羊 KAP3.2 基因

Note：lane 1：negative control；lane M：DL 2000 Marker；lane2 ~ 4：plain and field sheep KAP3.2 gene；lane 5 ~ 7：mountain type and field sheep KAP3.2 gene

4.KAP4.2 基因表达量分析

KAP4 家族属于超高硫蛋白，在皮肤毛囊皮质表达，主要由五种氨基酸组成，属于偏碱性蛋白。

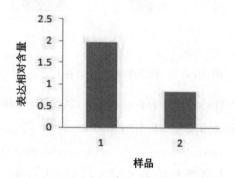

图 10-13　和田羊 KAP4.2 相对表达量

Fig. 10-13 The relative expression of KAP4.2 of hetian sheep

注：1 号：平原型和田羊；2 号：山区型和田羊

Note：No.1：plain and field sheep；　No. 2：mountain type and field sheep

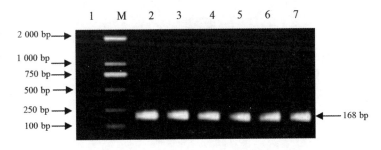

图 10-14　和田羊 KAP4.2 qPCR 电泳图

Fig. 10-14 The electropherogram of KAP4.2 qPCR of Hetian sheep

注：泳道 1：阴性对照；泳道 M：DL 2000 Marker；泳道 2～4：平原型和田羊 KAP4.2 基因；泳道 5～7：山区型和田羊 KAP4.2 基因

Note：lane 1：negative control；lane M：DL 2000 Marker；lane 2～4：plain and field sheep KAP4.2 gene；lane 5～7：mountain type and field sheep KAP4.2 gene

采用实时荧光定量技术对平原型、山区型和田羊 KAP4.2 基因进行定量检测，以 18S 作为内参基因校准数据，并利用统计学进行差异显著性分析，结果（图 10-13）显示，平原型和山区型和田羊 KAP4.2 基因在皮肤中表达量（$P=0.0004$，$P < 0.01$）差异极显著。同时，对 qPCR 产物进行电泳检测（如图 10-14 所示），得出片段大小 168 bp，与预期相符。

5.KAP5.5 基因表达量分析

KAP5 家族属于超高硫蛋白，在皮肤角质层表达，属偏碱性蛋白。有研究结果[15-16]表示 KAP5.1 被定位于 21 号染色体上。

采用实时荧光定量技术对平原型、山区型和田羊 KAP5.5 基因进行定量检测，以 18S 作为内参基因校准数据，并利用统计学进行差异显著性分析，结果（如图 10-15 所示）显示平原型和山区型和田羊 KAP5.5 基因在皮肤中表达量（$P=0.350$，$P > 0.05$）差异不显著。同时，对 qPCR 产物进行电泳检测（如图 10-16 所示），得出片段大小 168 bp，与预期相符。

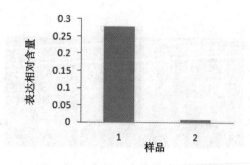

图 10-15　和田羊 KAP5.5 相对表达量

Fig. 10-15 The relative expression of KAP5.5 of hetian sheep

注：1 号：平原型和田羊；2 号：山区型和田羊

Note：1：plain and field sheep；No. 2：mountain type and field sheep

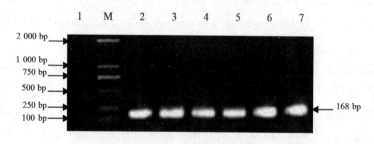

图 10-16　和田羊 KAP5.5 qPCR 电泳图

Fig. 10-16　The electropherogram of KAP5.5 qPCR of Hetian sheep

注释：泳道 1：阴性对照；泳道 M：DL 2000 Marker；泳道 2 ~ 4：平原型和田羊 KAP5.5 基因；泳道 5 ~ 7：山区型和田羊 KAP5.5 基因

Note：lane 1：negative control；lane M：DL 2000 Marker；lane 2 ~ 4：plain and field sheep KAP5.5 gene；lane 5 ~ 7：mountain type and field sheep KAP5.5 gene

6.KAP6.1 基因表达量分析

KAP6 属于 Ⅱ 型高 Gly-Tyr 蛋白，对毛纤维机械强度和毛发的形成起促进作用。Parsons 等[17-18] 研究结果显示，KAP6 基因可能参与调控羊毛纤维直径性状。

采用实时荧光定量技术对平原型、山区型和田羊 KAP6.1 基因进行定量检测，以 18S 作为内参基因校准数据，并利用统计学进行差异显著性分析,结果(图 10-17)显示,平原型和山区型和田羊 KAP6.1 基因在皮肤中表达量($P=0.145$,$P > 0.05$)差异不显著。同时,对 qPCR 产物进行电泳检测(如图 10-18 所示),得出片段大小 137 bp,与预期相符。

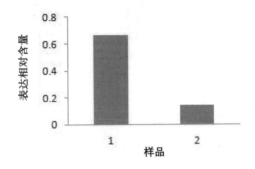

图 10-17　和田羊 KAP6.1 相对表达量

Fig. 10-17 The relative expression of KAP6.1 of hetian sheep

注:1 号:平原型和田羊;2 号:山区型和田羊

Note:1:plain and field sheep; No. 2:mountain type and field sheep

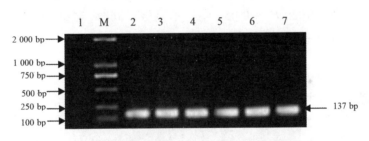

图 10-18　和田羊 KAP6.1 qPCR 电泳图

Fig. 10-18　The electropherogram of KAP6.1 qPCR of Hetian sheep

注:泳道 1:阴性对照;泳道 M:DL 2000 Marker;泳道 2 ~ 4:平原型和田羊 KAP6.1 基因;泳道 5 ~ 7:山区型和田羊 KAP6.1 基因

Note:lane 1:negative control; lane M:DL 2000 Marker;lane2 ~ 4:plain and field sheep KAP6.1 gene; lane 5 ~ 7:mountain type and field sheep KAP6.1 gene

7.KAP7 基因表达量分析

KAP7 属于 I 型高 Gly-Tyr 蛋白,是碱性蛋白质,含有 35% 的甘氨酸和酪氨酸。有大量研究表明,KAP7 与绵羊纤维直径性状密切相关。

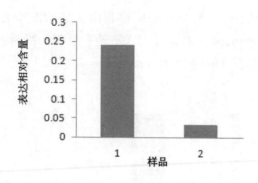

图 10-19 和田羊 KAP7 相对表达量

Fig. 10-19 The relative expression of KAP7 of hetian sheep

注：1 号：平原型和田羊；2 号：山区型和田羊

Note：1：plain and field sheep；No. 2：mountain type and field sheep

采用实时荧光定量技术对平原型、山区型和田羊 KAP7 基因进行定量检测，以 18S 作为内参基因校准数据，并利用统计学进行差异显著性分析，结果（图 10-19）显示，平原型和山区型和田羊 KAP7 基因在皮肤中表达量（P=0.402，$P > 0.05$）差异不显著。同时，对 qPCR 产物进行电泳检测（图 10-20），得出片段大小 343 bp，与预期相符。

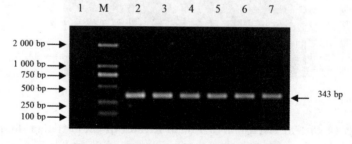

图 10-20 和田羊 KAP7 qPCR 电泳图

Fig. 10-20 The electropherogram of KAP7 qPCR of Hetian sheep

注：泳道 1：阴性对照；泳道 M：DL 2000 Marker；泳道 2 ~ 4：平原型和田羊 KAP7 基因；泳道 5 ~ 7：山区型和田羊 KAP7 基因

Note：lane 1：negative control；lane M：DL 2000 Marker；lane 2 ~ 4：plain and field sheep KAP7 gene；lane 5 ~ 7：mountain type and field sheep KAP7 gene

8.KAP8 基因表达量分析

KAP8 属于 I 型高 Gly-Tyr 蛋白家族，是已知的毛发的最小的角蛋白关联蛋白,只含有大约 61 个氨基酸[19-20]。

　　采用实时荧光定量技术对平原型、山区型和田羊 KAP8 基因进行定量检测,以 18S 作为内参基因校准数据,并利用统计学进行差异显著性分析,结果(图 10-21)显示平原型和山区型和田羊 KAP8 基因在皮肤中表达量(P=0.034,P < 0.05)差异显著。同时,对 qPCR 产物进行电泳检测(图 10-22),得出片段大小 263 bp,与预期相符。

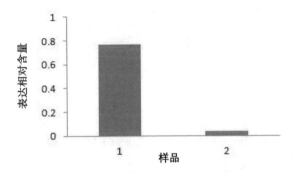

图 10-21　和田羊 KAP8 相对表达量

Fig.10-21 The relative expression of KAP8 of hetian sheep

注:1 号:平原型和田羊;2 号:山区型和田羊

Note:1:plain and field sheep;No. 2:mountain type and field sheep

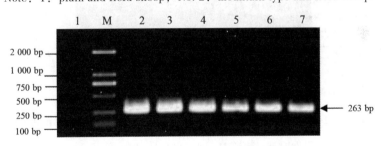

图 10-22　和田羊 KAP8 qPCR 电泳图

Fig. 10-22 The electropherogram of KAP8 qPCR of Hetian sheep

注:泳道 1:阴性对照;泳道 M:DL 2000 Marker;泳道 2 ~ 4:平原型和田羊 KAP8 基因;泳道 5 ~ 7:山区型和田羊 KAP8 基因

Note:lane 1:negative control; lane M:DL 2000 Marker;lane 2 ~ 4:plain and field sheep KAP8 gene;lane 5 ~ 7:mountain type and field sheep KAP8 gene

9.KIF1.2 基因表达量分析

KIF 基因具有内含子结构。Bawden 等[21]研究发现，KIF Ⅱ基因可能与羊毛光泽、羊毛脂的含量等特性有关联。

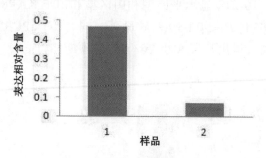

图 10-23　和田羊 KIF1.2 相对表达量

Fig. 10-23 The relative expression of KIF1.2 of hetian sheep

注：1 号：平原型和田羊；2 号：山区型和田羊

Note：1：plain and field sheep；No. 2：mountain type and field sheep

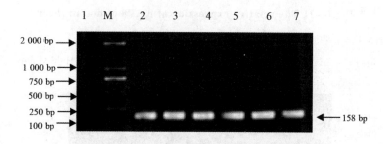

图 10-24　和田羊 KIF1.2 qPCR 电泳图

Fig. 10-24 The electropherogram of KIF1.2 qPCR of Hetian sheep

注：泳道 1：阴性对照；泳道 M：DL 2000 Marker；泳道 2～4：平原型和田羊 KIF1.2 基因；泳道 5～7：山区型和田羊 KIF1.2 基因

Note：lane 1：negative control；lane M：DL 2000 Marker；lane 2 ～ 4：plain and field sheep KIF1.2 gene；lane 5 ～ 7：mountain type and field sheep KIF1.2 gene

采用实时荧光定量技术对平原型、山区型和田羊 KIF1.2 基因进行定量检测，以 18S 作为内参基因校准数据，并利用统计学进行差异显著性分析，结果（图 10-23）显示平原型和山区型和田羊 KIF1.2 基因在皮肤中表达量（$P=0.266$，$P > 0.05$）差异不显著。同时，对 qPCR 产物进行电泳检测（图 10-24），得出片段大小 158 bp，与预期相符。

10.KIF2.9 基因表达量分析

KIF2.9 基因属于角蛋白中间丝蛋白家族,是皮肤毛囊的骨架蛋白。

采用实时荧光定量技术对平原型、山区型和田羊 KIF2.9 基因进行定量检测,以 18S 作为内参基因校准数据,并利用统计学进行差异显著性分析,结果(图 10-25)显示平原型和山区型和田羊 KIF2.9 基因在皮肤中表达量(P=0.190,$P > 0.05$)差异不显著。同时,对 qPCR 产物进行电泳检测(图 10-26),得出片段大小 114 bp,与预期相符。

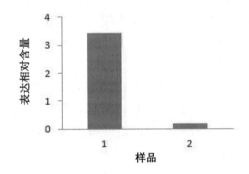

图 10-25 和田羊 KIF2.9 相对表达量

Fig. 10-25 The relative expression of KIF2.9 of hetian sheep

注:1 号:平原型和田羊;2 号:山区型和田羊

Note:1:plain and field sheep;No. 2:mountain type and field sheep

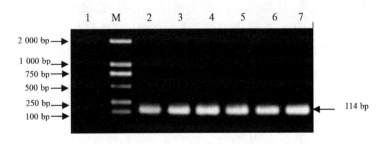

图 10-26 和田羊 KIF2.9 qPCR 电泳图

Fig. 10-26 The electropherogram of KIF2.9 qPCR of Hetian sheep

注:泳道 1:阴性对照;泳道 M:DL 2000 Marker;泳道 2~4:平原型和田羊 KIF2.9 基因;泳道 5~7:山区型和田羊 KIF2.9 基因

Note:lane 1:negative control;lane M:DL 2000 Marker;lane2~4:plain and field sheep KIF2.9 gene;lane 5~7:mountain type and field sheep KIF2.9 gene

三、讨论与结论

（一）讨论

目前，有研究发现，EDA、EDAR、WNT 等介导的信号通路及毛发角蛋白基因对毛发纤维弯曲的形成有或促进或抑制的作用。另外，Noggin 作为 BMP 的抑制剂，在毛囊形态发生中对 BMP 的调节作用可诱导次级毛囊的发育。Hox 蛋白[22]是一类进化上高度保守的同源蛋白，对毛囊细胞增殖与分化有着重要的作用，还可能会影响羊毛细度性状。*KRT71*[23]基因的一些突变不仅与小鼠、猫、狗、滩羊等动物的毛发弯曲相关，该基因还与人类的毛发紊乱有密切关系；该基因表达量与毛纤维弯曲度成正相关，还会影响到毛纤维的形状特征。羊毛角蛋白含硫氨基酸含量可影响毛纤维的强度和弹性，毛纤维的长度会随小肠吸收含硫氨基酸量的增加而增加。胱氨酸也对毛纤维的弹性和强度有影响。关于 *KAP* 家族基因的研究也有很多。*KAP*6、*KAP*7 和 *KAP*8 与羊毛直径有关，李正娟[24]使用 SYBR Green I 荧光染料法对滩羊 *KAP*1.1 基因在毛囊中的相对表达量进行分析，发现其表达量是随着胚胎期的生长呈递增趋势。还有研究表明，*KAP*6.1、*KAP*7、*KAP*8 基因的低表达会影响毛毯质地和光泽度[20]。

本实验荧光定量检测的 10 个角蛋白基因中 *KAP*2.12 和 *KAP*8 表达量都为差异显著，且都是平原型和田羊比山区型和田羊基因表达量高；而 *KAP*4.2 基因在两种和田羊皮肤中表达量差异为极显著。还有就是 *KAP*3.2 基因差异显著则是山区型和田羊表达量高于平原型和田羊。剩下的 *KAP*1.1、*KAP*5.5、*KAP*6.1、*KAP*7、*KIF*1.2 和 *KIF*2.9 角蛋白基因实时荧光相对表达量都显示差异不显著。综合分析可知，山区型和田羊毛囊密度稍优于平原型和田羊，但两种和田羊 10 个角蛋白基因序列同源性都很高，氨基酸含量变化不大，并且通过表达量来看，山区型和田羊仅有 *KAP*3.2 表达量差异显示极显著高于平原型和田羊，因此，可以推测 *KAP*3.2 可能与促进次级毛囊细胞增殖有关。此外，优于 *KAP*2.12、*KAP*3.2、*KAP*4.2 均为高硫或超高硫蛋白，*KAP*8 位高 Gly-Tyr 蛋白，这些基因表达量差异显著可能与毛囊发育、细胞再生、分化等过程有密切关系。

和田羊作为新疆畜牧业中重要的一员，对新疆的经济发展贡献很大,它不仅仅是普通的绵羊,还是古老的遗传物种,带动传统手工艺的流传。因此,不管是现在还是未来,为提高和田羊经济价值的相关研究都是很有实际意义的,本实验为和田羊经济产业发展作出基础理论研究,以后更深入到功能性状方面的研究还需继续地努力。

（二）小结

本试验通过实时荧光定量反应发现所选 10 个角蛋白基因中有 4 个 *KAP* 基因在平原型与山区型和田羊皮肤中表达量差异显著,而仅有的 2 个 *KIF* 基因在二者之间表达量差异不显著,表明 *KIF* 基因作为毛纤维骨架蛋白,稳定性高于 *KAP* 基因。

参考文献

[1] 夏克尔·赛塔尔. 维吾尔族民间地毯研究 [D]. 上海：东华大学, 2014.

[2] Yu Z, Gordon S W, Nixon A J, et al. Expression patterns of keratin intermediate filament and keratin associated protein genes in wool follicles[J]. Differentiation, 2009, 77：307-316.

[3] Fengrong Wang, Abigail Zieman, Pierre A. Skin Keratins[J]. Methods Enzymol. 2016, 568：303-350.

[4] Wang F, Zieman A, Coulombe P A. Skin keratins[J]. Methods Enzymol, 2016, 568：303-50.

[5] Adelson D L, Cam G R, Silva U D. Gene expression in sheep skin and wool（hair）. Genomics, 2004, 83：95-105.

[6] Rogers G E, Powell B C. Organization and expression of hair follicle genes. J Invest Dermatol, 1993, 101（1）：50S-55S.

[7] 李丽娟, 宋德荣, 韩芬霞. 山羊 KIF1 基因分子克隆及序列分析 [J]. 中国畜牧兽医, 2010, 37（4）：91-92.

[8] Jin M, Wang J, Chu M X, et al. The Study on Biological Function of Keratin 26, a Novel Member of Liaoning Cashmere Goat Keratin Gene Family[J]. PLoS One, 2016, 11（12）：e0168015.

[9] 王艳杰. 辽宁新品系绒山羊角蛋白家族基因的表达研究 [D]. 大连：辽宁师范大学, 2013.

[10] 冯静，宋天增，杨华，等．绵羊 KAP1.1 基因多态性与毛纤维直径的相关性分析 [J]. 华北农学报，2012，27（1）：45-50.

[11] Theopoline Itenge，Rachel H Forrest，Grant W Mckenzie. Polymorphism of the KAP1.1，KAP1.3 and K33 genses in Merino sheep[J]. Mol Cellular Probes，2007，21（5-6）：338 -342.

[12] 陶志，鲁承，孙福亮，等．不同绵羊群体 KAP2 基因多态性分析 [J]. 吉林畜牧兽医，2016，7：13-21.

[13] 杨柯伟，胡亮，罗斌，等．藏绵羊 KAP3.2 基因的 cDNA 克隆、序列分析及组织表达的研究 [J]. 西南民族大学学报，自然科学版，2014，40（6），809-813.

[14] 赵濛，李捷，奈日乐，等．角蛋白关联蛋白基因 3.1 在绒山羊不同时期皮肤中的表达 [J]. 中国畜牧杂志，遗传育种，2016，52（9）：10-13.

[15] Michael A，Rogers. Hair Keratin Associated Proteins：Characterization of a Second High Sulfur KAP Gene Domain on Human Chromosome 21[J]. The Society for Investigative Dermatology，2004，122：147-158.

[16] Matsunaga R，Abe R，Ishii D，et al. Bidirectional binding property of high glycine–tyrosine keratin -associated protein contributes to the mechanical strength and shape of hair[J]. Journal of Structural Biology，2013，183（3）：484-494.

[17] Persons Y M，Cooper D W. Evidence of linkage between high-glycine-tyrosine located wool fibre diameter in a half-sib family[J]. Anim Genet，1994，25（2）：105-108.

[18] Li S W，Ouyang H S，Rogers G E，et al. Charaterization of the structural and molecular defects in fibres and follicles of the merino felting luster mutant[J]. Exp Dermatol，2009，18（2）：134-142.

[19] Zhao M，Chen H，Wang X，et al. aPCR-SSCP and DNA sequencing detecting two silent SNPs at KAP8.1 gene in the cashmere goat[J]. Mol Biol Rep，2009，36（6）：1387-1391.

[20] 赵俊星，任有蛇，岳文斌．三个山羊品种 KAP8 基因的 PCR-SSCP 分析 [J]. 生物技术，2007，5：3-6.

[21] Bawden C S，Powell B C，Walker S K，et al. Expression of

a wool intermediate filament keratin transgene in sheep fibre alters structure[J]. Transgenic Res，1998，7（4）：273-287.

[22] 柳楠，卜然，贺建宁，等．Hox 基因家族对细毛羊羊毛性状影响的研究 [J]. 遗传育种，2014，23（50）：6-9.

[23] 程笳琪，于秀菊，高淑媛，等．KRT71 决定羊驼毛弯曲度的形成 [J]. 中国生物化学与分子生物学报，2016，32（4）：459-465.

[24] 李正娟，李爱华，张蕊，等．滩羊 KAP1.1 基因在胚胎及二毛期毛囊中的表达分析 [J]. 农业科学研究，2013，34（26）：21-25.

下　篇
小鼠皮肤毛囊生物学篇

第十一章 小鼠触须毛囊体外再生及皮肤创面愈合形态学分析

第一节 文献综述

一、小鼠毛囊及皮肤概述

皮肤作为机体最大的器官,包裹着整个机体,同时也是内环境与自然环境间的第一道重要保护屏障[1]。毛囊作为皮肤主要的附属物可以保护并修复皮肤创面,降低环境中各种因素的侵袭力,对维持皮肤内环境的稳态发挥重要作用[2-5]。另外,毛囊中的毛囊干细胞具有增殖分化功能,毛囊干细胞在毛囊自身生长发育和新生次级毛囊发育中起到至关重要的作用[6,7]。

毛囊是包围在毛发根部的囊状组织成熟毛囊由上皮部分的外根鞘和内根鞘以及真皮部分的毛乳头和真皮鞘组成,作为皮肤的主要附属器官在胚胎时期已经开始发育。毛囊的发育经过表皮和真皮之间一系列复杂的相互作用而形成,具有自我更新和周期性生长的特点[8,9]。在小鼠中,毛囊分为有髓质的初级毛囊和无髓质的次级毛囊,初级毛囊发育在胚胎时期就先于次级毛囊,且发育过程一直持续到出生以后,两种毛囊都随着毛囊生长周期循环而变化。乳鼠皮肤一开始会在表面形成褶皱,皮肤松弛,随着鼠龄增长其皱褶逐渐减少并趋于平坦,新生乳鼠皮肤厚度随鼠龄的增加逐渐增厚。毛囊形态结构在出生后呈现迅速变化趋势,中期乳鼠可以清楚地看到毛囊内根鞘,毛囊外根鞘,真皮乳头,毛母质,毛干,以及连接组织鞘。由于小鼠皮肤毛囊的发育在这一时期变化相对较快,因此新生阶段的小鼠皮肤毛囊,可以很好地用来检测皮肤毛囊干细胞相关基因的表达。

二、毛囊

(一)毛囊的生长发育特点

毛囊的发育经过表皮和真皮之间一系列复杂的相互作用而形成,具有自我更新和周期性生长的特点,另外毛囊的生长周期可分为生长期、衰退期及休眠期,在三个周期内毛囊的形态特征各异。小鼠刚出生时,毛囊小,毛囊与毛囊之间的空隙大,毛囊结构不明显,但毛囊球可以明显看出膨大部位。随着乳鼠生长发育,毛囊密度增大,毛囊球部膨大,且毛球部部位拉长,导致真皮乳头狭长而成纺锤形。断乳时,毛囊球部继续膨大,同样大小的视野倍数下,毛囊球部个数减少,说明毛囊球部的膨大生长占据了更多的空间,同时发现毛囊真皮乳头由原来的纺锤形变成了椭圆形,同时也说明毛囊在生长发育过程中,真皮乳头细胞起到重要的增殖作用。

皮肤毛囊横断面视野下,可以看到初级毛囊和次级毛囊不同的结构,初级毛囊横切面直径比次级毛囊直径长,且新生次级毛囊依附于初级毛囊的外根鞘边缘,初级毛囊的结构可分为呈同心圆排列的三层结构[10],且有髓质,毛囊结构十分清晰,由外向内依次为连接组织鞘(CTS)、外根鞘(ORS)、内根鞘(IRS)、皮质(CTX)、髓质(Med);而次级毛囊直径小,没有髓质且发育也不完全,但具有毛囊最基本的外层结构毛囊外根鞘。另外,次级毛囊一般成群地出现在一个或多个初级毛囊的旁边,继而形成毛囊群结构,根据毛囊群中初级毛囊的总个数,可以定义为一元毛囊群、二元毛囊群或者多元毛囊群,其中二元毛囊群最为多见[11-14],并且在目前的研究观察下,极少发现超越四元毛囊群,而出现更多元毛囊群的存在,同时在显微条件下发现毛囊群周围还具有丰富的毛细血管[15],毛细血管中的红细胞可以提供充足的氧气,供给毛囊细胞新陈代谢和生长发育的需要,同时良好的血运也可以为毛囊的生长发育提供营养支持。

（二）毛囊干细胞研究进展

目前研究表明,在毛囊中干细胞富集区有两个部位,一个是毛囊真皮乳头微环境[16],另一个就是毛囊隆突部微环境[17]。Cohen[18]从毛囊中分离出真皮乳头组织并移植到小鼠耳部,诱导出了小鼠胡须样的毛发组织;Jahoda 等[19]对真皮乳头分离并传代培养,并将培养的细胞进行皮肤移植发现可以再生毛囊结构;两者都证实了真皮乳头细胞在表皮细胞的相互作用诱导下具有再生毛囊的可能性。但是,Cotsarelis 等[20]用 [3 H]-TdR 标记小鼠皮肤,Taylor 等[21]用 BrdU 标记法追踪毛囊干细胞,结果显示毛囊干细胞定位在毛囊隆突部,并具有较强的分化增殖能力,毛囊干细胞游离出微环境后即可向下迁移参与毛囊的再生,也可向上迁移分化成表皮细胞修复皮肤创面。Cotsarelis[22]也发现毛囊外根鞘隆突部毛囊干细胞长期处于静息期,但当皮肤受到创伤时[23],毛囊微环境失去稳定状态,毛囊干细胞游离出其所处的微环境,并向上迁移增殖分化,使毛囊干细胞的子代细胞具有表皮祖细胞的功能,从而在创面修复过程中产生新的表皮。Amoh[24]和 Wang 等[25]对毛囊干细胞使用巢蛋白荧光标记研究发现,毛囊干细胞具有多向分化的潜能,可在体外培养过程中定向分化为神经胶质细胞、黑色素细胞、角质形成细胞、平滑肌细胞和汗腺细胞。Niemann[26]也报道毛囊外根鞘隆突区的毛囊干细胞,不仅是毛囊自身细胞的来源,而且还参与表皮和皮脂腺的形成。Tiede 等[27]利用毛囊干细胞成功分化出内根鞘、外根鞘和表皮角质细胞及皮脂腺,因此也证明了毛囊干细胞具有多向分化功能。另外,毛囊干细胞在培养过程中可分化成雪旺氏细胞[28],可用于神经元的重建再生,Liu 等[29]也发现毛囊隆突部毛囊干细胞可在培养过程中分化成神经元细胞,当移植到脊髓损伤部位后,分化的神经元细胞可以促进脊髓损伤的修复。

三、皮肤

（一）皮肤的结构特点

皮肤由表皮和真皮两部分组成,其中表皮从内到外包括基底细胞层、棘层、颗粒层、透明层及角质层,真皮从内到外包括网状层和乳头层。另外表皮中的基底层又被称为生发层,是表皮干细胞的富集区,目前有研究发现,表皮干细胞具有去分化现象,对皮肤的创面修复极为重要,而且网状层中富含毛囊,毛囊中的毛囊干细胞也在创面修复中发挥增殖分化修补创面的重要功能,所以二者在皮肤的结构与功能的维持中起到重要作用。

（二）皮肤创面无瘢痕研究进展

皮肤作为人体的第一道免疫防线,是人体最大的器官,当皮肤受到外部机械损伤或内部自我免疫机制的损害后容易形成瘢痕,皮肤外部所形成的瘢痕不仅影响个人美观还有可能会对人们造成不良的心理问题。Burrington 等[30] 通过对胎羊无瘢痕愈合过程的研究发现,与成年羊皮肤创口愈合相比,胎羊无瘢痕愈合过程缺乏急性炎症反应,并首次提出"无瘢痕愈合"的概念,自此以后,对各类动物胚胎皮肤的创面无疤痕愈合机制的阐明便成了许多学者研究的重点[31-33]。然而,Schmidt 等人[34]对一些哺乳动物不同时期的胚胎皮肤创伤愈合的研究观察发现,皮肤无瘢痕愈合并不在妊娠期全程体现,到胚胎后期,皮肤的损伤依然出现瘢痕愈合。Abe 等人[35] 研究发现,在胚胎前期和中期皮肤伤口含有大量透明质酸、碱性成纤维细胞生长因子[36]。一些研究学者[37,38] 发现,抗炎因子可以提高胚胎透明质酸的含量,并且发现胚胎时期皮肤中的透明质酸的含量大大高于胎儿出生后的。由于透明质酸的功能主要是促进Ⅲ型胶原蛋白的有序排放,使组织细胞排列整齐,同时所产生的无瘢痕愈合具有无肉芽组织形成,无急性炎症反应产生以及无伤口收缩等特点,因此胚胎皮肤创面愈合后将不伴有瘢痕形成。无菌羊水作为胚胎生长发育的外环境在胚胎初期及中期的皮肤无瘢痕愈合中也具有重要调节作用。通过对羊水中游离胎儿细胞进行检测,发现羊水中的胎儿间充质干细胞可在多种因素的相互作用下增殖分化为表皮样基底层细胞,作为表皮的生发层参与创面的修复[39]。

四、干细胞转录因子 Sox2

干细胞转录因子 Sox2 作为 Sox B1 家族的重要一员主要调控干细胞发育及决定干细胞分化方向,尤其在维持胚胎干细胞的自我更新能力和多能性方面具有重要作用,在毛囊干细胞的特异性标记物方面,大多研究学者则使用角蛋白、整合素、Lgr4、CD34 等[40-45],而干细胞转录因子 Sox2 的表达研究目前主要集中在胚胎干细胞和肿瘤细胞方面,也有一些研究发现干细胞转录因子 Sox2 的表达并不仅仅局限在这两个方面,并且发现机体的骨骼、神经、肝脏等其他器官中干细胞转录因子 Sox2 也可以进行表达 [44,46-47]。由此可见,干细胞转录因子 Sox2 的表达所涉及的研究领域是非常广的。

五、激活蛋白 AP-1

激活蛋白 AP-1 作为一种核转录因子,是细胞内信号转导的重要枢纽,活化的 AP-1 能调控许多基因的表达,参与转化、增殖、分化、凋亡等多种生物学功能 [48-50]。Spector 等发现阻断 AP-1 的活化,可以显著抑制细胞的扩散能力 [51],另外磷酸化调节是 AP-1 活性调节的一个重要方式,JNK(c-Jun N-terminal kinase)即为关键的磷酸酶 [52-53]。活化的 JNK 可以增强转录因子复合物 AP-1 活性,在细胞凋亡、细胞迁移,伤口愈合、组织修复等各种生理病理过程中发挥生物学效应 [54-57]。

第二节   实验技术

一、背部小鼠皮肤及毛囊的获取

(1)将成年性成熟雌雄昆明小鼠(背景清楚、生长状况良好,雌性小鼠发情)在第一天傍晚合笼,次日上午分笼,并检查雌性小鼠是否有阴栓,若有则开始判定为妊娠开始计算小鼠孕期。从小鼠出生那天算起,断髓处死后取第 0 d、第 2 d、第 4 d、第 6 d 及第 8 d 的新生小鼠组成 H.E 染色实验组,取新生 8 d、断乳及成年的皮肤毛囊组成免疫荧光染色实验组。

(2)将 H.E 实验组和免疫荧光染色实验组的小鼠处死后浸入 75% 乙醇烧杯的培养皿中携入超净工作台,用无菌的眼科剪和眼科镊剪取 H.E 实验组小鼠背部靠近后肢处臀部的皮肤(约 1.0 cm²),取材部位尽量一致,背部皮肤用剃毛器刮干净,要求此取皮区域无明显伤痕且无血液污染,用酒精棉球清洁所选取部位,并对所要进行采集的工具也用酒精棉球消毒,将剪好的组织块移入事先配好的 4% 多聚甲醛溶液中 4 ℃ 冰箱过夜处理。

用无菌的镊子牵起将免疫荧光染色实验组切口处皮肤,使毛囊根部暴露出来,在皮下部分有突起,用镊子和眼科剪在此处使皮下组织与真皮分离,将皮下组织中的毛囊取出移入培养皿中,注意不要剪断血管,保持触须及周围皮肤的清洁。

二、小鼠背部皮肤及毛囊冰冻切片

(一)OCT 包埋

从冰箱中取出保存的皮肤组织及毛囊于超净工作台中,在包埋盒的凹槽内涂上一层 OCT 包埋胶,将实验样品置于其上,再涂上一层包埋胶完全覆盖。注意在包埋过程中样品要平展不能卷曲,放入 4 ℃ 冰箱预冷 20 min 让 OCT 胶浸透组织,H.E 染色实验组包埋两块组织,一块平铺于包埋盒中作为横切样品,一块竖立在盒中作为纵切样品,免疫荧光染色实验组中的毛囊平铺于包埋盒中。液氮冰冻 5 min,可以把样品水分冲击掉,继而在冰冻切片时可以避免出现小冰晶,液氮后立即置入 -80 ℃ 冰箱贮存备用。

(二)冰冻切片

(1)从冰冻切片机上取下组织黏合托,在黏合托上滴上包埋剂,把所包埋的样品黏合在包埋剂上,立即放于冷冻台上让其冷冻形成一个整体后,将冷冻好的 OCT 小块夹紧于切片机持承器上,启动进退键,摇动冰冻切片机把手将 OCT 冰冻包埋块平面修平。

(2)调好欲切的厚度,切片厚度 8 μm,准确地将防卷板调校至适当的位置。切片时,使切出的切片能平整地躺在持刀器的铁板上。这时便可掀起防卷板,取一载玻片,将其附贴上即可,冷冻箱中的温度可调至 -15 ~ -20 ℃,完成后记录并保存在 4 ℃ 冰箱。

(三)H.E 染色步骤

(1)烤片固定:将保存在 -20 ℃ 冰箱中的切片置于 37 ℃ 恒温箱中供烤 1 ~ 2 h。

(2)蒸馏水漂洗 3 ~ 5 min。

（3）苏木素染色 3 ~ 5 min。

（4）蒸馏水漂洗 1 min，将载玻片上多余的染液漂洗干净。

（5）1% 盐酸酒精快速分化，流水漂洗 30 ~ 60 s。

（6）伊红染色 30 s。

（7）蒸馏水漂洗 1 min。

（8）75%、100% 酒精中各浸泡 30 s。

（9）Histoclear 透明剂透明 5 s。

（10）晾干，中性树胶（Dpx）封片，镜下观察。

（四）毛囊密度统计

在倒置显微镜 100× 倍镜下选择视野清晰的皮肤横切片，记录同一视野内的初级毛囊个数和次级毛囊个数，视野面积为 8.000 mm × 5.990 mm，比例尺长度为 1 000 μm，在每个切片上随机观察 10 个不同视野并记录数据，并对其采用 Microsoft Excel 数据分析工具计算平均数和标准误。根据计算公式：毛囊密度 = 平均数 ± 标准误的形式来表示初级毛囊（P）和次级毛囊密度（S）、次级毛囊密度与初级毛囊密度比值（S/P）、及总毛囊数。

选择视野观察清晰的皮肤纵切片，在倒置显微镜 40× 及 100× 倍镜下记录同一视野内的毛囊发育情况，视野面积为 8.000 mm × 5.990 mm，比例尺长度为 1 000 μm，观察并记录初级毛囊与次级毛囊的生长发育情况，区分出差异的初级毛囊和次级毛囊。

（五）免疫荧光染色

免疫荧光染色是利用抗原抗体的特异结合，同时配合二抗特异染色剂，使其所检测样品在荧光显微镜下的激发光通道中，发出不同的颜色来进行对细胞所表达蛋白的区分和鉴定。目前针对免疫荧光技术主要包括活体细胞的荧光蛋白表达的检测，免疫荧光检测，免疫组化。其中使用较广泛的为免疫荧光和免疫组化，免疫荧光适用于冰冻切片组织的荧光检测，并且在整个实验过程中务必保持湿润环境，免疫组化适用于石蜡切片组织的蛋白表达鉴定。

免疫荧光实验流程如下：

（1）将保存在 4 ℃冰箱中的片子取出置于室温下用吹风机吹 30 min。

（2）用免疫组化笔圈住载玻片上的样作为标记,滴加 4% 多聚甲醛于载玻片上,置于湿盒避光在 4 ℃冰箱中保存 30 min。

（3）用移液枪加 1 mL 甘氨酸于载玻片上,4 ℃冰箱中 10 min。

（4）漂洗:用 PBS 漂洗 2 次,每次 15 min。

（5）1 mL 1%Triton R X-100 透膜 20 min。

（6）非特异性抗原封闭血清:3%BSA 溶液室温下孵育 60 min 后,吸去血清,PBS 漂洗 5 min。

（7）加入一抗稀释液:加入 5 μL Triton R X-100、1 μL 山羊血清、0.5 μL Sox2 和 100 μL 3%BSA 混合液湿盒避光孵育 4 ℃过夜,以 PBS 代替一抗做阴性对照。

（8）用 PBS 漂洗 2 次,每次 15 min。

（9）加入二抗稀释液:加入 1 μL Triton R X-100、1 μL DAPI、1 μL keyFluor488 和 150 μL 3%BSA 混合液,37 ℃下湿盒避光孵育静置 1 h。

（10）漂洗:PBS 漂洗 30 min。

（11）封片:使用抗荧光猝灭剂混合甘油封片,避光保存。

（12）观察:在暗房蔡司倒置荧光显微镜下观察荧光标记情况并拍照。

（六）毛囊及皮肤细胞增殖追踪技术

目前,针对不同类型细胞的增殖及迁移研究方法上,会使用多种类型细胞增殖标记物,但是这些细胞增殖标记物,大都具有细胞毒性的共同特点,最初所使用的细胞增殖标记方法为 3H- 胸腺嘧啶核苷掺入法（3H-TdR）,因为此方法具有放射性,会对实验人员造成一定的伤害,因此,现在这种细胞增殖的标记方法已经被淘汰。随后又出现了一种新的细胞增殖标记方法,四甲基偶氮唑盐法（MTT）,此方法标记细胞增殖简单、快速,且无放射性危害,但是细胞增殖标记结果却容易形成假阴性。另外,Cell Counting Kit-8（CCK-8）细胞增殖标记方法是近几年新研发的一种水溶性四唑盐,灵敏度高,可重复使用,是目前研究巨噬细胞增殖比较常用的方法之一。

目前在实验研究中所用的荧光染料 EdU 也是一种新型细胞增殖标记物,是一种可对活细胞进行荧光标记的胸腺嘧啶类似物,可以标记活体细胞,尤其是干细胞的增殖检测,与传统的 BrdU（5-bromo-2-deoxyuridine）技术比较起来,EdU 有更高的灵敏度和精度,因为它不需要像 BrdU 那样使 DNA 变性,破坏 DNA 的结构。另外,目前针对细胞增殖定位追踪所使用的 EdU 标记物,大多采用 EdU 体内注射进行细胞标记的方法,这样的标记结果更加单一、明确,使得目标细胞增殖数据的统计更加科学、真实。

断颈法处死新生 3 d 龄 KM 乳鼠,获取双侧嘴角下缘触须垫,75% 酒精消毒 30 s,转移到超净工作台中,无菌条件下利用显微外科解剖术在 MEM 无菌培养液环境中分离出触须完整毛囊,切除毛囊毛球部,拔出内根鞘,获得所需毛囊外根鞘,将毛囊外根鞘分别置于 5 种(包括无 EdU 添加的对照组,对照组添加等剂量的 PBS)不同 EdU 浓度的培养皿中,以 5% FCS+MEM 培养液作为基础培养环境,进行 EdU 标记孵育培养,每个培养皿中外根鞘为 30 个,在 37 ℃,5% CO_2 培养箱中分别培养 12 h、24 h、36 h、48 h、60 h。每组互为实验对照组,每组实验对应 5 个时间,并重复 3 次。利用 OCT 冰冻包埋剂对 5 组不同 EdU 浓度及培养不同时间段的触须毛囊外根鞘分别进行包埋冷冻,使用莱卡冰冻切片机制作厚度 8 μm 的冰冻切片,将毛囊组织按顺序依次吸附于正电荷防脱载玻片上,标记编号并放入 –20 ℃冰箱中备用。

每张使用 EdU 标记培养的毛囊外根鞘组织切片滴加 1 mL 4% 多聚甲醛室温固定 30 min,然后 3% BSA 漂洗 2 次,每次 5 min,继而加入 1 mL 渗透剂(0.5% Triton X-100)透化细胞质膜和核膜,透膜 20 min 后,再使用 3% BSA 漂洗 2 次,每次 5 min,去除渗透剂。每张玻片上加入 0.5 mL KeyFluor488 Click-iT 反应混合物(根据说明书现用现配),室温避光孵育 30 min。弃去 Click-iT 反应混合物,使用 3% BSA 漂洗 2 次,每次 5 min,去除反应混合物,滴加抗荧光猝灭剂,盖玻片封片,蔡司倒置可视化荧光显微镜暗房拍照。

（七）小鼠活体 EdU 标记

随机选取 2 d 龄 KM 小鼠 20 只,雌雄不限。超净工作台下利用显微外科眼科剪对乳鼠统一进行等长度背部造创(长度 5 mm),造创皮肤损伤深度达到真皮,使用酒精棉球擦拭伤口,然后再用生理盐水清洗伤口 3 次,其中 10 只乳鼠皮下注射 40 μL 用 0.01 mol/L PBS(pH7.2~7.4)稀释的细胞增殖标记物 EdU(20 μmol/L),另外 10 只注射等量的生理盐水,继而转移到小鼠饲养室正常进行母乳喂养。按照实验设计时间,获取小鼠正常皮肤和新生疤痕进行 OCT 冰冻包埋,液氮速冻 1 h,

–80 ℃冰箱冷冻48 h,使用莱卡冰冻切片机制作8 μm厚度的切片,正电荷防脱载玻片吸附冰冻切片,–20 ℃冰箱中冷冻保存备用。

（八）气液界面支架的制作

Nuclepore聚碳酸酯膜,由高质量聚碳酸酯薄膜制成,每张Nuclepore聚碳酸酯膜成圆形,规格不同,孔径不同,使用40 μL鼠尾Ⅰ型胶原蛋白混合等量PBS,无菌条件下均匀涂抹在一次性的90 mm直径的培养皿内壁上,无菌眼科镊夹取Nuclepore聚碳酸酯膜,平铺在涂满鼠尾胶原的培养皿中,封口膜封住培养皿,紫外线照射30 min,待其鼠尾Ⅰ型胶原蛋白和Nuclepore聚碳酸酯膜自然干燥后,放入4 ℃冰箱备用。实验中使用低糖MEM作为基础培养液,加入胎牛血清（FCS）,制作成5%FCS+MEM的培养液,2 mL的5%FCS+MEM培养液中加入青链霉素100 mg,培养毛囊外根鞘时加入BFGF（成纤维细胞碱性生长因子）10 ng/mL,培养胚胎皮肤时加入EGF（表皮生长因子）8 ng/mL。

（九）触须毛囊外根鞘的获取及培养

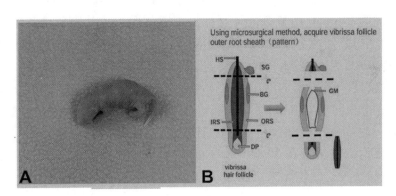

图11-1　实验材料和获得触须毛囊外根鞘示意图

Fig.11-1. Experimental materials and acquire tentacles outer root sheath of hair follicles schematic diagram.

注:A:3日龄KM幼鼠;B:微解剖触须毛囊获得毛囊外根鞘示意图;HS:毛干,SG:皮脂腺,BG:隆起,IRS:内根鞘,ORS:外根鞘,DP:真皮乳头,GM:玻璃膜;Using microsurgical method, acquire vibrissa follicle outer root sheath(pattern):采用显微外科方法获得毛囊外根鞘(模式图)

断颈法处死新生 1 ~ 5 d 的乳鼠,整个乳鼠放入 75% 酒精中消毒,然后转移到超净工作台,在主体显微镜下用眼科剪沿乳鼠嘴角剪下双侧触须部皮肤组织,把皮肤组织放入无菌 MEM 培养液中,在无菌液体三维环境下利用眼科镊,分离出完整的触须毛囊,利用眼科显微外科刀切除毛囊毛球部部分,小心拔出毛囊内根鞘,不要损伤毛囊外根鞘的中上部,获得的形态完整的毛囊外根鞘中上部,保留毛囊隆突部的完整性。30 mm 培养皿中加入 2 mL 配比好的培养液,将处理好的 Nuclepore 聚碳酸酯膜漂浮在培养液之上,利用无菌眼科镊把毛囊外根鞘转移到漂浮的 Nuclepore 聚碳酸酯膜上,放在 37 ℃,5% CO_2 培养箱中进行培养。

（十）胎鼠皮肤微创后培养

实验中同一天受孕的母鼠为 6 只,取孕龄为 15 d 的 6 只 KM 母鼠并处死,浸泡于 75% 酒精 10 min,超净工作台内将子宫取出,共取出 63 只胎鼠。随机取 60 只胎鼠(剩余 3 只胎鼠,取其皮肤直接进行包埋制冰冻切片,观察胎鼠皮肤正常结构),用眼科微型手术器械小心剥离胎鼠背部皮肤,每只胎鼠背部皮肤于主体显微镜下分成等面积大小的 3 块皮片,共获得 180 块皮片。用无菌微创器在皮片上统一造创,微创口直径统一为 2 mm。用显微外科镊把人工微创胎鼠皮片随机转移到 6 组培养液中,分别为 DMEM + 0% FBS 组、DMEM + 5% FBS 组、DMEM + 10% FBS 组、MEM + 0% FBS 组、MEM+ 5% FBS 组和 MEM+ 10% FBS 组,此外各组培养液中再加入 10% 青 / 链霉素稀释液 100 μL。每组有 3 个相同培养皿,每个培养皿培养 10 块皮片,其中随机 1 个培养皿中加入 20 μmol/L EdU 干细胞标记物 100 μL,最终每个培养皿中培养液体积均为 2 mL,在 37 ℃,5% CO_2 培养箱中培养 3 d。皮片 OCT 包埋后液氮冲击,制作冰冻切片,厚度 6 μm,–20 ℃冰箱保存备用。

（十一）胎鼠皮肤细胞增殖标记染色

皮片培养 3 d 后,显微镜下观察皮肤愈合情况,选出愈合最好的标记组,其中每张 EdU 标记培养的胎鼠皮肤组织切片滴加 1 mL 4% 多聚甲醛室温固定 30 min,3% BSA 漂洗 2 次,每次 5 min,加入 1 mL 1% Triton X-100 透膜 20 min 后,再使用 3% BSA 漂洗 2 次,每次 5 min,去除渗透剂。每张玻片上加入 0.5 mL KeyFluor488 Click-iT 反应混合物(根据说明书现用现配),室温避光孵育 30 min。弃去 Click-iT 反应混合物,使用 3% BSA 漂洗 2 次,每次 5 min,去除反应混合物,滴加抗荧光猝灭剂,盖玻片封片,倒置荧光显微镜暗房拍照。其中增殖细胞的细胞核可被 EdU 标记,形成绿色荧光,而未增殖细胞的细胞核,可被 Hoechst 标记,发出红色荧光。

三、统计分析方法

利用图像分析软件 Motic 统计胎鼠微创皮片愈合数目,采用 SPSS16.0 软件进行统计分析,χ^2 检验分析各组愈合率差异,Logistic 回归模型分析胎鼠微创皮片愈合的影响因素,$P<0.05$ 为差异有统计学意义。

第三节　研究目的意义

目前,毛囊和皮肤是细胞生物学和皮肤创面修复及皮肤病学等学科研究的热点,它涉及毛囊干细胞的定位、毛囊的形态学分析、毛囊信号转导、生长因子、细胞因子和真皮及表皮之间的相互作用等多个方面的生物学功能研究。而且现在已经初步阐明和定位毛囊干细胞的所在位置,即毛囊外根鞘的隆突部。因此,如何利用毛囊干细胞研究毛囊再生机制以及研究干细胞对创面修复的机制已成为当前研究的发展趋势。

众所周知,毛囊在皮肤损伤修复中发挥重要作用,不含毛囊的人工皮肤移植患处后,如果发生二次损害,将会对患者的创面形成难以愈合的瘢痕。另外,目前国内外对毛囊细胞生物学及毛囊干细胞修复创面的机制研究主要集中在活体皮肤上,同时对毛囊再生机制的研究方面也主要以体内的毛囊生长情况为主。这些研究材料的来源以活体为主,而活体受到环境的各种因素影响,因此最终的研究结果并不一定可以反映出毛囊细胞安静状态下的生物学特征,同时活体的可移动性也为实验研究带来不便。所以,到目前为止,毛囊再生机制以及干细胞修复创面机制的研究依旧不甚明了。另外,在皮肤无瘢痕愈合机制方面的研究中,皮肤无瘢痕愈合的机制依旧没有明确,创面无疤痕愈合的现象从目前的研究结果来看,创面无瘢痕这一现象仅仅发生在组织胚胎前中期,到胚胎后期却无法达到创面的无瘢痕愈合结局。

由上述可知,建立和完善体外培养触须毛囊外根鞘重建新生毛囊的方法,及对毛囊再生过程与相关机制的探讨,可为进一步对毛囊细胞生长、发育、分化、凋亡等规律的研究建立新型离体生物模型,同时也为进一步研究皮肤毛囊干细胞对皮肤创面修复相关机制过程奠定基础。另外,胎鼠皮肤创面愈合培养的条件优化及细胞活跃区定位,也为后期建立胎鼠皮肤人工微创体外愈合模型奠定基础,同时为研究胚胎皮肤无瘢痕愈合机制提供新的思路。同时,皮肤疤痕组织形成过程中皮肤干细胞分布、增殖分化迁移特征,探讨这些特征与皮肤创伤修复的关系,可以初步分析皮肤新生疤痕中短暂扩增细胞的形成及迁移方向。将对研究毛囊再生机制及创面无瘢痕愈合机制具有重要现实意义和应用前景。

参考文献

[1]Wu Y, Niu Y, Zhong S, et al. A preliminary investigation of the impact of oily skin on quality of life and concordance of self-perceived skin oiliness and skin surface lipids[J]. Int J Cosmet Sci, 2013, 35 (5): 442-447.

[2]Iwona D, Feride O W, Peter H, et al. Genetically Induced Cell Death in Bulge Stem Cells Reveals Their Redundancy for Hair and Epidermal Regeneration[J]. Stem Cells, 2015, 33 (3): 988-998.

[3]Marfia G, Navone S E, Di V C. Mesenchymal stem cells: potential for therapy and treatment of chronic non-healing skin wounds[J]. Organogenesis, 2015, 11 (4): 183-206.

[4]Hocking A M. The Role of chemokines in mesenchymal stem cell homing to wounds[J]. Adv Wound Care (NewRochelle), 2015, 4 (11): 623-630.

[5]Wang Y, Liu Z Y, Zhao Q, et al. Future application of hair follicle stem cells: capable in differentiation into sweat gland cells[J]. Chin Med J (Engl), 2013, 126 (18): 3545-3552.

[6]Purba T S, Haslam I S, Poblet E, et al. Human epithelial hair follicle stem cells and their progeny: current state of knowledge,

the widening gap in translational research and future challenges[J]. Bioessays, 2014, 36（5）: 513-525

[7]Mokos Z B, Mosler E L. Advances in a rapidly emerging field of hair follicle stem cell research[J]. Collegium antropologicum, 2014, 38（1）: 373-378.

[8]Lien W H, Polak L, Lin M, et al. In vivo transcriptional governance of hair follicle stem cells by canonical Wnt regulators[J]. Nat Cell Biol, 2014, 16（2）: 179-190.

[9]Rahmani W, Abbasi S, Hagner A, et al. Hair follicle dermal stem cells regenerate the dermal sheath, repopulate the dermal papilla, and modulate hair type[J]. Dev Cell, 2014, 31（5）: 543-558.

[10]Adameyko I, Lallemend F, Aquino J B, et al.Schwann cell precursors from nerve innervation are a cellular origin of melanocytes in skin[J].Cell,2009,16: 366-379.

[11]Blanpain C, Lowry W, Geoghegan A, et al. Self-renewal multipotency, and the existence of two cell populations within an epithelial stem cell niche[J]. Cell,2004,118: 635-648.

[12]Koster M L. Making an epidermis[J]. Ann NY Acad Sci, 2009,1170: 7-10.

[13]Amoh Y, Li L, Katsuoka K, et al. Multipotent nestin-expressing hair follicle stem cells[J]. The Journal of Dermatology, 2009,36（1）: 1-9.

[14]Pierard-Franchimont C, Petit L, Loussouan Q, et al. The hair eclipse phenomenon: sharpening the focus on the hair cycle chronobiology[J]. Int J Cosmet Sci ,2003,25: 295-299.

[15]Cotsarelis, G Epithelial stem cells: a folliculocentric view. Joumal of Investigative[J] Dermatology, 2006,126: 1459-1468.

[16] Rahmani W, Abbasi S, Hagner A, et al. Hair follicle dermal stem cells regenerate the dermal sheath, repopulate the dermal papilla, and modulate hair type[J]. Dev Cell, 2014,31（5）: 543-558.

[17] Ito M, Liu Y, Yang Z, et al. Stem cells in the hair follicle bulge contribute to wound repair but not to homeostasis of the epidermis[J]. Nat Med, 2005, 11（12）: 1351-1354.

[18] Cohen J. The transplantation of individual rat and guineapig whisker papillae [J]. J Embryol Exp Morphol, 1961, 9: 117-127.

[19] Jahoda C A, Horne K A, Oliver R F. Induction of hair growth by implantation of cultured dermal papilla cells [J] . Nature, 1984, 311 (5986): 560-562.

[20] Cotsarelis, Sun T T, Lavker R M. Label-retaining cells reside in the bulge area of pilosebaceous unit I mplications for follicular stem cells , hair cycle and skin carcinogenesis [J]. Cell, 1990 , 61 (7): 1329-1337.

[21] Taylor G, Lehrer M S, Jensen P J, et al. Involvement of folicular stem cells in follicular not only the follicular but also the epidermis [J] . Cell, 2000 , 102 (4): 451- 461.

[22]Cotsarelis G. Epithelial stem cells: a folliculocentric view[J]. J Invest Dermatol, 2006, 126 (7): 1459-1468.

[23]Oshima H, RochatA, Kedzia C, et al. Morphogenesis and renewal of hair follicles from adultmultipotent ste m cells[J] .Cell, 2001, 104: 233-245.

[24]Amoh Y, Li L, Katsuoka K, et al. Multipotent nestin positive, keratin- negative hair- follicle Bulge stem cells can form neurons[J]. Proc Natl Acad Sci U S A, 2005, 102 (15): 5530-5534.

[25] Wang Y, Liu Z Y, Zhao Q, et al. Future application of hair follicle stem cells: capable in differentiation into sweat gland cells[J]. Chin Med J (Engl), 2013, 126 (18): 3545-3552.

[26]Niemann C, Owens D M, Hulsken J, et al. Expression of DeltaNLefl in mouse epidermis results in differentiation of hair follicles into squamous epidermal cysts and formation of skin tumours[J]. Development, 2002,129 (1): 95-109.

[27] Tiede S, Kloepper J E, Bodo E, et al. Hair follicle stem cells: walking the maze[J]. Eur J Cell Biol , 2007 , 86 (7): 355-376.

[28] Amoh Y, Li L, Campillo R, et al. Implanted hair follicle stem cells form Schwann cells that support repair of severed peripheral nerves[J]. Proc Natl Acad Sci U S A, 2005, 102 (49): 17734-17738.

[29] Liu F, Uchugonova A, Kimura H, et al. The bulge area is the

major hair follicle source of nestin- expressing pluripotent stem cells which can repair the spinal cord compared to the dermal papilla[J]. Cell Cycle, 2011, 10（5）: 830-839.

[30]Burrington J D. Wound healing in the fetal lamb[J]. J Pediatr Surg, 1971, 6（5）: 523-528.

[31]Verfaillie C. Stem cell plasticity[J]. Hematology, 2005, 10（1）: 293-296.

[32]Cipriani S, Bonini D, Marchina E, et al. Mesencehymal cells from human amniotic fluid survive and migrate after transplantation into adult rat brain [J]. Cell Biol Int, 2007, 31（8）: 845 -850.

[33]Sartore S, Maddalena L, Annalisa A, et al. Amniotic mesenchymal cells autotransplanted in a porcine model of cardiac ischemia do not differentiate to cardiogenic phenotypes[J]. Eur J Cardiothorac Surg, 2005, 28（5）: 677 -684.

[34]Schmidt D, Achermann J, Odermatt B, et al. Prenatally fabricated autologous human living heart valves based on amniotic fluid derived progenitor cells as single cell source[J]. Circulation, 2007, 116（11）: 164 -170.

[35]Abe M, Yokoyama Y, Ishikawa O. A possible mechanism of basic fibroblast growth factor-promoted scarless wound healing: the induction of myofibroblast apoptosis[J]. Eur J Dermatol, 2012, 22（1）: 46-53.

[36]Akita S, Akino K, Hirano A. Basic fibroblast growth factor in scarless wound healing[J]. Adv Wound Care（New Rochelle）, 2013, 2（2）: 44-49.

[37]Leung A, Balaji S, Le LD, et al. Interleukin-10 and hyaluronan are essential to the fetal fibroblast functional phenotype[J]. J Surg Res, 2013, 179（2）: 257-258.

[38] Expert Dyslipidemia Panel, Grundy S M. An international atherosclerosis society position paper: global recommendations for the management of dyslipidemia[J]. J Clin Lipidol, 2013, 7（6）: 561-565.

[39]Beyer N N, Da Silva M L. Mesenchymal stem cells:

Isolation, in vitro expansion and characterization[J]. Handb Exp Pharmacol, 2006, 23（74）: 249-282.

[40]Girouard S D, Laga A C, Mihm M C, et al. Sox2 contributes to melanoma cell invasion[J]. Lab Invest, 2012, 92（3）: 362-370.

[41]Kamachi Y, Kondoh H. Sox proteins: regulators of cell fate specification and differentiation[J]. Development, 2013, 140（20）: 4129-4144.

[42]Najafzadeh N, Sagha M, Heydari T S, et al. In vitro neural differentiation of CD34 [+] stem cell populations in hair follicles by three different neural induction protocols[J]. Cell Dev Biol Anim, 2015, 51（2）: 192-203.

[43]Weijia L, Melissa R, Joseph M V, et al. Lgr4 is a key regulator of prostate development and prostate stem cell differentiation[J]. Stem Cells, 2013, 31（11）: 2492-2505.

[44]Norifumi T, Rajan J, Matthew R L, et al. Hopx expression defines a subset of multipotent hair follicle stem cells and a progenitor population primed to give rise to K6+niche cells[J]. Development, 2013, 140（8）: 1655-1664.

[45]Annovazzi L, Mellai M, Caldera V, et al. Sox2 expression and amplification in gliomas and glioma cell lines[J]. Cancer Genomics Proteomics, 2011, 8（3）: 139-147.

[46]Favaro R, Appolloni I, Pellegatta S, et al. Sox2 is required to maintain cancer stem cells in a mouse model of high-grade oligodendro-glioma[J]. Cancer Res, 2014, 74（6）: 1833-1844.

[47]Chen P L, Chen W S, Li J, et al. Diagnostic utlity of neural stem and progenitor cell markers nestin and Sox2 in distinguishing nodal melanocytic nevi from metastatic melanomas[J]. Mod Pathol, 2013, 26（1）: 44-53.

[48]Hibi M, Lin A, Smeal T, et al. Identification of an oncoprotein-and UV-responsive protein kinase that binds and potentiates the c-Jun activation domain[J]. Genes Dev, 1993, 7: 2135-2148.

[49] Wada T, Penninger J M. Mitogen-activated protein kinases in

apoptosis regulation[J]. Oncogene, 2004, 23（6）: 2838-2849.

[50]Roux P P, Blenis J. ERK and p38 MAPK-activated protein kinases : a family of protein kinases with diverse biological functions[J]. Microbiol Mol Biol Rev, 2004, 68（2）: 320-344.

[51]Spector M, Nguyen V A, Sheng X, et al. Activation of mitogen -activated protein kinases is required for alpha1 -adrenergic agonist induced cell scattering in transfected HepG2 cells [J]. Exp Cell Res, 2000, 258（1）: 109 -200.

[52] Bogoyevitch M A, Kobe B. Uses for JNK: the many and varied substrates of the c-Jun N-terminal kinases[J]. Microbiol Mol Biol Rev, 2006, 70（4）: 1061-1095.

[53] Carboni S, Antonsson B, Gaillard P, et al. Control of death receptor and mitochondrial-dependent apoptosis by c-Jun N-terminal kinase in hippocampal CA1 neurones following global transient ischaemia[J]. J Neurochem, 2005, 92（6）: 1054-1060.

[54] Pan J, Zhao Y X, Wang Z Q, et al. Expression of FasL and its interaction with Fas are mediated by c-Jun N-terminal kinase （JNK）pathway in 6-OHDA-induced rat model of Parkinson disease[J]. Neurosci Lett, 2007, 428（7）: 82-87.

[55] Eferl R, Wagner E F. AP-1: a double-edged sword in tumorigenesis[J]. Nat Rev Cancer, 2003, 3（2）: 859-868.

[56] Dunn C, Wiltshire C, MacLaren A, et al. Molecular mechanism and biological functions of c-Jun N-terminal kinase signalling via the c-Jun transcription factor[J]. Cell Signal, 2002, 14（11）: 585-593.

[57] Hibi M, Lin A, Smeal T, et al. Identification of an oncoprotein- and UV-responsive protein kinase that binds and potentiates the c-Jun activation domain[J]. Genes Dev, 1993,7（9）: 2135-2148.

第十二章 体外培养毛囊外根鞘重塑新生毛囊三维形态

一、概述

毛囊作为皮肤中具有独特的结构和周期性再生能力的重要附属器官,其毛囊干细胞在皮肤创伤修复及病理生理免疫机制中发挥了重要作用。Schofield[1]在研究化疗药物对脾集落形成细胞的影响时首次提出干细胞微环境(stem cell niche)的概念,并得到证实[2-3],此概念认为干细胞必须与其他细胞相互接触,抑制干细胞分化,保持静息状态。毛囊干细胞作为毛囊组织中的祖先细胞,具有分化能力强和细胞生长周期长这两个比较明显的干细胞生物学特性,因此,毛囊器官体外培养与重建可为探索毛囊干细胞生物学提供良好实验模型,尽管国内外许多学者进行了大量研究,但关于毛囊外根鞘体外培养与重塑毛囊体系的建立等方面的研究较少。建立和完善体外培养触须毛囊外根鞘重建新生毛囊的方法,及对毛囊再生过程与相关机制的探讨,可为进一步对毛囊细胞生长、发育、分化、凋亡等规律的研究建立新型离体生物模型,同时也为进一步研究皮肤毛囊干细胞对皮肤创面修复相关机制过程奠定基础。

二、结果与分析

(一)毛囊再生情况统计及再生形态观察

将分离出的乳鼠触须毛囊外根鞘放在 37 ℃,5% CO_2 培养箱中培养不同的时间,观察毛囊再生情况。毛囊去除内根鞘及毛干后,可以明显看到一层分界线膜,即所谓"玻璃膜"(图 12-1A),对毛囊再生情况数据统计见（图 12-1B），可见毛囊外根鞘在体外培养到第三天时，毛囊长势较好，能够再生毛囊数目是最多的，第四天时部分毛囊长势减弱，导致再生毛囊数目下降；但是从冰冻切片的 HE 染色结果来看，毛囊外根鞘培养到第五天时，毛囊再生的形态是最好的。玻璃膜（图 12-1C）及其附近的细胞生长情况是判断毛囊再生的主要依据。从图 12-1 中图（D ~ H），是一组不同培养时间的毛囊外根鞘 HE 染色结果（HE 100×），此系列图片可以清楚地看出毛囊重塑过程中的形态变化。

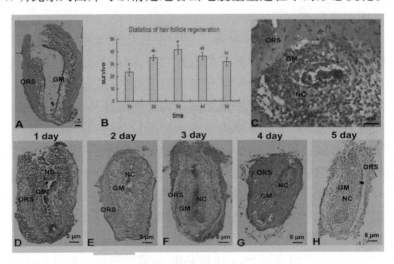

图 12-1　建立毛囊再生模型材料及毛囊再生模型

Fig.12-1. Materials for building hair follicle regeneration model and hair follicle regeneration model

注：图 A 是显微外科术分离出的毛囊外根鞘；图 B 是毛囊外根鞘体外培养时，不同天数再生毛囊数目的比较；图 C 是毛囊外根鞘体外培养后的冰冻切片 HE 染色（200×）结果，可以清楚看见玻璃膜（GM）；图 D ~ H：HE 染色（100×）结果显示毛囊外根鞘在体外培养 1 ~ 5d 中毛囊再生模型结构。ORS：外根鞘；GM：玻璃膜；NC：新生细胞；标尺（C）为 10 μm，（A, D ~ H）为 5 μm。Statistics hair follicle regeneration：毛囊再生统计。

（二）EdU 标记毛囊再生细胞及其迁移演化

EdU 标记毛囊再生细胞结果表明：毛囊外根鞘在培养到 6 h 时（图 12-2A ~ A"），毛囊干细胞的再生主要围绕毛囊玻璃膜的外围，此时的玻璃膜没有扩张呈线型。在 12 h（图 12-2B ~ B"）时，毛囊玻璃膜内开始填充，毛囊重建系统开始启动，从图中我们可以清楚看到此时毛囊玻璃膜附近发出绿色荧光的新生细胞。在 24 h（图 12-2C ~ C"）时，毛囊外根鞘外周部位再生干细胞减少，新生干细胞趋向集中在玻璃膜。在 36 h（图 12-2D ~ D", E ~ E"）时后，随着时间延长，毛囊干细胞的分裂次数和新生细胞数量增多，毛囊玻璃膜扩张度变大，玻璃膜部位绿色荧光信号相对强度逐渐增强，同时细胞的再生迁移开始在玻璃膜内部演绎形成毛囊形态。

通过 EdU 标记毛囊再生细胞，做出了增殖细胞迁移示意图（图 12-2F），示意图中外围是孕育新生毛囊的母体外根鞘，红色部位代表干细胞富集区，毛囊干细胞的初始分裂开始于外根鞘，绿色箭头的方向代表干细胞分裂迁移方向，干细胞在向玻璃膜内部迁移的同时，也在做着母体自身的修复，干细胞向母体两级分裂生长，使得母体内部获得一个相对于外部环境而封闭的空间，红色箭头表示再生迁移到玻璃膜内部的干细胞也在分裂扩增玻璃膜的面积，蓝色箭头表示新生细胞在细胞决定因素控制下自动完成毛囊结构样序列排放，毛囊再生中定向迁移的新生干细胞参与形成了毛囊新系统的内部结构分化层，同时由于空间限制，新生细胞在分割好的增殖区域形成毛囊的各种结构，黄色区域代表新生毛囊 DP 部位。使用等量 PBS 代替 EdU 所做的阴性对照（图 12-2G）。

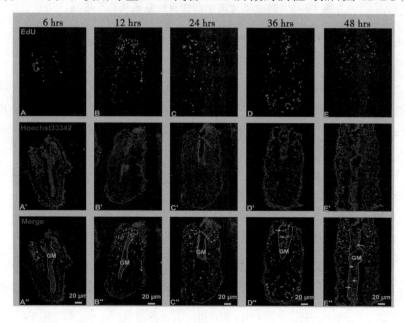

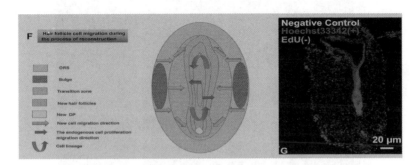

图 12-2 毛囊干细胞 EdU 再生标记及细胞迁移方向示意图

Fig. 12-2 Hair follicle stem cells labeled by EdU and cell migration direction schematic diagram

注：图 A ～ E 绿色荧光展示了 6 h、12 h、24 h、36 h、48 h 的毛囊外根鞘细胞在 EdU 标记（白色箭头）下细胞再生情况；图 A' ～ E'）展示毛囊外根鞘细胞核 Hoechst33342 红色荧光染色结果；图 A" ～ E"）展示毛囊外根鞘细胞再生时 EdU 标记绿色荧光和 Hoechst33342 红色荧光的重叠状态，白色虚线为毛囊玻璃膜。图 F 展示了毛囊外根鞘作为再生母体在重塑新生毛囊过程中毛囊干细胞分裂迁移方向，此图为干细胞迁移演化模式图；图 G 位阴性对照。所有荧光标尺为 20 μm。

（三）巨噬细胞源性细胞因子诱导干细胞再生

通过显微外科解剖获得乳鼠触须毛囊外根鞘，即毛囊生态系统重建的母体，是一个受创过程，触须毛囊的外周部从唇部皮肤中分离为第一创面，毛囊球部的切除为第二创面，毛囊内根鞘及毛干的拔出，为第三创面。毛囊形态重塑的发生由第三创面启动，伴随巨噬细胞的出现进行时间和空间上由细胞因子所调控的毛囊再生过程。

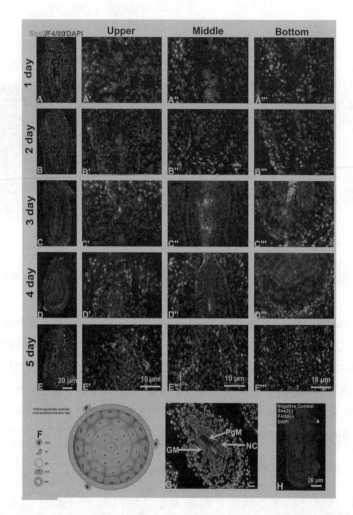

图 12-3　毛囊再生模型重塑过程中 F4/80 存在区域和干细胞转录因子 Sox2 的表达情况

Fig. 12-3 F4/80 existence region and Sox2 expression during remodeling process of hair follicle regeneration model

　　图 A 系列到图 E 系列分别展示了毛囊重塑模型的（1 ~ 5）d F4/80 红色荧光存在区域和干细胞转录因子 Sox2 绿色荧光染色表达情况变化，白色虚线为毛囊玻璃膜；图 F 是毛囊再生横截面模式图（Follicle regeneration tentacles cross-sectional schematic view），与图 G 毛囊再生纵切面实物图相对应，可还原毛囊再生三维立体形态；图 H 为阴性对照。PgM：伪玻璃膜。标尺（A ~ E, G, H）为 20 μm,（A' ~ E', A" ~ E", A"' ~ E"'）为 10 μm

在图 12-3 中,毛囊外根鞘培养第 1 d(图 A ～ A'")的免疫荧光结果显示,毛囊外根鞘中的单核细胞通过应激反应演化成巨噬细胞,巨噬细胞由趋化因子作用通过伪足游走到受创部位产生炎症反应,此时玻璃膜内部出现了大量趋化的巨噬细胞,被激活的巨噬细胞释放的巨噬细胞源性细胞因子进一步激活巨噬细胞,在玻璃膜内形成一个环形炎性反应区。第 2 d(图 B ～ B'")时,玻璃膜内部干细胞转录因子 Sox2 表达增强,说明此时干细胞已经迁移进入玻璃膜内部,巨噬细胞分散在干细胞周围。第 3d(图 C-C'")时,我们可以清楚地看到新生毛囊的初步雏形,在新生毛囊形态系统中,毛囊的中心部位伪玻璃膜作为创面继续修复再生,创面处可以检测到巨噬细胞及干细胞转录因子 Sox2 的表达,说明此处干细胞没有分化,而是继续分裂修复中心创面。第 4 d(图 D ～ D'")时,新生毛囊生态系统创面继续缩小。直到第 5 d(图 E ～ E'")时,毛囊形态重建初步完成,毛囊中心部位检测不到巨噬细胞,与此同时新生毛囊的毛球部位 DP 雏形出现,在新生 DP 部位可以检测到干细胞转录因子 Sox2 的表达,另外我们还发现,随着新生毛囊形态系统的逐步建立,母体外围巨噬细胞数量相对增加,从而在母体表面形成一道保护层,吞噬外来异物,抵御细菌的侵袭,这样母体内部新生的毛囊才可以更加安全的生长,进行新生毛囊形态系统的完善。另外通过新生毛囊的横切面模式图(图 F)与新生毛囊纵切面(图 G)的细胞排列结构图,可以还原新生毛囊的三维立体空间形态。使用等量 PBS 代替一抗所做的阴性对照(图 H)。

（四）AP-1 对干细胞转录因子 Sox2 的调控作用

毛囊外根鞘在培养初期激活蛋白 AP-1 就开始表达(图 12-4),这和毛囊外根鞘母体分离受创是密不可分的。随着毛囊玻璃膜(白色虚线)在毛囊重塑过程中的扩大,激活蛋白 AP-1 的表达(白色箭头所指)也越来越多(图 12-4 中 A ～ A'", B-B'", C ～ C'", D ～ D'", E ～ E'")。前人研究发现,干细胞转录因子 Sox2 对维持干细胞不分化状态具有重要作用,因此结合图 12-3,我们发现当新生细胞处于混乱状态时,可以检测到干细胞转录因子 Sox2 表达的绿色荧光,当新生干细胞开始对数增长并有序排列时,转录因子 Sox2 表达减弱或者停止。但作为伪玻璃膜层细胞却似乎不受 AP-1 蛋白的调控进而减弱干细胞转录因子 Sox2 表达,当玻璃膜内部 AP-1 蛋白大量表达,同时干细胞不表达 Sox2 蛋白时,这就启动了干细胞分化功能,这说明 AP-1 蛋白在负责调控干细胞迁移并分化形成新生毛囊结构中具有重要作用。新生毛囊部位 AP-1 蛋白在玻璃膜内均匀分布，参与 JNK 信号通路（图 12-4F），负责调控细胞的程序性死亡、分化及促进毛囊干细胞再生，揭示毛囊重建中损伤后的细胞凋亡具有触发毛囊干细胞再生的重要意义。使用等量 PBS 代替一抗所做的阴性对照（图 12-4G）。

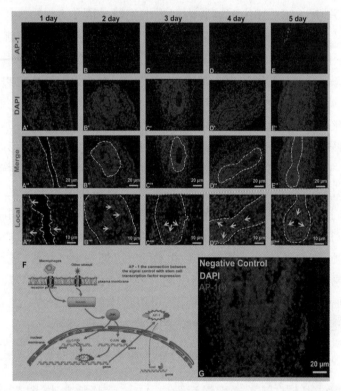

图 12-4　毛囊再生重塑过程中：AP-I 蛋白表达情况以及在 JNK 信号通路中的作用演示图

Fig. 12-4 During hair follicle regeneration remodeling AP-1 expression and the role in JNK signal pathway

　　图 12-4（A ~ E）系列是毛囊再生过程中激活蛋白 AP-1 红色荧光表达（白色箭头所指）情况；图（A' ~ E'）系列是毛囊外根鞘细胞核 DAPI 蓝色荧光染色；图（A" ~ E"）（A"' ~ E"'）系列是激活蛋白 AP-1 红色荧光和 DAPI 蓝色荧光叠加状态。图 F 是展示激活蛋白 AP-1 在毛囊重塑过程中活化并调控干细胞分化的机制模式图（AP-1 the connection between the signal control with stem cell transcription factor expression）；图 G 为阴性对照。白色虚线为毛囊玻璃膜。标尺（A ~ A"，B ~ B"，C ~ C"，D ~ D"，E ~ E"，G）为 20 μm，（A"' ~ E"'）为 10 μm

（五）毛囊形态重塑过程中的伪玻璃膜

新生毛囊母体在培养过程中受到自身重力及培养液的压力作用,毛囊玻璃膜内原有管腔会被挤扁,当毛囊启动重塑系统时,玻璃膜内管腔开始被填充,即毛囊干细胞分裂再生新的细胞,并迁移到毛囊玻璃膜内部,继续分裂再生,在毛囊玻璃膜内部可以检测到干细胞转录因子 Sox2 的表达及巨噬细胞的存在。从图中我们可以看到,在毛囊形态系统重塑的初期,玻璃膜内部细胞较少且细胞核小,成环状紧密排列,并逐渐形成新的环状细胞分隔带,分隔带随着毛囊再生扩大演化成伪玻璃膜,伪玻璃膜和玻璃膜内部由分化的毛囊干细胞分裂填充,新形成的伪玻璃膜代替旧的玻璃膜作为毛囊受创的创面,引导毛囊形态重塑向毛囊中心延伸,直到毛囊中心达到无损状态。通过荧光染色我们发现毛囊再生过程中形成的伪玻璃膜是由一层细胞组成,与原玻璃膜截然不同,这层伪玻璃膜细胞是由含有巨噬细胞和可以表达干细胞转录因子 Sox2 的细胞组成,从而保证干细胞在不分化的情况下可以继续向内部分裂填充创面。

三、讨论

目前研究表明,在毛囊中干细胞富集区有两个部位,一个是真皮乳头微环境[4],另一个就是隆突部微环境[5]。Cohen[6] 从毛囊中分离出真皮乳头组织并移植到小鼠耳部,诱导出了小鼠胡须样的毛发组织;Jahoda 等[7] 对真皮乳头分离并传代培养,并将培养的细胞进行皮肤移植发现可以再生毛囊结构;两者都证实了真皮乳头细胞在表皮细胞的相互作用诱导下具有再生毛囊的可能性。但是,Cotsarelis 等[8] 用 [^{3}H]-TdR 标记小鼠皮肤,Taylor 等[9] 用 BrdU 标记法追踪毛囊干细胞,结果显示毛囊干细胞定位在毛囊隆突部,并具有较强的分化增殖能力,毛囊干细胞游离出微环境后即可向下迁移参与毛囊的再生,也可向上迁移分化成表皮细胞修复皮肤创面。Cotsarelis[10] 也发现毛囊外根鞘隆突部毛囊干细胞长期处于静息期,但当皮肤受到创伤时[11],毛囊干细胞向上迁移使子代细胞具有表皮祖细胞的功能从而产生新的表皮。Amoh[12] 和 Wang 等[13] 对毛囊干细胞使用巢蛋白荧光标记研究发现,毛囊干细胞具有多向分化的潜能,可在体外培养过程中定向分化为神经胶质细胞、黑色素细胞、角质形成细胞、平滑肌细胞和汗腺细胞。Niemann[14]也报道毛囊外根鞘隆突区的毛囊干细胞,不仅是毛囊自身细胞的来源,而且还参与表皮和皮脂腺的形成。Tiede 等[15]利用毛囊干细胞成功分化出内根鞘、外根鞘和表皮角质细胞及皮脂腺。也证明了毛囊干细胞的多向分化功能。另外,毛囊干细胞在培养过程中可分化成雪旺氏细胞[16],可用于神经元的重建再生,Liu 等[17]也发现毛囊隆突部毛囊干细胞可在培养过程中分化成神经元细胞,当移植到脊髓损伤部位后,分化的神经元细胞可以促进脊髓损伤的修复。

巨噬细胞激活后在炎症反应中作为主要的吞噬细胞,负责清除机体损伤处组织和细胞的坏死碎片以及病原体等。巨噬细胞可被自身分泌的细胞因子激活,产生正反馈效应[18-19],放大巨噬细胞作用范围。在炎性阶段巨噬细胞可以分泌多种生物活性物质以及多种酶类物质对创伤愈合过程起到重要的调控作用[20]。成熟巨噬细胞具有高度的吞噬功能,有相对较长的生命,在全身组织的修复和再生中均发挥了重要作用[21]。

Sox2 转录因子作为 Sox B1 家族的重要一员,Sox2 主要调控胚胎发育及决定细胞分化方向[22-23],尤其在维持胚胎干细胞的自我更新能力和多能性方面具有重要作用[24],并且 Sox2 对抑制干细胞分化也极为重要[25-29]。激活蛋白 AP-1 作为一种核转录因子,是细胞内信号转导的重要枢纽,活化的 AP-1 能调控许多基因的表达,参与转化、增殖、分化、凋亡[30-32]等多种生物学功能。Spector 等发现阻断 AP-1 的活化,可以显著抑制细胞的扩散能力[33],另外磷酸化调节是 AP-1 活性调节的一个重要方式,JNK(c-Jun N-terminal kinase)即为关键的磷酸酶[34-37]。活化的 JNK 可以增强转录因子复合物 AP-1 活性[38],在细胞凋亡[39]、细胞迁移[40-41]、伤口愈合、组织修复等各种生理病理过程中发挥生物学效应。

获取毛囊外根鞘母体的同时,也是毛囊受创发生炎症应激反应的开始,同时外根鞘母体干细胞增殖分化作为第三创面玻璃膜内部创口的填充,创面的修复主要是靠邻近组织的同源细胞增殖分化完成伤口愈合。毛囊外根鞘作为再生母体,其中主要的部位就是毛囊隆突部干细胞富集区,在修复过程中,干细胞迁移分化形成毛囊各个部位细胞,各个部位细胞再作为不同部位同源细胞,完成创面修复。目前针对毛囊干细胞的激活增殖分化,学者们先后提出了多个假说解释毛囊(生长)重建过程,有表皮学说、毛囊隆突激活假说[8]和干细胞迁移假说[9]等。其中表皮学说和毛囊隆突部激活假说主要针对毛囊隆突部干细胞的分化功能来演绎,不同的是毛囊隆突部激活假说需要毛乳头的参与,认为毛乳头提供了使毛囊从静息期转化到生长期的重要信号。

　母体外根鞘干细胞向两极迁移修复毛囊上端和下端损伤部位,同时母体的自身修复使得内部形成相对封闭的空间,为毛囊再生重塑形态提供一个稳定的微环境,干细胞在这个母体空腔微环境中演绎细胞分化迁移,增殖重排及形态重塑。毛囊外根鞘干细胞在向内部迁移的过程中,祖干细胞会分化成毛囊各个部位的亚干细胞作为再生的基础,同时亚干细胞归位后会大量增殖填充相应新生空间,形成毛囊各个功能层。在隆突激活假说中,毛乳头作为信号发射源在启动毛囊生长期中发挥了至关重要的作用,但我们的研究中,毛球部已经被切除,毛乳头的激活作用无法实施,当然,也有一些研究和我们得出了相似的结论,认为毛囊真皮乳头并不是毛囊干细胞分裂初始信号的发射源,他们把真皮乳头放在静息期毛囊隆突部干细胞旁边很长一段时间,最终的结果并没有激活新的毛囊再生周期,因此真皮乳头可能并不是唯一提供毛囊从静息期转化到生长期这一重要信号的发射者。在我们的研究中,创伤后炎性反应对毛囊的刺激是首要因素,创伤应激反应引发 JNK 信号通路激活 AP-1 蛋白表达,AP-1 蛋白可以促进巨噬细胞的活化,同时创伤应激也可以直接激活巨噬细胞,使其释放巨噬细胞源性因子激活静息期干细胞,促进干细胞分裂进行创面修复。所以,总的来说,在没有毛乳头的情况下,毛囊干细胞在一定的炎症刺激下进行一系列凋亡程序,从而启动干细胞再生机制。

　干细胞迁移假说主要是指在毛囊周期性生长过程中,隆突部的干细胞在受到某些刺激后要向下迁移,到达毛球部时停止,转化成增殖的毛母质细胞再开始向上、向内增殖分化形成毛发[16]。我们的实验研究中发现,毛囊干细胞激活后的增殖迁移是从外向内,每当迁移一个区域,干细胞会做短暂停留,再继续进行下一步迁移,在迁移的过程中,干细胞的功能也发生着微妙的变化,当新生干细胞停止干细胞转录因子 Sox2 的表达时,便进入分化状态,创面中心的伪玻璃膜细胞层却继续表达 Sox2 蛋白,维持干细胞正常分裂状态而不进行分化。在干细胞首次迁移入驻玻璃膜内部时,再生的干细胞是无序混乱的,所以干细胞在玻璃膜内的增殖是向各个方向的,直至玻璃膜与伪玻璃膜之间的空间完全占据,甚至玻璃膜向外扩张。当再生的细胞达到新生毛囊结构层饱和以后,会自动停止干细胞的分裂,为毛囊下一个结构层的再生节省原料和空间,所以毛囊干细胞的细胞决定特性在增殖分化中起着至关重要的作用。

当然,毛囊外根鞘隆突部干细胞分裂、分化、迁移促使毛囊再生的机制还不甚明了,另外在毛囊再生过程中,所涉及的各种细胞因子之间相互作用机制也尚未明确,以及后期的毛囊重建是否可以再生出毛纤维等等,因此在研究毛囊重建过程中有很多的问题亟待我们发现和解决。本研究利用乳鼠触须毛囊外根鞘体外培养孕育新生毛囊并揭示毛囊重塑形态系统的过程,结果表明:体外培养 5 d 乳鼠触须毛囊外根鞘可以再生产生新生毛囊雏形;毛囊再生过程中毛囊外根鞘原玻璃膜作为创面伤口被新形成的伪玻璃膜所代替;通过 EdU 标记毛囊新生干细胞演绎细胞迁移方向,还原出新生毛囊再生过程的三维立体空间形态。

参考文献

[1] Schofield R. The relationship between the spleen colony forming cell and the haemopoietic stem cell[J]. Blood Cells, 1978, 4（1-2）: 7-25.

[2] Bruns I, Lucas D, Pinho S, et al. Megakaryocytes regulate hematopoietic stem cell quiescence through CXCL4 secretion [J]. Nature Med, 2014, 20（11）: 1315-1320.

[3] Hsu Y C, Li L, Fuchs E. Transit-amplifying cells orchestrate stem cell activity and tissue regeneration[J]. Cell, 2014,157（4）: 935-949.

[4] Rahmani W, Abbasi S, Hagner A, et al. Hair follicle dermal stem cells regenerate the dermal sheath, repopulate the dermal papilla, and modulate hair type[J]. Dev Cell, 2014,31（5）: 543-558.

[5] Ito M, Liu Y, Yang Z, et al. Stem cells in the hair follicle bulge contribute to wound repair but not to homeostasis of the epidermis[J]. Nat Med, 2005, 11（12）: 1351-1354.

[6] Cohen J. The transplantation of individual rat and guineapig whisker papillae [J]. J Embryol Exp Morphol, 1961, 9: 117-127.

[7] Jahoda CA, Horne KA, Oliver RF. Induction of hair growth by

implantation of cultured dermal papilla cells [J] . Nature, 1984, 311 (5986): 560-562.

[8] Cotsarelis , Sun T T , Lavker R M. Label-retaining cells reside in the bulge area of pilosebaceous unit I mplications for follicular stem cells , hair cycle and skin carcinogenesis [J] . Cell, 1990 , 61 (7): 1329-1337.

[9] Taylor G, Lehrer M S, Jensen P J, et al. Involvement offolicular stem cells in follicular not only the follicular but also the epidermis [J] . Cell, 2000 , 102 (4): 451- 461.

[10]Cotsarelis G. Epithelial stem cells: a folliculocentric view[J]. J Invest Dermatol, 2006, 126 (7): 1459-1468.

[11]Oshima H, RochatA, Kedzia C, et al. Morphogenesis and renewal of hair follicles from adultmultipotent ste m cells[J] .Cell, 2001, 104: 233-245.

[12]Amoh Y, Li L, Katsuoka K, et al. Multipotent nestin positive, keratin- negative hair- follicle Bulge stem cells can form neurons[J]. Proc Natl Acad Sci U S A, 2005, 102 (15): 5530-5534.

[13] Wang Y, Liu Z Y, Zhao Q, et al. Future application of hair follicle stem cells: capable in differentiation into sweat gland cells[J]. Chin Med J (Engl), 2013, 126 (18): 3545-3552.

[14]Niemann C, Owens D M, Hulsken J, et al. Expression of DeltaNLefl in mouse epidermis results in differentiation of hair follicles into squamous epidermal cysts and formation of skin tumours[J]. Development, 2002,129 (1): 95-109.

[15] Tiede S, Kloepper J E, Bodo E, et al. Hair follicle stem cells: walking the maze[J]. Eur J Cell Biol , 2007 , 86 (7): 355-376.

[16] Amoh Y, Li L, Campillo R, et al. Implanted hair follicle stem cells form Schwann cells that support repair of severed peripheral nerves[J]. Proc Natl Acad Sci U S A, 2005, 102 (49): 17734-17738.

[17] Liu F, Uchugonova A, Kimura H, et al. The bulge area is the major hair follicle source of nestin- expressing pluripotent stem cells which can repair the spinal cord compared to the dermal papilla[J]. Cell Cycle, 2011, 10 (5): 830-839.

[18] Dipietro L A, Reintjes M G, Low Q E, et al. Modulation of macrophage recruitment into wounds by monocyte chemoattractant protein -1[J]. Wound Repair Regen, 2001, 9（1）: 28-33.

[19]Martin P. Wound healing aiming for perfect skin regeneration[J]. Science, 1997, 276: 75-81.

[20] Porfera C A. Effect of macrophage stimulation on collagen biosynthesis in the healing wound[J]. Am Surg, 1997, 63: 125-131.

[21]Chazaud B, Brigitte M, Yacoub-Youssef H, et al. Dual and beneficial roles of macrophages during skeletal muscle regeneration [J]. Exerc Sport Sci Rev, 2009, 37（1）: 18-22.

[22]Saigusa S, Tanaka K, Toiyama Y, et al. Correlation of CD133, OCT4 and Sox2 in rectal cancer and their association with distant recurrence after chemoradiotherapy [J]. Ann Surg Oncol, 2009, 16（12）: 3488-3498.

[23]Otsubo T, Akiyama Y, Yanagihara K, et al. Sox2 is frequently down regulated in gastric cancers and inhibits cell growth through cell-cycle arrest and apoptosis [J]. Br J Cancer, 2008, 98（4）: 824-831.

[24] Fong Y W, Inouye C, Yamaguchi T, et al. A DNA repair complex functions as an oct4/Sox2 coactivator in embryonic stem cells [J]. Cell, 2011, 147（1）: 120-131.

[25]Masui S, Nakatake Y, Toyooka Y, et al. Pluripotency governed by Sox2 via regulation of Oct3/4 expression in mouse embryonic stem cells [J]. Nat Cell Biol, 2007, 9（6）: 625-635.

[26] Graham V, Khudyakov J, Ellis P, et al. Sox2 functions to maintain neural progenitor identity [J]. Neuron, 2003, 39（5）: 749-765.

[27]Mutoh H, Sashikawa M, Sugano K. Sox2 expression is maintained while gastric phenotype is completely lost in CDX2-induced intestinal metaplastic mucosa [J]. Differentiation, 2011, 81（2）: 92-98.

[28]Sun H, Zhang S. Arsenic trioxide regulates the apoptosis of glioma cell and glioma stem cell via down- regulation of stem cell marker Sox2 [J]. Biochem Biophys Res Commun, 2011, 410（3）:

692-697.

[29] Lengerke C, Fehm T, Kurth R, et al. Expression of the embryonic stem cell marker Sox2 in early-stage breast carcinoma [J]. BMC Cancer, 2011, 11（1）: 42-51.

[30]Hibi M, Lin A, Smeal T, et al. Identification of an oncoprotein-and UV-responsive protein kinase that binds and potentiates the c-Jun activation domain[J]. Genes Dev, 1993, 7: 2135-2148.

[31] Wada T, Penninger J M. Mitogen-activated protein kinases in apoptosis regulation[J]. Oncogene, 2004, 23（6）: 2838-2849.

[32]Roux P P, Blenis J. ERK and p38 MAPK-activated protein kinases : a family of protein kinases with diverse biological functions[J]. Microbiol Mol Biol Rev, 2004, 68（2）: 320-344.

[33]Spector M, Nguyen V A, Sheng X, et al. Activation of mitogen -activated protein kinases is required for alpha1 -adrenergic agonist -induced cell scattering in transfected HepG2 cells [J]. Exp Cell Res, 2000, 258（1）: 109-200.

[34] Bogoyevitch M A, Kobe B. Uses for JNK: the many and varied substrates of the c-Jun N-terminal kinases[J]. Microbiol Mol Biol Rev, 2006, 70（4）: 1061-1095.

[35] Carboni S, Antonsson B, Gaillard P, et al. Control of death receptor and mitochondrial-dependent apoptosis by c-Jun N-terminal kinase in hippocampal CA1 neurones following global transient ischaemia[J]. J Neurochem, 2005, 92（6）: 1054-1060.

[36] Pan J, Zhao Y X, Wang Z Q, et al.Expression of FasL and its interaction with Fas are mediated by c-Jun N-terminal kinase （JNK）pathway in 6-OHDA-induced rat model of Parkinson disease[J]. Neurosci Lett, 2007, 428（7）: 82-87.

[37] Eferl R, Wagner E F. AP-1: a double-edged sword in tumorigenesis[J]. Nat Rev Cancer, 2003, 3（2）: 859-868.

[38] Dunn C, Wiltshire C, MacLaren A, et al. Molecular mechanism and biological functions of c-Jun N-terminal kinase signalling via the c-Jun transcription factor[J]. Cell Signal, 2002, 14

（11）: 585-593.

[39] Hibi M, Lin A, Smeal T, et al. Identification of an oncoprotein- and UV-responsive protein kinase that binds and potentiates the c-Jun activation domain[J]. Genes Dev, 1993,7（9）: 2135-2148.

[40]Huang C, Jacobson K, Schaller M D. MAP kinases and cell migration[J]. J Cell Sci, 2004, 117（20）: 4619-4628.

[41] Huang Z, Yan D P, Ge B X. JNK regulates cell migration through promotion of tyrosine phosphorylation of paxillin[J]. Cell Signal, 2008, 20（11）: 2002-2012.

[42] Rompolas P, Mesa K R, Greco V. Spatial organization within a niche as a determinant of stem-cell fate[J]. Nature, 2013, 502（7472）: 513-518.

[43] Sequeira I, Nicolas JF. Redefining the structure of the hair follicle by 3D clonal analysis[J]. Development, 2012, 139（20）: 3741-3751.

第十三章　皮肤无瘢痕愈合培养液优化及细胞增殖活跃区分析

无瘢痕愈合作为机体创伤后最理想的愈合方式,其发生机制一直未能阐明。到目前为止,关于胚胎皮肤无瘢痕愈合机制的研究还主要以体内为主,并未成功建立体外无瘢痕愈合模型来进行该机制的研究。激活蛋白1(activator protein-1,AP-1)作为细胞核中一个重要的转录因子,不仅参与细胞凋亡,也参与介导干细胞的增殖和分化[1]。AP-1蛋白的激活受很多因素的调控,针对不同的组织细胞,AP-1蛋白可以激活相应的基因表达,参与介导该组织细胞的增殖和分化等细胞生理功能[2-3]。但在胎鼠创面愈合过程中,AP-1蛋白是否表达,同时胚胎皮肤创面无瘢痕愈合机制是否与AP-1的表达有关尚不清楚。因此,本研究利用不同类型的基础培养液和不同浓度的胎牛血清进行配比,筛选优化胎鼠皮肤无瘢痕愈合模型的体外培养液,并使用细胞增殖标记物5-乙炔基-2'-脱氧尿苷(EdU)荧光定位皮肤生长代谢活跃区以及对AP-1蛋白的表达进行鉴定,为后期建立胎鼠皮肤人工微创体外愈合模型奠定基础,同时为研究胚胎皮肤无瘢痕愈合机制提供新的思路。

第一节　结果与分析

一、正常胎鼠皮肤结构观察

KM胎鼠背部皮肤组织切片HE染色及荧光染色显示(图13-1),胎鼠皮肤由表皮和真皮构成,其中真皮紧贴表皮的基底层,并由乳头层和网状层两部分构成,真皮层中含有大量成纤维细胞和少量淋巴细胞及巨噬细胞,这些细胞为皮肤创面愈合提供重要的物质基础(图13-1A);在无激发光通道条件下,细胞核DAPI荧光染色显示,胎鼠表皮由颗粒层、棘层和基底层构成(图13-1B)。

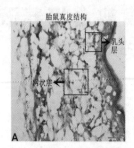
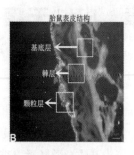

图13-1 新鲜分离的胎鼠皮肤结构

Fig.13-1 Skin structure of freshly isolated fetal rat

1A(HE × 100):胎鼠真皮结构,包括乳头层和网状层,含有大量成纤维细胞和少量淋巴细胞及巨噬细胞;1B(× 400):细胞核DAPI荧光染色显示,胎鼠表皮由颗粒层、棘层和基底层构成。

二、胎鼠皮片人工微创口愈合形态学观察

胎鼠微创皮片培养3 d时HE染色结果见图13-2。对比相同FBS浓度下不同基础培养液组胎鼠背部皮片创口愈合情况发现,DMEM组的胎鼠皮肤创口总体愈合不好(图13-2A、2B、2C),且不加FBS时,创口几乎无愈合迹象,添加FBS后,真皮网状层有不同程度的延长,但表皮一直未愈合。MEM组在不添加FBS时,胎鼠皮肤创口同样没有愈合迹象(图13-2D),添加FBS后,胎鼠皮肤表皮层发生交互融合。5%FBS + MEM组创面愈合处真皮和表皮贴合紧密,真皮部位无缺损(图13-2E e区),10% FBS + MEM组创面愈合处表皮愈合无增厚现象,真皮层延伸并紧密相连,但愈合薄弱,与表皮之间的空隙较大(图13-2F f区)。

三、胎鼠微创皮片愈合最佳培养条件的筛选

根据胎鼠微创皮片培养 3 d 时 HE 染色结果,以表皮和真皮同时愈合记为愈合计算各组皮片愈合率。DMEM + 0% FBS 组、DMEM + 5% FBS 组、DMEM + 10% FBS 组、MEM + 0% FBS 组、MEM + 5% FBS 组和 MEM + 10% FBS 组皮片愈合率分别为 0%、3.33%、6.67%、3.33%、46.67% 和 26.67%,6 组间差异有统计学意义(χ^2 = 41.39,P < 0.05)。调整检验水准 α = 0.01 并进行两两比较显示,MEM + 5% FBS 组皮片愈合率显著高于除 MEM + 10% FBS 组以外的其他 4 组(均 P < 0.01),且 MEM + 10% FBS 组皮片愈合率亦显著高于 DMEM + 0% FBS 组(均 P < 0.01)。采用 Logistic 回归模型分析基础培养基的类型(DMEM 或 MEM)及 FBS 浓度对胎鼠微创皮片愈合的影响,结果显示 MEM(以 DMEM 为对照,OR = 11.717,95%CI: 3.274 ~ 41.934,P < 0.001)及 FBS 浓度(以不添加 FBS 为对照,5% FBS: OR = 24.625,95%CI: 3.027 ~ 200.299,P = 0.003;10% FBS: OR = 13.449,95%CI: 1.618 ~ 111.813,P = 0.016)均是促进胎鼠微创皮片愈合的因素。结合倒置显微镜观察各组皮片愈合形态的结果,认为 MEM + 5% FBS 为胎鼠微创皮片愈合的最佳培养条件。

四、胎鼠皮肤干细胞再生标记

MEM + 5% FBS 组皮肤创口愈合情况最好,选择该组进行皮肤干细胞增殖标记染色。倒置荧光显微镜下观察胎鼠皮肤创面表皮愈合处,发现增殖细胞主要位于表皮基底层,同时创面左右两侧的真皮乳头层干细胞也大量增殖(图 13-3A,白色箭头所指处的大量绿色荧光区域);观察胎鼠皮肤外缘游离端同样发现,创面左右两侧真皮乳头层中细胞大量增殖(图 13-3B);皮片无创伤处发现乳头层细胞增殖活性强于基底层(图 13-3C)。正常未人工造创皮片行 Hoechst 染色作为对照组,红色荧光为未增殖细胞的细胞核(图 13-3D)。

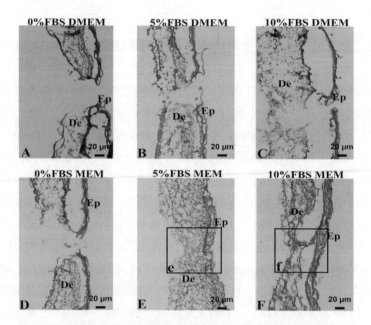

图 13-2　微创胎鼠皮肤在 6 种不同培养条件下培养 3 d 时的愈合形态学观察(HE × 100)

Fig.13-2 Morphological observation of healing of minimally invasive fetal rat skin cultured for 3 days under 6 different culture conditions

　　DMEM：高糖改良 Eagle 培养基，MEM：低糖 Eagle 培养基；De：真皮，Ep：表皮；e、f 框内分别是图 2E、2F 创面愈合处；2A、2D：分别为 DMEM + 0% 胎牛血清(FBS)组和 MEM + 0% FBS 组,胎鼠皮肤人工微创口几乎无愈合迹象；2B、2C：分别为 DMEM + 5% FBS 组和 DMEM + 10% FBS 组,真皮网状层有不同程度的延长,但表皮一直未愈合；2E：MEM + 5% FBS 组,胎鼠皮肤创面愈合处(e 区)真皮和表皮贴合紧密,真皮部位无缺损；2F：MEM + 10% FBS 组,胎鼠创面愈合处(f 区)表皮愈合无增厚现象,真皮层延伸并紧密相连,但真皮部位愈合薄弱,且与表皮之间的空隙较大。

五、AP-1 在胎鼠皮肤无瘢痕愈合中的表达

　　MEM + 5% FBS 组胎鼠人工微创皮片中 AP-1 抗体免疫荧光染色结果见图 13-4A ~ C。胎鼠皮肤创口愈合处真皮细胞核(图 13-4D)和表皮细胞核(图 13-4E)中均可见 AP-1 蛋白的大量表达,同时创面愈合处表皮增厚,细胞增多,基底层细胞出现不对称分裂,并向真皮部突起,

新分裂的细胞核形态和基底层细胞核形态不同，但同样都表达 AP-1 蛋白。阴性对照真皮层细胞中未出现 AP-1 蛋白的绿色荧光，只有细胞核被 DAPI 染成蓝色荧光（图 13-4F）。

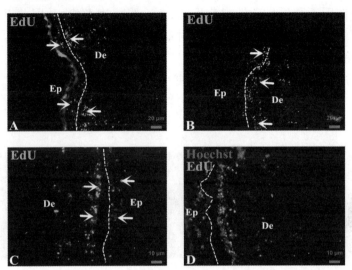

图 13-3　MEM + 5% FBS 组胎鼠皮肤创面愈合过程中 EdU 标记皮肤干细胞分裂增殖情况

Fig. 13-3 The division and proliferation of EdU labeled skin stem cells in the MEM + 5% FBS group during skin wound healing in fetal mice

De：真皮，Ep：表皮；白色虚线是胎鼠真皮和表皮的分界线，白色箭头所指为皮肤干细胞增殖活跃区；标尺：图 A、B 为 20 μm，图 C、D 为 10 μm；A：胎鼠皮肤创面愈合处，干细胞增殖主要位于表皮基底层和真皮乳头层；B：胎鼠皮肤外缘游离端，干细胞增殖亦主要位于真皮乳头层；C：皮片无创伤处，乳头层细胞增殖活性强于基底层；D：正常未人工造创皮片行 Hoechst 染色作为对照组，红色荧光为未增殖细胞的细胞核。

第二节　讨论与结论

皮肤的瘢痕愈合一直是目前临床创面治疗中面临的主要问题，在目前的临床物理和药物治疗手段下,皮肤创面愈合后的瘢痕可以缩小,但不能完全消除。研究显示[4-5],皮肤创面瘢痕的形成与巨噬细胞的炎症反应有密切关系,而胚胎时期机体免疫系统不完整,免疫力相对薄弱,受到创伤后不会发生急性炎症反应,不会形成肉芽组织,因此不会导致瘢痕增生。研究者检测不同胚胎时期和成体小鼠皮肤基因表达差异发现,胚胎晚期及胎鼠出生后一些促进创面愈合的基因表达下调,导致创面愈合达不到无瘢痕,而在胚胎时期一些具有调控干细胞增殖和分化的基因表达是上调的[6-7],因此调控干细胞增殖分化的基因表达差异可能是创面瘢痕形成的一个重要因素。

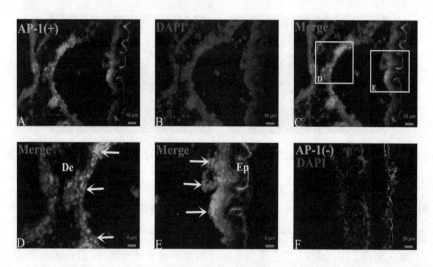

图13-4　MEM + 5% FBS 组胎鼠人工微创皮肤愈合过程中 AP-1 蛋白表达的鉴定

Fig.13-4 Identification of AP-1 protein expression during artificial minimally invasive skin healing in the MEM + 5% FBS

注:A:胎鼠皮肤创口愈合处 AP-1 蛋白呈绿色荧光;B:胎鼠皮肤创口愈合处细胞核经 DAPI 染色呈蓝色荧光;C:AP-1 蛋白绿色荧光与细胞核蓝色荧光叠加;D、E:分别为图4C 中标记区域的局部放大,白色箭头所指处分别显示真皮和表皮部位均有 AP-1 蛋白的大量表达;F:阴性对照;标尺:图 A ~ C 为 10 μm,图 D ~ E 为 5 μm,图 F 为 20 μm

本研究利用显微外科解剖技术获取无菌且不含皮下组织的胎鼠皮肤,未经胰酶和胶原酶的消化处理,可较好地保留胎鼠皮片活性及修复功能。培养过程中游离的胎鼠皮片可以自我释放一些细胞生长因子,参与伤口的修复[8-9]，同时皮肤内部的少量淋巴细胞也参与轻微炎症反应，它们之间进行一系列复杂的相互作用共同参与创面的修复。众所周知，表皮的结构由外到内包括角质层、透明层、颗粒层、棘层和基底层。但本研究观察正常胎鼠皮肤结构时，发现表皮仅由颗粒层、棘层和基底层构成。可能是因为胎鼠皮肤处于羊水环境中，角质层细胞脱落于羊水中而未被观察到，而透明层主要出现在四肢掌部，一般不出现在背部皮肤。

本研究分别采用 MEM（低糖）与 DMEM（高糖）2 种培养液作为胎鼠皮肤创口愈合的外环境，以优化选择最适用于皮肤创口愈合的培养液。结果显示，DMEM 组胎鼠皮片创口总体愈合不如 MEM 组，可能是高糖因素导致皮肤细胞代谢紊乱，降低细胞运输氧的能力，使创口不易愈合且易被细菌污染。此外，胎牛血清也是促进胎鼠皮肤创面再生修复的一个重要因素，血清中各种充足的营养成分及其含有的生长因子可促进创面修复。本研究结果显示，MEM + 5% FBS 组皮片创口愈合情况最好，胎牛血清的浓度对皮肤创口愈合有不同的影响。10% FBS 对创口愈合的效果不如 5% FBS，可能是因为高浓度的外环境会导致细胞处于脱水状态，使干细胞生理代谢活性下降，直接影响干细胞的增殖分化。

EdU 是一种新型细胞增殖标记物，细胞毒性小，可对新生细胞进行荧光标记，常用于干细胞的增殖检测。本研究中 EdU 标记荧光强信号区为胎鼠皮肤创面愈合处的真皮乳头层和表皮基底层，是表皮干细胞的存在区域，同时说明胎鼠皮肤的真皮乳头层也含有皮肤源干细胞，在皮肤创面愈合过程中可以进行创面的填充。AP-1 蛋白作为细胞内一种重要的转录因子，在细胞增殖、分化、凋亡、炎症反应和胚胎发育等病理生理过程中起着重要作用[10-11]。我们检测 MEM + 5% FBS 组胎鼠皮片时发现，皮肤创面愈合中两个主要增殖活跃区，即真皮乳头层和表皮基底层均有 AP-1 蛋白的大量表达，说明这两个区域在胚胎皮肤损伤愈合过程中发挥着重要作用。阴性对照组真皮层细胞中未出现 AP-1 蛋白的绿色荧光，可排除实验中的非特异性染色。其中表皮颗粒层出现绿色荧光，可能是因为表皮颗粒层主要由富含组氨酸的强嗜碱性蛋白颗粒组成，易与二抗荧光色素结合而引起非特异性着色。

综上所述，胎龄 15 d 的 KM 胎鼠皮肤创面最佳愈合培养液条件为 MEM + 5% FBS，而胎鼠皮肤的真皮乳头层和表皮基底层是创面愈合过程中两个主要的细胞增殖活跃区，其中的细胞可大量表达 AP-1 蛋白。

本研究为建立体外胚胎皮肤创伤无瘢痕愈合模型奠定基础,为胚胎皮肤细胞增殖活跃区的定位,及胚胎创伤无疤痕愈合机制提供新的方向和思路。但胚胎创面是否通过 AP-1 蛋白的表达调控某些干细胞转录因子的表达以实现胚胎创面无瘢痕愈合,还有待进一步研究。

参考文献

[1]Hess J, Angel P, Schorpp-Kistner M. AP-1 subunits: quarrel and harmony among siblings[J]. J Cell Sci, 2004, 117（1）: 5965-5973.

[2]Ko W C, Chen B C, Hsu M J, et al. Thrombin induced connective tissue growth factor expression in rat vascular smooth muscle cell via the PAR-1/JNK/AP-1 pathway[J]. Acta Pharmacol Sin, 2012, 33（1）: 49-56.

[3]Song M O, Lee C H, Yang H O, et al. Endosulfan upregulates AP-1 binding and ARE-mediated transcription via ERK1/2 and p38 activation in HepG2 cells[J]. Toxicology, 2012, 292（1）: 23-32.

[4]Das A, Sinha M, Datta S, et al. Monocyte and macrophage plasticity in tissue repair and regeneration[J]. Am J Pathol, 2015, 23（6）: 235-243.

[5]Biswas S K, Chittezhath M, Shalova I N, et al. Macrophage polarization and plasticity in health and disease[J]. Immunol Res, 2012, 53（1/2/3）: 11-24.

[6]Lo D D, Zimmermann A S, Nauta A, et al. Scarless fetal skin wound healing update[J]. Birth Defects Res C Embryo Today, 2012, 96（30）: 237-247.

[7]吴志远,郭晓瑞,黄海华,等.胎儿和成人皮肤相关基因的差异表达[J]. 中国组织工程研究与临床康复, 2011, 15（2）: 286-289.

[8]Bock O, Yu H, Zitron S, et al. Studies of transforming growth factors beta 1-3 and their receptors I and II in fibroblast of keloids and hypertrophic scars[J] .Acta Derm Venereol, 2005, 85（3）: 216-220.

[9]Akita S, Akino K, Hirano A. Basic fi broblast growth factor in scarless wound healing[J]. Adv Wound Care（New Rochelle）, 2013, 2

（2）：44-49.

[10]Fisher G J, Voorhees J J. Molecular mechanisms of photoaging and its prevention by retinoic acid: ultraviolet irradiation induces MAP kinase signal transduction cascades that induce Ap-1- regulated matrix metalloproteinases that degrade human skin in vivo [J]. J Investig Dermatol Symp Proc, 1998, 3（1）: 61-68.

[11]Takeuchi K, Motoda Y, Ito F. Role of transcription factor activator protein 1（AP1）in epidermal growth factor- mediated protection against apoptosis induced by a DNA- damaging agent [J]. FEBS J, 2006, 273（16）: 3743-3755.

第十四章 创面疤痕中短暂扩增细胞的形成分布及干细胞迁移

　　皮肤是哺乳动物最大的器官,也是机体的第一道免疫防线,其完整性及稳态直接关系到机体的健康状态。皮肤不同结构层中有不同类型的干细胞来维持皮肤的稳态,包括毛囊干细胞、表皮干细胞、造血前体细胞以及神经嵴干细胞等,其中表皮干细胞和毛囊干细胞作为皮肤主要的干细胞种类,它们对皮肤伤口的愈合及再生起到重要作用。其中,毛囊干细胞主要集中在毛囊隆突部,形成干细胞巢作为自己的稳态微环境,当微环境受到破坏时,在干细胞巢中的毛囊干细胞进行不对称分裂增殖,可以产生短暂扩增细胞对受损创面进行修复填充[1]。因此,皮肤作为一种复杂而具有高度再生能力的组织,一直是国内外皮肤创面愈合机制研究的热点。

　　毛囊中有多种毛囊干细胞亚型存在,它们各具不同的分化潜能和分化方向,例如,Sox2 阳性细胞具有一定的胚胎干细胞特性,可以维持干细胞的自我更新[2];CD34 阳性细胞可以向毛细血管上皮细胞进行分化[3];表皮神经嵴干细胞可以参与神经损伤后的修复[4]。其中 Sox2 是毛囊干细胞研究中使用较广的标志物。Sox2 作为一种转录因子,是 oxB1 家族的重要一员,主要调控干细胞发育及决定干细胞分化方向,尤其在维持胚胎干细胞的自我更新能力和多能性方面具有重要作用,并对抑制干细胞分化也极为重要[5-7]。此外,皮肤创面修复时,在皮肤干细胞形成的短暂扩增细胞中可以表达皮肤表皮细胞特异性蛋白 CK14[8-10],因此,CK14 在皮肤创面修复处持续表达,可以用来说明皮肤表皮细胞再生的连续性。

为了研究皮肤疤痕组织形成过程中皮肤干细胞分布、增殖分化迁移特征，探讨这些特征与皮肤创伤修复的关系，本实验建立活体小鼠人工创面疤痕愈合模型，使用 KM 乳鼠的背部皮肤作为实验研究材料，活体构建疤痕愈合模型，采用免疫荧光染色法标记定位皮肤干细胞及短暂扩增细胞所表达的角蛋白，同时采用体内注射细胞增殖标记物进行活体细胞增殖定位追踪，初步分析皮肤新生疤痕中短暂扩增细胞的形成及迁移方向。

第一节 结果与分析

一、创面外观及病理学特征

创面外观：小鼠皮肤创面在初期为开放伤口，组织液流出混合血细胞结痂后封闭创面，创面表面红肿，继续一段时间后，血痂脱落，红肿消失，且发现创面处皮丁增多，皮丁松散，易脱落，和正常处皮肤相比，创面愈合处皮肤颜色加深。

常规病理学观察：小鼠创面初期处于急性炎症反应期，此时创面开放，组织液流出（图 14-1A，黑色虚线内），此时创面处表皮基底层呈现"人"字式撕裂状态（图 14-1a，黑色箭头）。皮肤创面愈合到中期时，急性炎症消失，创面血痂被外排直至脱落，形成创面空洞，肉芽组织慢慢填充创面空洞（图 14-1B，黑色虚线内），同时创面表皮处皮肤出现颜色加深（图 14-1b，黑色箭头），表明色素沉着开始形成。创面愈合后期，皮肤疤痕形成，疤痕区域无毛囊等其他皮肤附属器官覆盖（图 14-1C，黑色虚线内），但此时疤痕处的真皮乳头层细胞出现下移，并形成毛囊样结构（图 14-1c，黑色箭头）。

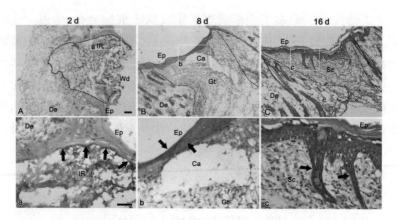

图 14-1　新生小鼠背部皮肤在造创 2 d、8 d、16 d 时的创面形态。

Fig. 14-1 Wound morphology of newborn mouse back skin at 2d, 8d and 16d.

注：A.2 d；B.8 d；C.16 d；a，A 中方框内放大图像，箭头式撕裂的表皮基底层；b，B 中方框放大图像，箭头示创面处色素沉着；虚线为皮肤创面和正常皮肤的分界；c，C 中方框放大图像，箭头示疤痕处新生毛囊样结构；De，真皮；Ep，表皮；Wd，创面；IR，炎症；Ca，空洞；Gt，肉芽组织；Sc，疤痕；比例尺：A ~ C，20 μm，a ~ c，10 μm

二、创面部位 Sox2、CK14 的表达特点

在皮肤创面早期（图 14-2A ~ 2A'''），干细胞转录因子 Sox2 的表达主要在"人"字式创面处的基底层细胞核中，创口边缘的真皮乳头层中也有 Sox2 蛋白表达的阳性细胞，同时，创口边缘的真皮乳头层（主要含CK14 表达的阳性细胞）跟随分裂的表皮基底层一起受创面处成纤维细胞收缩的牵张力而伸入创面深处。皮肤创面中期（图 14-2B ~ 2B'''），创面处表皮增厚，增厚的表皮中 Sox2 和 CK14 大量表达，创面上端空洞的周围存在大量表达干细胞转录因子 Sox2 的干细胞，CK14 的表达却主要存在增厚的乳头层，创面中端空洞部位，表达 Sox2 和 CK14 的阳性细胞却很少，但在创面底端空洞部位可以检测到表达 Sox2 的干细胞，同时伴随表达 CK14 的阳性细胞也增多。皮肤创面晚期（图 14-2C ~ 2C'''），皮肤创面空洞修复完毕形成疤痕，表皮基底层和真皮乳头层呈现连续状态，在创面处的乳头层干细胞对称分裂增殖活跃，同时一部分干细胞开始出现不对称分裂，凸出的乳头层 CK14 表达强阳性，另外在疤痕中发现有毛囊样结构的细胞团，它们失去干细胞的自身稳定

性,停止表达 Sox2 蛋白,进行细胞不对称性分裂,产生只表达 CK14 的短暂扩增细胞,继而形成疤痕处皮肤新的毛囊附属物,疤痕底部的皮肤干细胞增殖活跃,CK14 也大量表达。

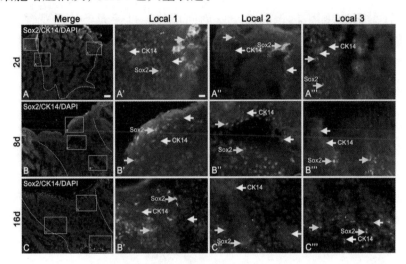

图 14-2　新生小鼠背部皮肤创面在造创 2 d、8 d、16 d 时的 Sox2 和 CK14 免疫组织化学表达

Fig.14-2 Immunohistochemical expressions of Sox2 and CK14 on the back skin wounds of newborn mice at 2 d、8 d and 16 d

注:A ~ A'''、B ~ B''' 和 C ~ C''':KM 新生小鼠背部皮肤创面在 2 d、8 d、16 d 时三种激光色通道重叠状态荧光图;Sox2（绿色）、CK14（红色）、DAPI（蓝色）,白色框为局部放大区域,白色虚线为创面与正常皮肤的分界线,白色箭头所指为 CK14,黄色箭头所指为 Sox2;比例尺:A ~ C,20 μm;A' ~ C''',5 μm

通过小鼠背部正常皮肤和疤痕皮肤的病理学切片和荧光染色图片对比发现,疤痕皮肤的表皮结构松散,皮肤真皮乳头层增厚,乳头层底部边缘不规则,且乳头层细胞排列不致密（图 14-3A、图 14-2B）,但疤痕处的真皮网状层细胞比正常皮肤网状层的细胞致密,疤痕皮肤的真皮乳头层增厚（图 14-2C、图 14-2D,黄色虚线）,同时二者的乳头层最底层细胞排列成规则的线形,呈较强的 Sox2 免疫反应阳性,维持很强的干细胞特性（图 14-2D）。实验中所有荧光染色以 PBS 代替一抗作为阴性对照（图 14-2E）。

三、创面皮肤干细胞增殖与迁移

注射 EdU 细胞标记物的皮肤创面切片经过荧光染色后观察发现，在皮肤创面形成的 12 h 内（图 14-3A ~ A"，图 14-2B ~ B"），皮肤干细胞的增殖出现在真皮层毛囊的底部，即毛囊的毛球部，但创面的表皮层和真皮浅层没有检测到细胞增殖标记物。

在皮肤创面形成过程（24~36 h）中（图 14-3 C ~ C"，图 14-3 D ~ D"），在"人"字式创面处的表皮基底层和创面附近正常皮肤中可以检测到细胞增殖标记物的存在，同时，创面的底部有大量细胞增殖标记物被检测到，并向创面内部迁移。表皮基底层细胞作为皮肤的生发层，其中 10% 左右的细胞为表皮干细胞，在创面修复中，表皮干细胞向上迁移分化形成表皮其他各层细胞（图 14-4E ①），但向上的细胞分化结局是使。

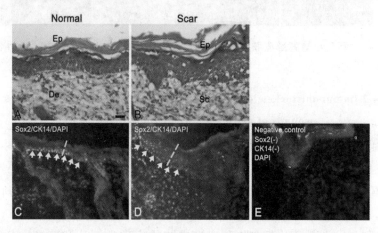

图 14-3　正常（Normal）皮肤和疤痕（Scar）皮肤的组织学与 Sox2/CK14 免疫组织化学表达比较

Fig.14-3 Comparison of the histological and immunohistochemical expression of Sox2/CK14 in Normal and Scar skin

注：A 和 B，常规病理染色；C 和 D，免疫组织化学染色；白色箭头示真皮乳头层最底部细胞所表达的 Sox2，黄色虚线的长度是区分疤痕处增厚的真皮乳头层；E，PBS 代替一抗作为阴性对照；Ep，表皮；De，真皮；比例尺，10 μm

表皮延长增厚，逐渐角质化，失去细胞活性，表皮干细胞向下迁移分化形成真皮乳头层（图 14-3E ②），同时，创面形成初期撕裂的基底层细胞（图 14-3E ③）也开始形成真皮乳头层，随着炎症反应的消失，创口边缘成纤维细胞的收缩力也随之下降，创面愈合处的皮肤开始被肉芽组织填充，并由表皮干细胞分化出断面处的同源细胞，进行创面修复。而且创面底部周围的真皮干细胞，即毛囊干细胞最先从正常处迁移到创面疤痕中，并保持对称性分裂，直至形成毛囊样细胞团，毛囊干细胞开始有对称分裂变为不对称分裂，增殖分裂为短暂扩增细胞，并表达大量角蛋白 14。实验中所有荧光染色以等剂量 PBS 代替 EdU 细胞标记物注射小鼠体内作为阴性对照（图 14-4F）。

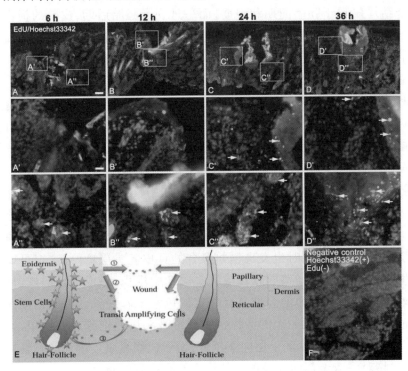

图 14-4 新生小鼠皮肤创面皮肤干细胞增殖与迁移

Fig. 14-4 Proliferation and migration of skin stem cells on skin wounds of newborn mice

注：A ~ A"、B ~ B"、C ~ C"、D ~ D"，造创后 6 h、12 h、24 h 和 36 h 皮肤创面 EdU 标记（箭头所示绿色荧光）的皮肤干细胞，Hoechst33342（红色）染细胞核；白色框为局部放大区域，白色箭头所指为 EdU 标记的增殖细胞；E，修复创面过程中 EdU 标记皮肤干细胞迁移模式图；F，PBS 代替 EdU 细胞标记物注射小鼠体内的阴性对照；比例尺：A ~ D，20 μm；A' ~ D' 和 A" ~ D"，5 μm；F，10 μm

第二节 讨论与结论

当皮肤创面形成后，其愈合机制开始启动。皮肤的愈合结局分为两种：即疤痕愈合和无疤痕愈合。目前所研究发现皮肤可以达到无疤痕愈合结局仅限于胚胎前期和中期，而一旦到了胚胎后期，皮肤的损伤达不到无疤痕愈合结局，从而形成疤痕。在胚胎前期和中期皮肤伤口所产生的无疤痕愈合具有无肉芽组织形成，无急性炎症反应产生以及无伤口收缩等特点，在此特点下的胚胎皮肤创面愈合后将不伴有瘢痕形成，这是和体外创面愈合最根本的区别，另外，无菌羊水作为胚胎生长发育的外环境在胚胎初期及中期的皮肤无疤痕愈合中也具有重要调节作用。小鼠出生后，自身免疫系统相对于胎儿期要强很多，因此所形成的皮肤创面具有急性炎症反应，同时，小鼠出生后，皮肤中的干细胞分化能力与胚胎时期相比是降低的。所以，虽然皮肤中具有大量表达干细胞转录因子 Sox2 的阳性细胞，但毕竟是成体干细胞，分化增殖能力大大减弱。

通过创面瘢痕愈合处和正常处皮肤外观及结构对比发现，创面愈合处皮肤颜色加深，同时也发现创面愈合处真皮乳头层增厚，这很可能基底生发层细胞过度增殖导致真皮乳头层细胞堆积，形成深色区域，从而在外观上观察到创面愈合处具有一定的色素沉着现象。因此在创面修复过程中，如果采取一定的治疗措施减缓乳头层的细胞过度堆积，但同时又不影响创面新生乳头层向下延伸，而形成修复真皮创面的毛囊样结构，这将对临床上创面外观愈合的评定具有很好的意义。

角蛋白 14 不仅是作为细胞骨架蛋白，还是短暂扩增细胞所特异表达的蛋白之一。皮肤短暂扩增细胞的前体是皮肤干细胞，实验中发现，皮肤创面愈合后期时的新生细胞有一部分不表达角蛋白 14，却表达 Sox2，而另一些新生细胞则恰恰相反，同时，也有一些新生细胞两种蛋白皆表达。因此，根据实验免疫荧光结果及在前人的研究基础上得知，毛囊干细胞巢中的干细胞具有两种主要的分裂增殖机制，即干细胞的不对称分裂和对称分裂[9-10]。这两种分裂机制是毛囊干细胞增殖的主要形式，其中干细胞对称分裂的结果是产生两个同源细胞，并且和母体细胞特性完全一致,不对称分裂的结果是多变的,但两个新生细胞中的一个子细胞却和母细胞是同源细胞。实验中我们在创面愈合处所发现只表达角蛋白 14 的细胞,即很可能就是皮肤干细胞不对称分裂所生成的短暂扩增细胞。

目前,有很多种细胞增殖标记物可供用于干细胞增殖实验研究,但有些细胞增殖标记物具有一定的细胞毒性,会对实验结果造成影响,EdU 是近年来发现的一种新兴细胞标记物[11],在细胞进行有丝分裂时 EdU 可以取代正常的脱氧胸腺嘧啶核苷插入正在复制的 DNA 分子之中,并且不会导致 DNA 变性,这更易于干细胞增殖的标记及检测。在本实验研究中,采用体内注射细胞增殖标记物 EdU 的方法,追踪定位皮肤干细胞的增殖迁移,实验结果发现毛囊干细胞的标记主要集中在毛囊的毛球部部位,毛囊干细胞增殖分化迁移出毛球部,进行创面的填充,这一结果很可能说明早期毛囊的毛球部与毛囊隆突部干细胞巢对创面的修复具有同样的功能,这将为研究皮肤干细胞在皮肤创面愈合过程中的迁移机制提供了新的见解和方法。

本研究结果表明,创面愈合过程中,创面底部皮肤干细胞首先开始大量分裂增殖,并向创面迁移,创面上部皮肤干细胞分裂增殖迟于创面底部;迁移的皮肤干细胞以不对称分裂的形式增殖大量短暂扩增细胞,并在增厚的疤痕乳头层部位形成毛囊样结构填充皮肤疤痕。在皮肤愈合的过程中,如果结合药物治疗可以加快短暂扩增细胞迁移速度,这将对皮肤创面修复降低皮肤疤痕的形成具有一定的意义。

参考文献

[1]Rompolas P, Mesa K R, Greco V. Spatial organization within a niche as a determinant of stem-cell fate. Nature, 2013, 502 (7472): 513-518.

[2]Sun H, Zhang S. Arsenic trioxide regulates the apoptosis of glioma cell and glioma stem cell via down-regulation of stem cell marker Sox2.Biochem Biophys Res Commun, 2011, 410 (3): 692-697.

[3]Najafzadeh N, Sagha M, Heydari Tajaddod S, et al. In vitroneural differentiation of CD34$^+$ stem cell populations in

hairfollicles by three different neural induction protocols. Cell Dev Biol Anim, 2015, 51（2）: 192-203.

[4]Esmaeilzade B, Nobakht M, Joghataei M T, et al. Delivery ofepidermal neural crest stem cells（EPI-NCSC）to hippocamp inAlzheimer's disease rat model. Iran Biomed J, 2012, 16（1）: 1-9.

[5]Fong Y W, Inouye C, Yamaguchi T, et al. A DNA repair complex functions as an oct4/Sox2 coactivator in embryonic stem cells. Cell,2011, 147（1）: 120-131.

[6]Lengerke C, Fehm T, Kurth R, et al. Expression of the embryonic stem cell marker Sox2 in early-stage breast carcinoma. BMC Cancer, 2011, 11（42）: 2407-2411.

[7]Mutoh H, Sashikawa M, Sugano K. Sox2 expression is maintained while gastric phenotype is completely lost in CDX2-induced intestinal metaplastic mucosa. Differentiation, 2011, 81（2）: 92-98.

[8]Yu H, Kumar S M, Kossenkov A V, et al. Stem cells with neural crest characteristics derived from the bulge region of cultured human hair follicles. J Invest Dermatol, 2010, 130（5）: 1227-1236.

[9]Kaur P, Li A. Adhesive properties of human basal epidermal cells: an analysis of keratinocyte stem cells, transit amplifying cells, and postmitotic differentiating cells. J Invest Dermatol, 2000,11（3）: 413-420.

[10] Kim D S, Cho H J, Choi H R, et al. Isol at i on of hum an epidermal stem cells by adherence and the reconstruction of skin equivalents. Cell Mol Life Sci, 2004, 61（21）: 2774-2781.

[11] Liu F, Uchugonova A, Kimura H, et al. The bulge area is the major hair follicle source of nestin-expressing pluripotent stem cells which can repair the spinal cord compared to the dermal papilla. Cell Cycle, 2011, 10（5）: 830-839.

[12] Rahmani W, Abbasi S, Hagner A, et al. Hair follicle dermal stem cells regenerate the dermal sheath, repopulate the dermal papilla, and modulate hair type. Dev Cell, 2014, 31（5）: 543-558.

[13] Diermeier-DaucherS，STClarke，D Hill，et al.Celltype specificapplicabilityof 5-ethynyl-2'-deoxyuridine（EdU）for dynamicproliferation assessment in flow cytometry. Cytometry Part A，2009，75（6）：535-546.

第十五章 毛囊发育中细胞增殖区及干细胞巢的形成演化

干细胞生物学一直是近年来替代医学及再生医学的研究热点,最初的"干细胞巢"概念的提出源于血液疾病的研究[1],随着"干细胞巢"这一领域越来越深入的研究,更多的成体干细胞巢被发现。到目前为止有心脏干细胞巢、神经干细胞巢、肾脏干细胞巢、骨髓干细胞巢、毛囊干细胞巢等已被发现[2],但是这些干细胞巢的形成过程机制和他们的生物学功能还有待于进一步的研究。其中,毛囊干细胞巢的发现为创伤修复及再生医学的研究带来新的思路和方向。

本实验研究中采用干细胞增殖标记物 EdU 体内注射法标记出生 1 d、7 d、15 d 小鼠触须毛囊,EdU 体内孵育 24 h 后获取完整触须毛囊,冰冻切片 H.E 染色,同时对 EdU 进行免疫染色检测细胞增殖活跃区域,并采用干细胞转录因子 Sox2 进行免疫荧光,定位不同发育时期的毛囊干细胞所在区域。旨在追踪定位毛囊干细胞巢祖细胞的来源,初步演化毛囊隆突部的形成过程,并对干细胞转录因子 Sox2 进行表达的验证,挖掘毛囊干细胞巢内干细胞更多的生物学信息,为后续研究毛囊干细胞巢的形成和生物学功能提供一定的思路和方向。

第一节 结果与分析

一、触须毛囊形态结构

通过采用显微外科解剖技术,把日龄 1 d、7 d、15 d 的乳鼠触须毛囊完整的分离出来,放在奥林巴斯显微镜下,使用奥林巴斯数码相机拍照观察,第 1 d 时,触须毛囊颜色灰白色,可以看到毛干,毛球部中可以明显区分出真皮乳头;第 7 d 时,触须毛囊的毛干变得粗壮,同时毛囊外根鞘上部出现环周的隆突,并且大量毛细血管包绕整个毛囊,但毛球部的毛细血管数目没有毛囊中上部的多;第 15 d 时,触须毛囊毛干变得更加粗壮,且每个触须毛囊不只是伸出一条毛干,同时包绕毛囊的毛细血管更加丰富,但相对于第 7 d 的触须毛囊所包绕的毛细血管,第 15 d 时,毛囊球部的毛细血管依旧没有出现增多的迹象。对第 10 d 的触须毛囊进行冰冻切片,H.E 染色,分别进行横切和纵切,可以清楚地看到触须毛囊的各个结构,包括毛囊外根鞘、毛囊内根鞘、毛干、毛母质、玻璃膜、真皮乳头。

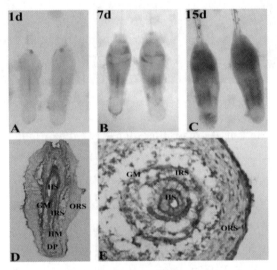

图 15-1　不同时期触须毛囊发育形态及触须毛囊结构

Fig. 15-1　Developmental morphology and structure of tentacle hair follicle in different periods

注:A:新生第 1 d 的触须毛囊实物图;B:新生第 7 d 的触须毛囊实物图;C:新生第 15 d 的触须毛囊实物图;D:触须毛囊纵切面结构图;E:触须毛囊横切面结构图;ORS:外根鞘;IRS:内根鞘;GM:玻璃膜;HS:毛干;HM:毛母质;DP:真皮乳头

二、触须毛囊发育过程中细胞增殖活跃区标记

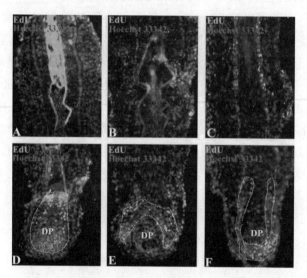

图15-2　不同发育时期触须毛囊干细胞增殖活跃区标记

Fig. 15-2 Markers of active proliferation areas of hair follicle stem cells in different developmental stages

注：A, D: 新生第1 d的触须毛囊干细胞增殖活跃区标记；B, E: 新生第7 d的触须毛囊干细胞增殖活跃区标记；C, F: 新生第15 d的触须毛囊干细胞增殖活跃区标记；白色虚线内部为细胞增殖强活跃区；DP: 真皮乳头。

不同发育时期的小鼠触须毛囊通过注射EdU孵育24 h后，取样切片，进行免疫染色观察得知，在第一 d，小鼠触须毛囊细胞的增殖活跃区在真皮乳头以及毛母质，增殖活跃区呈现"O"型，毛囊的中上端增殖不明显，只在毛囊外根鞘上端存在散在增殖毛囊细胞；在第七 d，小鼠触须毛囊细胞增殖活跃区发生改变，真皮乳头不再是活跃区，毛母质依旧是增殖活跃区，但活跃区开始向毛球部外根鞘转移，增殖活跃区呈现"∩"型，毛囊的中上端细胞增殖依旧不明显；在第15d时，小鼠触须毛囊细胞增殖活跃区开始转变成毛球基底部，同时沿着内根鞘向上延伸，增殖活跃区呈现"U"型，同时毛囊中上段细胞增殖开始明显，阳性细胞信号增多，并在毛囊外根鞘处形成一定的隆起。

三、Sox2 在触须毛囊中的表达

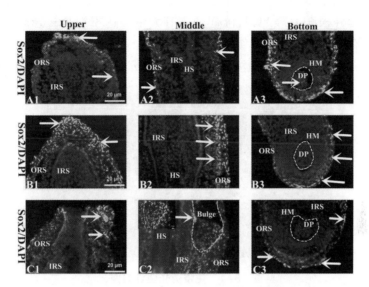

图 15-3 干细胞转录因子 Sox2 在不同发育时期触须毛囊中的表达

Fig. 15-3 Expression of stem cell transcription factor Sox2 in hair follicles of
different developmental stages

注：A1 ～ A3：干细胞转录因子 Sox2 在新生第 1 d 触须毛囊中的表达；
B1 ～ B3：干细胞转录因子 Sox2 在新生第 7 d 触须毛囊中的表达；C1 ～ C3：干细
胞转录因子 Sox2 在新生第 15 d 触须毛囊中的表达；白色箭头所指为干细胞转录因
子 Sox2 表达区域；Bulge：隆突部；ORS：外根鞘；IRS：内根鞘；GM：玻璃膜；HS：
毛干；HM：毛母质；DP：真皮乳头

将不同生长发育时期的新生小鼠触须毛囊进行干细胞转录因子
Sox2 免疫荧光染色,染色结果发现,在出生第 1 d 的小鼠触须毛囊中,
干细胞转录因子 Sox2 的表达主要集中在毛囊外根鞘,且围绕外根鞘的
外围,形成一层干细胞转录因子 Sox2 的表达带,同时发现,毛囊球部的
外根鞘细胞中干细胞转录因子 Sox2 的表达要强于其他部位,真皮乳头
部位也有少量的干细胞转录因子 Sox2 的表达；在出生第 7 d 的小鼠
触须毛囊中,干细胞转录因子 Sox2 的表达主要集中在毛囊的中上部,
且中上部毛囊外根鞘中表达干细胞转录因子 Sox2 的细胞增多,表达带
增厚,但毛球部毛囊细胞中干细胞转录因子 Sox2 表达减弱；在出生第

15 d 的小鼠触须毛囊中,干细胞转录因子 Sox2 的表达依旧主要集中在毛囊的中上部,同时发现毛囊最上端的外根鞘周围出现次级毛囊,且干细胞转录因子 Sox2 在次级毛囊中大量表达,形成强阳性,在毛囊中部发现毛囊外根鞘有隆起,且隆起部中有大量表达干细胞转录因子 Sox2 的细胞存在,毛球部毛囊细胞中干细胞转录因子 Sox2 表达依旧减弱,且真皮乳头细胞中没有检测到表达干细胞转录因子 Sox2 的细胞存在。

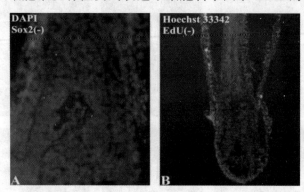

图 15-4　免疫荧光阴性对照

Fig. 15-4　Immunofluorescence negative control

A:干细胞转录因子 Sox2 免疫荧光染色的阴性对照;B:干细胞增殖标记物 EdU 免疫荧光染色阴性对照

干细胞转录因子 Sox2 免疫荧光染色的阴性对照实验采用 PBS 代替一抗进行染色,干细胞增殖标记物 EdU 免疫荧光染色阴性对照实验采用 PBS 代替二抗进行染色。

四、毛囊干细胞巢的形成的初步推演

新生小鼠皮肤进行 H.E 染色,发现小鼠最初的皮肤毛囊的发生主要来源于皮肤的表皮基底层,表皮基底层又被称为生发层,基底细胞向真皮部延伸形成毛囊样的凸起,随着小鼠机体的生长发育,皮肤毛囊渐渐成熟,进而形成具有毛囊隆突部的成熟毛囊,毛囊的隆突部也被称为毛囊干细胞巢,与次级毛囊的发生和毛囊自身的修复有着密切的联系,但是根据目前有关毛囊干细胞巢形成的研究进展来看,毛囊干细胞巢的形成机制过程不甚明了,根据本实验研究中的干细胞增殖标记来看,毛囊干细胞巢的生成可能先有表皮基底层发生,形成毛囊样结构,毛囊成熟后形成毛球部,毛球部中的真皮乳头具有较强的增殖分化功能,真皮乳头分化出的毛囊干细胞沿着毛囊外根鞘和毛囊内根鞘向上迁移,最后集中在毛囊中上部形成隆突,毛囊干细胞进入静止期,不再进行增殖分化。

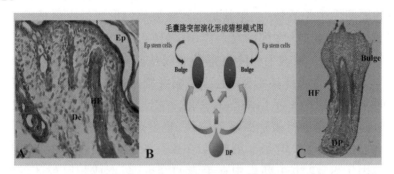

图 15-5　　毛囊干细胞巢的形成的初步推演

Fig. 15-5　Preliminary derivation of the formation of hair follicle stem cell nests

A：新生小鼠皮肤 HE 染色；B：毛囊隆突部演化形成猜想模式图；C：小鼠触须毛囊结构,HE 染色；EP stem cells：表皮干细胞；Bulge：隆突部

第二节　讨论与结论

目前,毛囊和皮肤是细胞生物学和皮肤创面修复及皮肤病学等学科研究的热点,它涉及毛囊干细胞的定位、毛囊的形态学分析、毛囊信号转导、生长因子、细胞因子和真皮及表皮之间的相互作用等多个方面的生物学功能研究[3]。而且现在已经初步阐明和定位毛囊干细胞的所在位置,即毛囊外根鞘的隆突部。因此,如何利用毛囊干细胞研究毛囊再生机制以及研究毛囊干细胞对创面修复的机制已成为当前研究的发展趋势。

皮肤作为机体最大的器官,包裹着整个机体,同时也是内环境与自然环境间的第一道重要保护屏障,保护机体免受环境中各种因素的侵袭,维持内环境的稳态。其中毛囊作为皮肤的主要附属器官在胚胎时期已经开始发育,毛囊是包围在毛发根部的囊状组织,内层是上皮组织性毛囊与表皮相连,外层是结缔组织性毛囊与真皮相连[4]。成熟毛囊由上皮部分的外根鞘和内根鞘以及真皮部分的毛乳头和真皮鞘组成[5]。毛囊的发育经过表皮和真皮之间一系列复杂的相互作用而形成,具有自我更新和周期性生长的特点,尤其是毛囊隆突部的形成过程更是毛囊各个部位细胞之间经过一系列的复杂作用,增殖,迁移而形成的[6]。

在本研究中,发现毛囊隆突部的形成基础来源于毛囊的真皮乳头,即毛囊毛球部的成纤维细胞,毛球部成纤维细胞的大量增殖及迁移在不同时期的毛囊中显示出动态的变化,结合干细胞转录因子 Sox2 针对不同时期的毛囊进行表达区域的定位,也发现随着毛囊的成熟,毛囊干细胞增殖能力下降,但是干细胞转录因子 Sox2 却表达增殖,同时干细胞转录因子 Sox2 也主要集中在毛囊的隆突部,形成相对封闭的空间,空间内的细胞大量表达干细胞转录因子 Sox2,但是却不再进行增殖,因此,此时的毛囊隆突部的细胞进入静息期,毛囊干细胞不再进行分化增殖,除非毛囊受损,毛囊启动修复再生机制,受损的毛囊干细胞集中的干细胞激活后开始进行细胞增殖,分化,迁移出干细胞巢,分化成受损处的同源细胞,修复毛囊受损或者皮肤创面处[7]。

最近国内外已经成功研制出含有真皮和表皮的人工皮肤,但是这些皮肤并不含有毛囊,其保护屏障作用的能力大大缩小,众所周知,毛囊干细胞在皮肤损伤修复中发挥重要作用,不含毛囊的人工皮肤移植患处后,如果发生二次损害,将会对患者的创面形成难以愈合的瘢痕。另外,目前国内外对毛囊细胞生物学及毛囊干细胞修复创面的机制研究主要集中在活体皮肤上,同时对毛囊再生机制的研究方面也主要以体内的毛囊生长情况为主。这些研究材料的来源以活体为主,而活体受到环境的各种因素影响,因此最终的研究结果并不一定可以反映出毛囊细胞安静状态下的生物学特征,同时活体的可移动性也为实验研究带来不便[8]。所以,到目前为止,毛囊再生机制以及毛囊干细胞修复创面机制的研究依旧不甚明了。

一些研究学者使用毛囊真皮乳头细胞,毛囊外根鞘细胞进行不同比例的混合,然后注射无毛小鼠背部,尝试诱导出毛囊组织,虽然结果可以发现一些生长的毛囊样组织,但毛囊的形态观察并不清晰,所观察的毛囊样组织为成团样,并不能区分出毛囊结构,因此也就不能成为研究毛囊再生机制的模型。另外也有一些研究学者采用小鼠触须毛囊进行同体和异体移植来进行研究毛囊生物学,虽然发现毛囊细胞具有一定的免疫豁免性,但是移植后的毛囊其生长状态和豁免机制的研究并没有深入进行[9],同时又有研究学者[10]对小鼠触须毛囊进行不同横切面的离断,然后进行体外培养,观察生长状态,但是最终的结果并不理想,离断的毛囊组织生长率太低,同时和培养皿发生粘连,而且毛囊组织完全侵入培养基中,细胞新陈代谢所释放的有害物质极易杀死毛囊细胞,因此所培养的毛囊组织再生情况并不如意,也不能清晰观察毛囊再生状态。另外,在皮肤无瘢痕愈合机制方面的研究中,到目前为止,皮肤无瘢痕愈合的机制依旧没有明确,创面无疤痕愈合的现象从目前的研究结果来看,创面无瘢痕这一现象仅仅发生在组织胚胎前中期,到胚胎后期却无法达到创面的无瘢痕愈合结局[11-12]。而且研究胚胎创面无瘢痕愈合机制所需的孕鼠量大,而且跟踪大量小鼠发情期,以及为小鼠受孕,并记录小鼠胚胎天数,工作量大,且极易出现混乱。同时对活体孕鼠子宫进行外科造创,然而造创后且缝合子宫的孕鼠后期生存率极低,手术操作不当会造成孕鼠伤口感染,导致孕鼠大量死亡,因此最终得到的实验结果并不是预期实验结果。

在本实验研究中,初步探索毛囊干细胞巢的形成过程,为进一步研究毛囊隆突部的干细胞的各种生物学功能打下研究基础,同时在本讨论中,创面的无瘢痕愈合到目前为止依旧是临床一大难题,因此采用毛囊隆突部中的干细胞的生物学功能对创面修复的功能研究将是一个新的热点问题。

参考文献

[1] Hu D H, Zhang Z F, Zhang Y G, et al.A potential skin substitute constructed with hEGF gene modified HaCaT cells for treatment of burn wounds in a rat model[J].Burns,2012,38(5):702-712.

[2]Von Wattenwyl R, Blumenthal B, Heilmann C, et al.Scaffold-based transplantation of vascular endothelial growth factor-overexpressing stem cells leads to neovascularization in ischemic myocardium but did not show a functional regenerative effect[J].ASAIO J, 2012, 58(3): 268-274.

[3] Cotsarelis G. Epithelial stem cells: a folliculocentric view[J].J Invest Dermatol, 2006, 126（7）: 1459-1468.

[4] Taylor G, Lehrer M S, Jensen P J, et al. Involvement of follicular stem cells in forming not only the follicle but also the epidermis[J].Cell, 2000,102（4）: 451-461.

[5] Lavker R M, Sun T T. Epidermal stem cells: properties markers, and locatio[J]. Proc Natl Acad Sci USA, 2000, 97（25）: 13473-13475.

[6] Vidal V P, Chaboissier M C, Lützkendorf S, et al.Sox9 is essential for outer root sheath differentiation and the formation of the hair stem cell compartment[J].Curr Biol, 2005, 15（15）: 1340 -1351.

[7] Jaks V, Barker N, Kasper M, et al. Lgr5 marks cycling, yet long-lived, hair follicle stem cells[J].Nat Genet, 2008, 40（11）: 1291 -1299.

[8] Liu J Y, Peng H F, Andreadis S T. Contractile smooth muscle cells derived from hair- follicle stem cells[J].Cardiovasc Res, 2008, 79（1）: 24-33.

[9] Xu ZC, Zhang Q, Li H. Human hair follicle stem cell differentiation into contractile smooth muscle cells is induced by transforming growth factor- β 1 and platelet -derived growth factor BB[J].Mol Med Rep, 2013, 8（6）: 1715-1721.

[10] Xu Z C, Zhang Q, Li H. Differentiation of human hair follicle stem cells into endothelial cells induced by vascular endothelial and basic fibroblast growth factors[J].Mol Med Rep, 2014, 9（1）: 204 -210.

[11] Lako M, Armstrong L, Cairns P M, et al. Hair follicle dermal cells repopulate the mouse haematopoietic system[J].J Cell Sci, 2002, 115（20）: 3967-3974.

[12] Jahoda C A, Whitehouse J, Reynolds A J, et al. Hair follicle dermal cells differentiate into adipogenic and osteogenic lineages[J]. Exp Dermatol, 2003, 12（6）: 849-859.

第十六章　小鼠毛囊发育以及密度的研究结果及分析

皮肤作为机体内环境与自然环境间的屏障,是机体最大的器官,包裹着整个机体,保护其免受环境中各种因素的侵袭,维持内环境的稳态[1]。皮肤和其附属器官毛囊均来自表面外胚层,在胚胎时期已经开始发育,根据形态结构和发育的胚层来源,皮肤可分为表皮和真皮两层,表皮来源于外胚层,分为基底层、棘层、颗粒层、透明层及角质层五层结构[2]。真皮位于表皮下层,来源于中胚层,含有大量的胶原纤维和少量的弹性纤维、网状纤维及其他细胞成分[3]。

真皮分为浅在的乳头层和深在的网状层,真皮乳头层里的毛根被内、外根鞘包围,外根鞘又被结缔组织细胞包围,形成口袋状的毛囊[4]。毛囊是包围在毛发根部的囊状组织,内层是上皮组织性毛囊与表皮相连,外层是结缔组织性毛囊与真皮相连。毛囊是一种控制毛发生长的皮肤附属器官,可分为毛干、毛根和毛球三部分,成熟毛囊由上皮部分的外根鞘和内根鞘以及真皮部分的毛乳头和真皮鞘组成[5]。毛囊的发育经过表皮和真皮之间一系列复杂的相互作用而形成,具有自我更新和周期性生长的特点[6]。毛囊的生长周期可分为生长期、衰退期及休眠期,毛囊的形态特征各异,通过周期循环来显示毛囊的再生能力。在生长期,毛囊干细胞被激活,临近真皮乳头的细胞进行增殖,形成新的毛球继续增殖,内根鞘和毛干开始分化,至新的毛囊产生。在衰退期向休眠期过渡的过程中,增殖停止,毛球和外根鞘分化减弱开始凋亡,在衰退期,毛囊凋亡且分化停止,在休眠期,皮肤变薄,真皮乳头和毛囊萎缩,能够观察到毛囊数量[7]。

早期研究发现:(1)毛母质细胞在毛囊生长期增长很快;(2)毛母质角质细胞可分化形成多种特殊细胞类型;(3)真皮乳头与毛母质细

胞相互作用,共同调控毛发生长,在很长一段时间内,毛囊下段的毛母质区域的细胞被认为是毛囊干细胞的定居地[8]。Oliver 等将大鼠胡须下段(有毛囊隆突位点)通过外科手段分离后,发现只要供给新的真皮乳头,毛囊就能够再生,这说明毛母质并非毛囊干细胞,研究显示毛乳头细胞在毛发生长周期的调控中起重要作用,在体内条件下可诱导出完整的毛囊并长出毛干[9]。

Talor 等在 2000 年用双标技术长时期追踪新生和受损伤小鼠毛囊上皮细胞的分布与增殖活性,进一步证明表皮下的毛囊侧部的隆突处有毛囊干细胞,它们具有增殖和克隆能力,这些干细胞不仅能够转移到毛囊根部生成毛囊,而且还能从毛囊外根鞘向上迁移生成表皮[10]。随着组织工程学的发展,良好的体外扩增将为其应用提供广阔的前景,2001年,Oshima 等发现来源于隆突的细胞参与毛囊各个部分的形成,包括外根鞘、内根鞘和毛干,证实了毛囊干细胞为多能干细胞[11]。所以目前毛囊干细胞被认为分布在毛囊隆突部。毛囊干细胞为成体干细胞,具有周期性和多向分化的潜能,化成毛囊等器官参与创伤皮肤愈合的过程[12]。

Sox 基因家族的成员在动物界中广泛存在,在哺乳动物中已有 20个以上的 Sox 蛋白和他们的基因被发现[13]。其中 Sox2 是维持干细胞全能性的转录因子,研究 Sox2 在干细胞中与其他重要转录因子之间的协同调控,以及这些因子的上游激活途径和下游靶基因对细胞多能性的影响,将有助于理解维持干细胞多能性的分子机制,为治疗性克隆和器官移植等提供理论依据和实践基础[14]。Sox2 基因可以作为胚胎发育早期多性能谱系细胞和多种发育潜能细胞的一个标志物,它不仅在胚胎早期的内细胞团、外胚层和生殖细胞有表达,也表达于多能细胞的胚外胚层,在体外,Sox2 基因在未分化的胚胎干细胞(ESCs)中表达,随着细胞的分化其表达下调[15]。毛囊干细胞容易获取,自我更新能力强,是干细胞生物学和组织工程研究的理想模型之一,具广泛的临床应用前景,是近几年国内外研究的热点。毛发作为皮肤的附属器官具有很重要的生理作用,例如参与正常皮肤组织维持、皮肤创伤愈合的修复等[15]。近年随着组织皮肤的发展和人工皮的应用,毛囊的发育再生问题引起巨大的关注。国外关于啮齿类动物毛囊发育分期,脱毛诱导模型都有报道,但是所用动物模型不一样,尤其关于胎鼠和新生小鼠毛囊发育整个过程的报道甚少[17]。

本研究以昆明新生小鼠为研究模型,利用显微分离技术经反复实验在显微镜下解剖分离出皮肤毛囊组织,可避免长时间暴露于不合适的环境造成的细胞损伤和污染。采用免疫荧光染色定位皮肤毛囊干细胞转录因子 Sox2 的表达,为研究细胞因子对毛囊发育的影响以及创伤修复皮肤毛囊再生研究提供方法学检测。我们着重研究出生后的小鼠皮肤中的毛囊干细胞,因为小鼠实验不受伦理问题的约束具有更大的灵活性,使我们实验进行得更加深入,清楚这些定向干细胞、多能干细胞、多向干细胞,以便于我们将来能更好得解决干细胞生物学和人类医学间的问题。

一、新生小鼠背部皮肤毛囊密度及生长情况分析

将 5 组不同时期新生小鼠背部皮肤的横切片在 Olympus 倒置显微镜下观察并统计数据,计算出初级毛囊(P)和次级毛囊密度(S)、次级毛囊密度与初级毛囊密度比值(S/P)、及总毛囊数的结果如表 16-1 所示,部分图片如图 16-3 所示。

表 16-1　新生小鼠初级毛囊密度、次级毛囊密度和毛囊总密度(单位: 个 /mm²)

Table 16-1 Primary hair follicle density, secondary hair follicle density and total hair follicle density of newborn mice

鼠龄	新生 0 d	新生 2 d	新生 4 d	新生 6 d	新生 8 d
初级毛囊密度（P）	28.67 ± 4.23	35.83 ± 12.37	66.88 ± 12.01	75.25 ± 15.24	106.14 ± 9.15
次级毛囊密度（S）	103.33 ± 15.58	151.17 ± 22.68	162.75 ± 21.76	200.25 ± 16.17	230.29 ± 31.00
毛囊总密度	132.17 ± 14.68	187 ± 15.11	228.38 ± 16.39	275.5 ± 12.59	336.43 ± 28.61
S/P 值	3.69 ± 0.86	5.04 ± 1.09	2.52 ± 0.62	2.79 ± 0.71	2.19 ± 0.41

结合表 16-1 和图 16-1、图 16-2 的结果可知,新生小鼠背部皮肤从出生后 0 d 至生后第 8 d 其总毛囊密度呈现平稳增长,达到 336.43 个,而且初级毛囊和次级毛囊分布不均,初级毛囊密度呈平稳增长而次级毛囊密度比初级毛囊密度增长迅速,出生后第 8 d 达到 230.29 个(表 16-1

及图 16-1)。

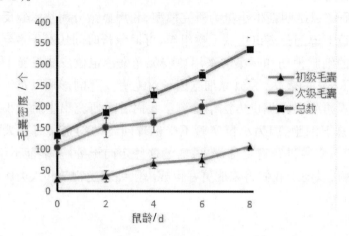

图 16-1　新生小鼠背部皮肤毛囊密度折线图

Fig.16-1 Hair follicle density curve of newborn mouse dorsal skin

S/P 值是鉴定毛囊密度即该种类产量多少的重要指标,如图 16-2 所示,新生小鼠背部皮肤 S/P 值从 0 d 开始先增加到 2 d 达到最高 5.04 个,此时次级毛囊增加量是最多的,第 4 d 又显著下降到 2.52 个,后面又平稳增长。从毛囊的横切面看(图 16-3),次级毛囊一般成群地出现在一根初级毛囊的旁边,从 4 d 开始出现了复合毛囊群且排列整齐,毛囊群由 3 ~ 4 个毛囊组成,一个初级毛囊周围有 2 ~ 3 个次级毛囊(如图 16-3C、E)。图 3F 能看见表皮层(Epidermal Layer)与真皮层(Dermis Layer),且 8 d 小鼠背部皮肤有角质层出现,靠近表皮层处的毛囊排列比较紧密。如图 16-3G 所示初级毛囊横切面直径比次级毛囊直径大,初级毛囊的结构可分为呈同心圆排列的三层结构,且有髓质,毛囊结构十分清晰,由外向内依次为外根鞘(ORS)、内根鞘(IRS)、玻璃膜(GM)和毛干(HS)。图 16-3H 显示次级毛囊直径小,没有髓质且发育也不完全,有外根鞘,有些也能看出有毛干。

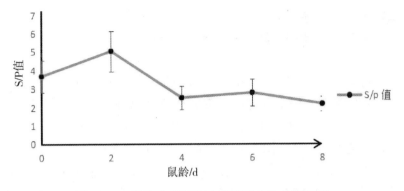

图 16-2　新生小鼠背部皮肤毛囊 S/P 值折线图

Fig. 16-2 Broken line of S/P value of skin hair follicles on the back of newborn mice

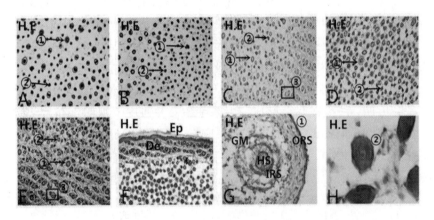

图 16-3　新生昆明小鼠背部皮肤横切 H.E 染色

Fig. 16-3　H.E staining of newborn Kunming mouse dorsal skin after crosscutting

注：A、B、C、D、E 分别表示新生昆明小鼠 0 d、2 d、4 d、6 d、8 d 背部皮肤横切图（100×）；F：8 d 小鼠背部皮肤横切局部图（100×）；G、H：8 d 小鼠背部皮肤横切图（1000×）①：初级毛囊 ②：次级毛囊 ③：毛囊群 Ep：表皮 De：真皮 ORS：外根鞘 IRS：内根鞘 GM：玻璃膜 HS：毛干

二、新生小鼠背部皮肤毛囊生长情况分析

将 6 组不同时期新生小鼠背部皮肤的纵切片在 Olympus 倒置显微镜下观察发现,0 d 表皮层已经发育完全,皮肤表面凹凸不平,具有深度凹陷并形成褶皱,随着鼠龄增长其皱褶逐渐减少,不仅皱褶减少而且凹陷变浅,并趋于平坦(如图 16-4)。纵切片可以看出皮肤分为 3 层结构,分别为表皮层、真皮层及皮下组织,新生小鼠 0 d 背部皮肤表皮继续增厚,到出生后第 8 d 皮肤表皮达到最厚,第 10 d 厚度减少,之后趋于稳定(见图 16-4)。如图 16-4(A、a)所示,0 d 已出现新生的毛囊,毛囊数量较少,开始进入生长期。新生 2 d 小鼠背部皮肤组织毛囊发育缓慢,基板从表皮基底膜下移与毛乳头细胞形成膨大的毛芽(图 16-4B、b),第 4 d 毛囊发育速度明显加快,外根鞘、内根鞘分化形成,毛囊向表皮生长的过程中,3 ~ 4 根毛囊渐渐聚拢形成毛囊群,多个毛干从表皮同一个出口处伸出皮肤,初级毛囊的深度比较深,次级毛囊在真皮层中分布较少,主要于近表皮层分布(图 16-4C、c),第 6 d 毛囊生长速度最快,进入成熟生长期,毛管及毛干形成,初级毛囊深入到皮下组织部位,毛囊独立生长(图 16-4D、d),第 8 d 毛乳头变大,彻底被毛母质所包围,毛干通过毛管长出内根鞘,毛囊深度更深,毛干通过毛管生长出表皮层(图 16-4E、e),第 10 d 可以清楚地看到,毛囊外根鞘、内根鞘、毛球、毛母质、髓质与毛皮质共同形成的毛干,以及周围明显的网状纤维,毛囊基本发育完全(图 16-4F、f)。

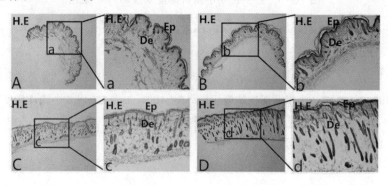

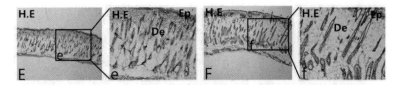

图 16-4 新生昆明小鼠背部皮肤纵切 H.E 染色

Fig.16-4 H.E staining of dorsal skin of newborn kunming mice

注：A、B、C、D、E、F 分别表示新生昆明小鼠 0 d、2 d、4 d、6 d、8 d、10 d 背部皮肤纵切图（40×）；a、b、c、d、e、f, 分别表示新生昆明小鼠 0 d、2 d、4 d、6 d、8 d、10 d 背部皮肤纵切图（100×）

三、新生小鼠背部皮肤及毛囊免疫荧光染色

对于 Sox2 在小鼠背部皮肤中的表达研究，见图 16-5（A1~A3、B1~B3）为 8 d 新生小鼠背部皮肤免疫荧光局部横切染色和纵切染色实验组，一抗干细胞转录因子 Sox2 蛋白，二抗为 keyFluor488 为绿色荧光，结果显示毛囊外根鞘和内根鞘都有少量的阳性表达，外根鞘的阳性表达比内根鞘的阳性表达强（A3、B3 箭头所示）。图 16-5（C1~C3）为 8 d 新生小鼠背部皮肤免疫荧光局部纵切染色对照组，是用 PBS 代替一抗做阴性对照，二抗是 keyFluor488 绿色荧光，结果显示只有细胞核被染成蓝色荧光，核中没有发现绿色荧光。

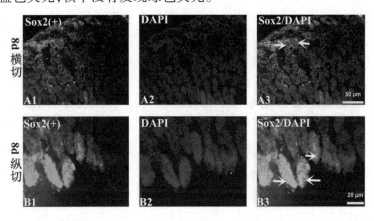

图 16-5　8 d 新生昆明小鼠背部皮肤 Sox2 抗体免疫荧光染色

Fig. 16-5　Immunofluorescence staining of Sox2 antibody on the back skin of newborn Kunming mice on day 8

注：A1~A3：8 d 新生小鼠背部皮肤免疫荧光局部横切染色实验组（100×）；B1~B3：8 d 新生小鼠背部皮肤免疫荧光局部横纵切染色实验组（100×）；C1~C3：8 d 新生小鼠背部皮肤免疫荧光局部纵切染色对照组（100×）；A1、A2 为 Sox2 抗体 +keyFluor488 绿色荧光图；C1：PBS+keyFluor488 绿色荧光图；A2、B2、C2 为 DAPI 蓝色荧光图

四、讨论

本研究尝试通过显微解剖法将小鼠背部皮肤分离出来，整个实验操作过程都必须在无菌条件下进行，冰冻切片及 HE 染色观察小鼠不同时期毛囊的密度和生长发育情况，采用免疫荧光染色把 Sox2 基因作为标记物定位在皮肤中毛囊干细胞的表达，由于小鼠背部皮肤易于获取，建立理想的培养模型可以对其体外生长规律会有全面的认识，干细胞具有多能性和多向性，了解干细胞发育的影响因素等具有重要的意义及认识毛囊生长发育的分子机制具有重要作用。

本实验采用 0 ~ 8 d 龄的新生小鼠作为实验模型，解决了成年鼠毛囊生长发育周期不同步的问题，使得研究具有很好的可对比性。在小鼠中，毛囊分为有髓质的初级毛囊和无髓质的次级毛囊，初级毛囊发育在胚胎时期就先于次级毛囊，且发育过程一直持续到出生以后，两种毛囊都随着毛囊生长周期循环而变化。2014 年王潇发现绒山羊的毛囊也可分为初级毛囊和次级毛囊，两者分别发育成为粗毛和绒毛，另外研究也发现绒山羊的皮肤组织及其毛囊的形态与小鼠的有很大区别，毛发生长周期也不同，相对于绒山羊皮肤毛囊生长周期，小鼠皮肤毛囊的生长周期却呈现出毛囊循环周期快，且周期变化长短不一的情况 [18]。

本研究结果显示,从小鼠出生至生后第 8 d 其总毛囊密度呈现平稳增长。与其相比,小鼠出生后直至第 8 d,皮肤次级毛囊密度增长非常迅速,与毛囊的总密度发生相近的变化趋势(见图 16-1),新生小鼠背部皮肤 S/P 值 2 d 达到最高(见图 16-2),而且也出现了由一个初级毛囊周围有 2 ~ 3 个次级毛囊组成的毛囊群。此外新生小鼠皮肤表面形成褶皱,随着鼠龄增长其皱褶逐渐减少并趋于平坦(如图 16-4)。皮肤表皮厚度随鼠龄的增加逐渐增厚,出生后第 8 d 皮肤达到最厚,之后厚度减少,然后稳定于一定的厚度。初级毛囊和次级毛囊的长度与形态变化在出生前后相对缓慢,第 4 d 以后至第 10 d 呈现迅速变化趋势,第 10 d 可以清楚地看到毛囊内根鞘、毛囊外根鞘,真皮乳头、毛母质、毛干、以及周围的网状纤维(见图 16-4)。综上所述,小鼠皮肤及其毛囊的早期发育这一时期可能是检测皮肤及其毛囊的特异性基因表达的最佳时期,因此,根据毛囊组织冰冻切片的免疫荧光染色结果,可以用于研究毛囊再生机制等相关问题。

Sox2 是调控多能性细胞多能性及自我更新的重要转录因子,Sox2 在新生昆明小鼠不同日龄的皮肤毛囊上表达结果证实毛囊干细胞是分布在毛囊隆突部。而且随着不同日龄新生小鼠不同皮肤毛囊的生长过程中,Sox2 的表达量在细胞分化形成毛囊的过程中确实会下降,并随毛囊周期性生长有所迁移,Sox2 的表达量与毛囊干细胞的分化能力可能是相关的。对新生小鼠背部皮肤毛囊发育进行观察发现,次级毛囊增加量多于初级毛囊增加量,并有毛囊群出现。有髓质的初级毛囊且发育先于次级毛囊。通过 Sox2 在新生昆明小鼠不同日龄的背部皮肤毛囊上表达,结果证实毛囊干细胞是分布在毛囊隆突部,Sox2 的表达在细胞分化形成毛囊的过程中会减弱。

参考文献

[1] 石家仲. Gsdma3 基因在小鼠毛囊发育和周期中的表达及作用的初步研究 [D]. 重庆: 第三军医大学,2011.

[2] 张志华. 表皮干细胞研究进展 [J]. 实用医药杂志,2003,5: 383-385.

[3] 王秀燕. 皮肤组织工程种子细胞与支架材料的生物学研究 [D]. 厦门: 厦门大学,2008.

[4] 李正娟,李爱华,张蕊.滩羊 KAP1.1 基因在胚胎及二毛期毛囊中的表达分析 [J]. 农业科学研究,2013,2：21-25.

[5] 严欣.人发游离毛囊体外培养及动态观察 [D]. 广州：中国人民解放军第一军医大学,2003.

[6] 纪影畅.Wnt10b 与毛囊发育启动中基板形成及其分布的关系 [D]. 广州：南方医科大学,2010.

[7] 宿婧.花鼠皮肤毛囊的研究 [D]. 呼和浩特：内蒙古农业大学,2012.

[8]Morris R J, Potten C S. Highly persistent label-retaining cells in the hair follicles of mice and their fate following induction of anagen [J]. J Invest Dermatol, 1999, 112：470-475.

[9]Reynolds A J, Jaoda C A. Hair follicle reconstruction invitro [J]. J Dermatol Sci , 1994, 7：84-97.

[10]Talor G, Lehrer M S, Jensen P J, et al. Involvement of stem cells in forming not only the follicle but also the epidermis.Cell,2000,102：451-461.

[11]Oshima H, Rochat A, Kedzia C, et al. Morphojenesis and renewal of hair follicle from adult multipotent stem cells.Cell,2001,104：233-245.

[12] 符刚.体外诱导毛囊 Bulge 细胞向皮脂腺细胞定向分化的研究 [D]. 重庆：第三军医大学,2005.

[13] 雷蕾.小鼠 Sox2 基因表达对 P19 干细胞向心肌细胞分化的影响 [D]. 咸阳：西北农林科技大学,2008.

[14]Takahashi K, Yamanaka S. Induction of pluripotent stem cells from mouse embryonic and adult fibroblast cultures by defined factors [J]. Cell, 2006, 126：663-676.

[15]Yuan H B, Corbi N, Basilico C, et al. Developmental-specific activity of the FGF-4 enhancer requires the synergistic action of Sox2 and Oct-3 [J]. Genes Dev, 1995, 9：2635-2645.

[16]Paus R, Cotsareus G. The biology of hair follicles [J]. New Engl J Med,1999,341（7）：491-497.

[17] 张敏,朱晓文,王雪儿,等.C57BL/6 小鼠皮肤毛囊发育的实验研究 [J]. 中国临床解剖学杂志,2010,1：74-77.

[18] 王潇. BMP2/BMP4，β-catenin 在绒山羊毛囊生长周期皮肤中的表达及毛囊干细胞的定位 [D]. 呼和浩特：内蒙古农业大学, 2014.

第十七章　KM 乳鼠背部皮肤毛囊发育及 Sox2 表达的研究

一、概述

皮肤作为机体最大的器官,包裹着整个机体,同时也是内环境与自然环境间的第一道重要保护屏障[1]。毛囊作为皮肤主要的附属物可以保护并修复皮肤创面,降低环境中各种因素的侵袭力,对维持皮肤内环境的稳态发挥重要作用[2-5]。另外,毛囊中的毛囊干细胞具有增殖分化功能,毛囊干细胞在毛囊自身生长发育和新生次级毛囊发育中起到至关重要的作用[6,7]。

干细胞转录因子 Sox2 作为 Sox B1 家族的重要一员主要调控干细胞发育及决定干细胞分化方向,尤其在维持胚胎干细胞的自我更新能力和多能性方面具有重要作用[8-10],但是在个体出生后,干细胞转录因子 Sox2 是否在皮肤毛囊中还继续表达,以及表达的部位未能明确。因此,本研究以昆明新生小鼠背部皮肤为研究材料,利用显微外科技术获取背部皮肤组织,制作冰冻切片,进行 H.E 染色和免疫荧光染色,统计毛囊密度,观察毛囊形态,鉴定干细胞转录因子 Sox2 在皮肤毛囊中的表达,定位干细胞转录因子 Sox2 在毛囊中的表达区域,旨在为后续研究皮肤毛囊生长发育及次级毛囊的发生提供新的思路和方向。

二、结果

（一）新生小鼠皮肤毛囊发育外部观察

KM 乳鼠刚出生时,皮肤薄且红润,皮肤外部在肉眼情况下看不到毛纤维,但是触须可以清晰看到。到出生第 5 d,乳鼠皮肤变厚,皮肤颜色由红润开始慢慢形成粉白色,肉眼仔细观察时,可以看到背部皮肤细小的毛纤维,同时触须毛纤维变得粗壮,触须纤维延长,数目增多。第 8 d 时,乳鼠背部皮肤可以明显看到细小的大量毛纤维,且皮肤表面出现一层脱落的白色死皮,另外触须毛囊纤维继续延长。

（二）皮肤毛囊密度及横切面结构观察

将 5 组不同时期新生小鼠背部皮肤的横切片在麦克奥迪倒置显微镜下观察并统计数据,计算出初级毛囊（PF）和次级毛囊密度（SF）、次级毛囊密度与初级毛囊密度比值（S/P）、及总毛囊数的结果如表 16-1 所示,结果显示,新生 KM 乳鼠背部皮肤从出生后 0 d 至生后第 6 d 其初级毛囊密度呈现平稳增长,达 75.25 个,同时数据显示次级毛囊密度比初级毛囊密度增长迅速,第 6 d 时,次级毛囊个数已经达到 200.25 个,同期下几乎是初级毛囊的 3 倍。到第 8 d 时,初级毛囊数目迅速增加,但此时的次级毛囊数目依旧平稳增长。乳鼠出生后到第 8 d 的毛囊总密度一直呈现平稳增长,没有明显起伏,与其相比,KM 乳鼠出生后直至第 8 d,皮肤次级毛囊密度增长与毛囊的总密度发生相近的变化趋势。新生小鼠背部皮肤 S/P 值从 0 d 开始先增加到 2 d 达到最高 5.04 个,此时次级毛囊增加量是最多的,第 4 d 又显著下降到 2.52 个,后面又平稳增长。

表 17-1　新生小鼠初级毛囊密度,次级毛囊密度和毛囊总密度(单位:个 /mm²)

Table 16-1　Primary follicle density, Secondary follicle density and total density of hair follicles dorsal skin of newborn mice（unit: number/mm²）

hair follicle	Newborn 0 d	Newborn 2 d	Newborn 4 d	Newborn 6 d	Newborn 8 d
PF	28.67 ± 4.23	35.83 ± 12.37	66.88 ± 12.01	75.25 ± 15.24	106.14 ± 9.15
SF	103.33 ± 15.58	151.17 ± 22.68	162.75 ± 21.76	200.25 ± 16.17	230.29 ± 31.00
TDF	132.17 ± 14.68	187 ± 15.11	228.38 ± 16.39	275.5 ± 12.59	336.43 ± 28.61
S/P	3.69 ± 0.86	5.04 ± 1.09	2.52 ± 0.62	2.79 ± 0.71	2.19 ± 0.41

注: PF: Primary follicle; SF: Secondary follicle; TDF: The total density of hair follicles; S/P: Primary follicle/Secondary follicle.

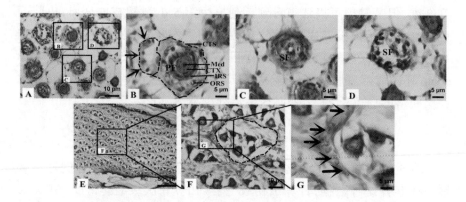

图 17-1　新生小鼠背部皮肤毛囊横切面及毛囊群结构

Fig.17-1 Neonatal mouse dorsal skin Transverse section of the hair follicle and the hair follicle group structure；

Fig A：Transverse section of the hair follicles in mouse skin

Fig B：primary follicles（PF）structure，the black arrow for the new secondary follicle，black dotted line is part of a complete Transverse section of the primary structure of the hair follicle，CTS：connective tissue sheath，Med：medulla，CTX：cortex，IRS：Inner Root Sheath，ORS：outer Root Sheath

Fig C：Secondary follicle（SF）；Figure D：secondary follicle；

Fig E：Follicle group Transverse section；Figure F：follicle group，black dotted line represents a group of hair follicles；

Fig G：Group follicle outer peripheral capillaries，black arrow red blood cells

Fig（A，F）=10 μm，Fig（B-D，G）=5 μm，Fig E=50 μm.

　　在背部皮肤毛囊横断面视野下（Fig16-1A），可以看到初级毛囊和次级毛囊不同的结构，初级毛囊横切面直径比次级毛囊直径长，且新生次级毛囊依附于初级毛囊的外根鞘边缘，初级毛囊的结构可分为呈同心圆排列的三层结构，且有髓质，毛囊结构十分清晰，由外向内依次为连接组织鞘（CTS）、外根鞘（ORS）、内根鞘（IRS）、皮质（CTX）、髓质（Med）（图16-1B）；而次级毛囊直径小，没有髓质且发育也不完全，但具有毛囊最基本的外层结构毛囊外根鞘（图16-1C、D）。另外，次级毛囊一般成群地出现在一个或多个初级毛囊的旁边，继而形成毛囊群结构（图16-1E），根据毛囊群中初级毛囊的总个数，可以定义为一元毛囊群、二元毛囊群或者多元毛囊群(图17-1F),其中二元毛囊群最为多见,并且在目前的研究观察下,没有发现超越四元毛囊群,而出现更多元毛囊群的存在,同时在显微条件下发现毛囊群周围还具有丰富的毛细血管,毛细血管中的红细胞(图17-1G)可以提供充足的氧气,供给毛囊细胞新陈代谢和生长发育的需要,同时良好的血运也可以为毛囊的生长发育提供营养支持。

(三)皮肤毛囊球部的形态观察

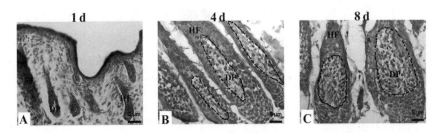

图17-2　新生小鼠不同生长时期背部皮肤毛囊球部纵切面形态

Fig. 17-2 Neonatal mouse dorsal skin follicle bulb longitudinal surface morphology in different growth stages

注: Fig A: dorsal skin follicle bulb shape in longitudinal section in newborn mice on day 1; Fig B: dorsal skin follicle bulb shape in longitudinal section in newborn mice on day 4; Fig C: dorsal skin follicle bulb shape in longitudinal section in newborn mice on day 8;

Black dotted line portion of the hair follicle dermal papilla, all the scale length of 5μm

背部皮肤毛囊在出生后第1d时(图17-2A),毛囊小,毛囊与毛囊之间的空隙大,毛囊结构不明显,但毛囊球可以明显看出膨大部位。第4d时(图17-2B),毛囊密度增大,毛囊球部膨大,且毛球部部位拉长,导致真皮乳头狭长而成纺锤形。第8d时(图17-2C),毛囊球部继续膨大,同样大小的视野倍数下,毛囊球部个数减少,说明毛囊球部的膨大生长占据了更多的空间,同时发现毛囊真皮乳头由原来的纺锤形变成了椭圆形,同时也说明毛囊在生长发育过程中,真皮乳头细胞起到重要的增殖作用。

（四）Sox2在新生小鼠背部皮肤毛囊的表达荧光定位

在乳鼠背部皮肤横切面条件下进行干细胞转录因子 Sox2 免疫荧光染色（图 17-3A），核染（图 17-3B）后图片叠合（图 17-3C），发现在横切面皮肤毛囊中，干细胞转录因子 Sox2 的表达部位主要位于毛囊外根鞘（图 17-3D）。乳鼠皮肤纵切条件下，进行干细胞转录因子 Sox2 免疫荧光染色（图 17-3E），核染（图 17-3F）后图片叠合（图 17-3G），发现皮肤毛囊中干细胞转录因子 Sox2 的表达部位主要位于毛囊毛球部（图 17-3H），而且 Sox2 表达呈强阳性，但毛囊球部的真皮乳头处 Sox2 表达较弱，说明此处的细胞没有继续维持干细胞的特性，而是正在进行增殖分化，加速毛球部的膨大。本实验所有免疫荧光染色结果的阴性对照均采用 PBS 代替一抗进行（图 17-3I）。

三、讨论

毛囊是包围在毛发根部的囊状组织成熟毛囊由上皮部分的外根鞘和内根鞘以及真皮部分的毛乳头和真皮鞘组成，作为皮肤的主要附属器官在胚胎时期已经开始发育。毛囊的发育经过表皮和真皮之间一系列复杂的相互作用而形成，具有自我更新和周期性生长的特点[11,12]。本实验采用 0 ~ 8 d 龄的新生小鼠背部皮肤作为研究材料，解决了成年鼠毛囊生长发育周期不同步的问题，使得研究具有很好的可对比性。在小鼠中，毛囊分为有髓质的初级毛囊和无髓质的次级毛囊，初级毛囊发育在胚胎时期就先于次级毛囊，且发育过程一直持续到出生以后，两种毛囊都随着毛囊生长周期循环而变化。实验结果显示乳鼠皮肤一开始会在表面形成褶皱，皮肤松弛，随着鼠龄增长其皱褶逐渐减少并趋于平坦，新生乳鼠皮肤厚度随鼠龄的增加逐渐增厚。毛囊形态结构第 4 d 以后呈现迅速变化趋势，第 8 d 时可以清楚地看到毛囊内根鞘、毛囊外根鞘、真皮乳头、毛母质、毛干、以及连接组织鞘。由于小鼠皮肤毛囊的发育在这一时期变化相对较快，因此新生阶段的小鼠皮肤毛囊，可以很好地用来检测皮肤毛囊干细胞相关基因的表达。

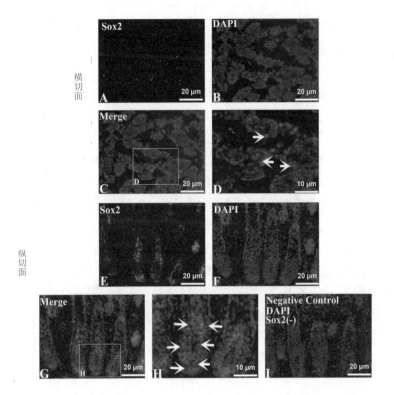

横切面

纵切面

图 17-3 干细胞转录因子 Sox2 在新生小鼠背部皮肤毛囊的表达荧光定位

Fig.16-3 Stem cell transcription factor Sox2 expression fluorescence positioned in the dorsal skin of newborn mice hair follicles

Fig A–D: Stem cell transcription factor Sox2 positioned in the dorsal skin of newborn mice expressing fluorescent in the hair follicle Transverse section ; Fig E–H: Stem cell transcription factor Sox2 positioned in the dorsal skin of newborn mice expressing fluorescent in the hair follicle Longitudinal section ; Fig F: Immunofluorescence negative control, using PBS instead of primary antibody; Sox2 (Red), DAPI (blue), the white arrows indicate stem cell transcription factor Sox2 expression sites, Fig (A–C, E–G, I)=20 μm, Fig (D, H)=10 μm

关于毛囊干细胞存在区域,目前研究认为毛囊外根鞘的隆突部(干细胞巢)是毛囊干细胞主要的富集区[13],但也有研究学者认为在毛囊毛球部也存在大量的毛囊干细胞[14],从而导致一部分学者认为次级毛囊的再生来源于毛囊外根鞘的隆突部,一部分学者认为次级毛囊的发生来源于毛囊的毛球部。另外,在毛囊干细胞的特异性标记物方面,大多研究学者则使用角蛋白、整合素、Lgr4、CD34 等[15-17]，而干细胞转录因子 Sox2 的表达研究目前主要集中在胚胎干细胞和肿瘤细胞[18-19]方面，也有一些研究发现，干细胞转录因子 Sox2 的表达并不仅仅局限在这两个方面，并且发现机体的骨骼、神经、肝脏等其他器官中干细胞转录因子 Sox2 也可以进行表达[20-22]。由此可见，干细胞转录因子 Sox2 的表达所涉及的研究领域是非常广的。

　　因此，本实验中采用 Sox2 这一维持自我更新的重要干细胞转录因子，对皮肤毛囊细胞中具有表达干细胞转录因子 Sox2 的区域进行定位，发现背部皮肤毛囊中干细胞转录因子 Sox2 的表达主要分布在毛囊毛球部和毛囊外根鞘，检测结果与毛囊干细胞的存在区域基本吻合，从而在一定程度上也可以说明干细胞转录因子 Sox2 也可以作为检测毛囊干细胞的标记物之一，同时也说明干细胞转录因子 Sox2 与毛囊的生长发育也存在一定的相关性。这一研究结果，将为后期探究毛囊干细胞在毛囊生长发育及次级毛囊的发生的机制提供新的思路和方向。

参考文献

[1]Wu Y, Niu Y, Zhong S, et al. A preliminary investigation of the impact of oily skin on quality of life and concordance of self-perceived skin oiliness and skin surface lipids[J]. Int J Cosmet Sci, 2013, 35（5）: 442-447.

[2]Iwona Driskell, Feride Oeztuerk-Winder, Peter Humphreys, et al. Genetically Induced Cell Death in Bulge Stem Cells Reveals Their Redundancy for Hair and Epidermal Regeneration[J]. Stem Cells, 2015,33（3）: 988-998.

[3]Marfia G, Navone S E, Di Vito C. Mesenchymal stem cells: potential for therapy and treatment of chronic non-healing skin wounds[J]. Organogenesis, 2015, 11（4）: 183-206.

[4]Hocking A M. The Role of chemokines in mesenchymal stem cell homing to wounds[J]. Adv Wound Care（NewRochelle）, 2015, 4（11）: 623-630.

[5]Wang Y, Liu Z Y, Zhao Q, et al. Future application of hair follicle stem cells: capable in differentiation into sweat gland cells[J].

Chin Med J（Engl），2013，126（18）：3545-3552.

[6]Purba T S，Haslam I S，Poblet E，et al. Human epithelial hair follicle stem cells and their progeny：current state of knowledge，the widening gap in translational research and future challenges[J]. Bioessays，2014，36（5）：513-525.

[7]Mokos Z B，Mosler E L. Advances in a rapidly emerging field of hair follicle stem cell research[J].Collegium antropologicum，2014，38（1）：373-378.

[8]Girouard S D，Laga A C，Mihm M C，et al. Sox2 contributes to melanoma cell invasion[J]. Lab Invest，2012，92（3）：362-370.

[9]Kamachi Y，Kondoh H. Sox proteins：regulators of cell fate specification and differentiation[J]. Development，2013，140（20）：4129-4144.

[10]Zhiguang Gao，Jesse L Cox，Joshua M Gilmore，et al. Determination of Protein Interactome of Transcription Factor Sox2 in Embryonic Stem Cells Engineered for Inducible Expression of Four Reprogramming Factors[J]. Angie Rizzino J Biol Chem，2012，287（14）：11384-11397.

[11]Lien W H，Polak L，Lin M，et al. In vivo transcriptional governance of hair follicle stem cells by canonical Wnt regulators[J]. Nat Cell Biol，2014，16（2）：179-190.

[12]Rahmani W，Abbasi S，Hagner A，et al. Hair follicle dermal stem cells regenerate the dermal sheath，repopulate the dermal papilla，and modulate hair type[J]. Dev Cell，2014，31（5）：543-558.

[13]Rompolas P，Mesa K R，Greco V. Spatial organization within a niche as a determinant of stem-cell fate[J]. Nature，2013，502（7472）：513-518.

[14] Leiros G J，Kusinsky A G，Drago H，et al. Dermal Papilla Cells Improve the Wound Healing Process and Generate Hair Bud-Like Structures in Grafted Skin Substitutes Using Hair Follicle Stem Cells[J]. Stem Cells Transl Med，2014，3（10）：1209-1219.

[15]Najafzadeh N，Sagha M，Heydari Tajaddod S，et al. In vitro neural differentiation of CD34（+）stem cell populations in hair

follicles by three different neural induction protocols[J]. Cell Dev Biol Anim, 2015, 51（2）: 192-203.

[16]Weijia L, Melissa R, Joseph M V, et al. Lgr4 is a key regulator of prostate development and prostate stem cell differentiation[J]. Stem Cells, 2013, 31（11）: 2492-2505.

[17]Norifumi T, Rajan J, Matthew R L, et al. Hopx expression defines a subset of multipotent hair follicle stem cells and a progenitor population primed to give rise to K6+niche cells[J]. Development, 2013, 140（8）: 1655-1664.

[18]Annovazzi L, Mellai M, Caldera V, et al. Sox2 expression and amplification in gliomas and glioma cell lines[J]. Cancer Genomics Proteomics, 2011, 8（3）: 139-147.

[19]Favaro R, Appolloni I, Pellegatta S, et al. Sox2 is required to maintain cancer stem cells in a mouse model of high-grade oligodendro-glioma[J]. Cancer Res, 2014, 74: 1833-1844.

[20]Chen P L, Chen W S, Li J, et al. Diagnostic utlity of neural stem and progenitor cell markers nestin and Sox2 in distinguishing nodal melanocytic nevi from metastatic melanomas[J]. Mod Pathol, 2013, 26（1）: 44-53.

[21]Jeong-Hyeon Lee, Won-Jae Lee, Ryoung-Hoon Jeon, et al. Development and Gene Expression of Porcine Cloned Embryos Derived from Bone Marrow Stem Cells with Overexpressing Oct4 and Sox2[J]. Cell Reprogram, 2014, 16（6）: 428-438.

[22]Katrin A, Abby S, Mary A Y, et al. Sox2[+]adult stem/progenitor cells are important for tissue regeneration and survival of mice[J]. Cell Stem Cell, 2011, 9（4）: 317-329.

第十八章 小鼠尾断端愈合形态学观察及细胞增殖活跃区分析

一、引言

皮肤作为机体最大的器官,包裹着整个机体,同时也是内环境与自然环境间的第一道重要保护屏障,保护机体免受环境中各种因素的侵袭,对维持机体内环境的稳态起到重要作用[1-2],因此皮肤受创后的修复与再生程度将直接影响到机体的健康状态。但皮肤受创后的组织再生修复是一个极为复杂的动态过程,它包括炎症免疫反应、细胞增殖、分化迁移、细胞信号通路、以及涉及重要蛋白因子的表达等相关过程[3-14]。其中,激活蛋白AP-1作为一种胞核转录因子,主要负责介导组织细胞的增殖与分化等细胞生理功能,是动物机体生长发育过程中一种重要的转录因子[15]。但是小鼠鼠尾创面愈合部位皮肤细胞表达激活蛋白AP-1的特征,以及鼠尾创面愈合的最终形态是否与激活蛋白AP-1的表达有关还尚不清楚。因此,本研究建立 KM(Kun Ming 昆明)乳鼠尾部离断再生愈合模型,并使用细胞增殖标记物 5- 乙炔基 -2'- 脱氧尿苷(EdU)荧光定位皮肤生长代谢活跃区并初步分析皮肤细胞在再生部位分裂增殖的意义,以及初步分析小鼠尾部愈合部位皮肤细胞表达激活蛋白AP-1的意义。本实验研究为后期阐述皮肤源性前体细胞对创面的再生修复作用奠定基础,同时为研究组织器官再生医学机制提供新的思路和方向。

二、结果 Results

（一）正常小鼠尾部观察

刚出生的 KM 幼鼠尾巴柔软光滑红润，随着小鼠生长发育鼠尾外部颜色有粉红变为浅白色，无明显毛发覆盖，肉眼可以明显看出尾部伴行血管。鼠尾离断时，除出血外，还可见拉丝现象，说明鼠尾结构中含有大量胶原蛋白。

（二）小鼠尾部解剖观察

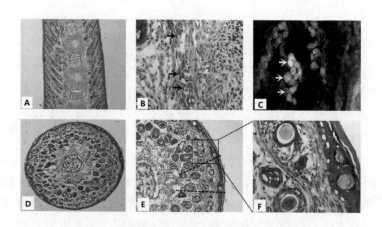

图 18-1　小鼠尾部组织纵切与横切结构观察

Fig. 18-1 Observation of the longitudinal and transverse sections of mouse tail tissue

注：A ~ C：小鼠尾部组织纵切结构观察，黑色箭头与白色箭头所指均为红细胞（所指细胞为红细胞，红细胞为圆饼双凹形态，拍摄时双凹中心形成阴影，状似细胞核，而非细胞核）；D ~ F：小鼠尾部组织横切结构观察，黑色虚线表示毛囊不同发育的结构排列，F 为 E 中局部放大部分（黑色方框）；（A, D 40X）（B, E 100X）（C 400X）（F 200X）

使用冰冻切片机对所包埋的鼠尾组织进行纵切，所得切片进行 HE 染色，结果显示（图 18-1A ~ C）：鼠尾部位的毛囊呈现水平 45°对称生长，毛囊与毛囊之间间隙疏密有秩；且纵切图中也可明显分辨出尾椎骨及椎间韧带；经麦克奥迪显微镜放大倍数后，可以明显观察到毛囊与尾椎骨之间的韧带内部含有大量红细胞,说明小鼠尾部组织中血运丰富。使用冰冻切片机对所包埋的鼠尾组织进行横切,所得切片进行 HE 染色,结果显示(图 18-1D ~ F):鼠尾部位毛囊的生长分布呈现不是太规则的同心圆状,切片中心为尾椎骨,围绕尾椎骨的外围(前,后,左,右)一共发现 4 条血管。在横切局部放大图片中,在同一水平切面时,毛囊的发育由外向内依次呈现递减,且外围毛囊有一圈"8"韧带包绕。

(三)修复过程常规病理染色观察

鼠尾断面修复 2 d(图 18-2A)时,鼠尾断面的分泌物及组织液混合形成结痂,覆盖在断面表面,构成一个保护断面的天然屏障,同时鼠尾的表皮往中心聚拢,欲封闭断面,切片染色可以清晰看到尾椎骨的断面(黑色虚线)。鼠尾断面愈合 6 d(图 18-2B)时,鼠尾断面的分泌物及组织液混合形成结痂缩水变硬,痂下鼠尾表皮愈合,并发现表皮下的真皮乳头层增厚(黑色箭头),切片染色依旧可以清晰看到尾椎骨的断面(黑色虚线),而且尾椎骨断面与愈合的皮肤之间留有空洞。鼠尾断面愈合 10 d(图 18-2C)时,结痂脱落,尾椎骨断面可以看出,但是空洞缩小,愈合的表皮结构完整,愈合处真皮乳头层厚度及颜色正常,没有残留明显的色素沉着,同时,愈合皮肤处产生新生毛囊样结构(黑色箭头)。鼠尾断面愈合 14 d(图 18-2D)时,鼠尾椎骨断面界限不清,创面愈合处皮肤内部被毛囊填充(黑色箭头),毛囊结构完整,维持鼠尾形态与功能。同时也发现鼠尾离断后,断面不仅仅是愈合,也出现了一定皮肤及毛囊再生,愈合部位的鼠尾外部皮肤可以观察到毛发,毛发形态相对正常鼠尾结构部位的毛发无明显差异。

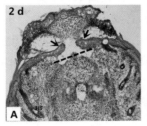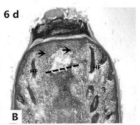

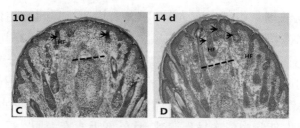

图 18-2　小鼠尾离断愈合再生模型（100X）

Fig. 18-2　Mouse tail detachment healing regeneration model

A：小鼠尾离断愈合 2 d 时形态结构,黑色箭头所指为鼠尾皮肤；B：小鼠尾离断愈合 6 d 时形态结构,黑色箭头所指为增厚的乳头层；C：小鼠尾离断愈合 10d 时形态结构,黑色箭头所指为毛囊样结构；D：小鼠尾离断愈合 14 d 时形态结构,黑色箭头所指为毛囊；黑色虚线为鼠尾椎骨离断面。

（四）断面处细胞活跃区定位

鼠尾离断后,立即在鼠尾根部注射 2 μL 浓度为 20 μmol/L EdU 进行体内标记鼠尾部位可以进行增殖的细胞。6 h 后获取鼠尾断端组织,冰冻切片进行细胞增殖荧光染色,结果发现（图 18-3A）：鼠尾离断后,鼠尾内部细胞开始进行分裂增殖,放大倍数后,发现表皮的基底层和真皮乳头层也出现了细胞增殖（图 18-3B,白色虚线,白色箭头）,细胞的增殖主要出现在毛囊上（图 18-3C,白色虚线,白色箭头）,并集中在毛囊球部。PBS 代替一抗作为免疫荧光阴性对照（图 18-3D）。

（五）鼠尾愈合处激活蛋白 AP-1 表达特点

对鼠尾创面愈合处的皮肤进行激活蛋白 AP-1 免疫荧光染色鉴定,结果发现：激活蛋白 AP-1 的表达主要围绕创面愈合的外围（图 18-4A）,通过放大倍数后发现,激活蛋白 AP-1 的表达主要集中在愈合皮肤的表皮基底层（图 18-4B 白色箭头）和真皮乳头层（图 18-4B 白色虚线）,真皮乳头层表达激活蛋白 AP-1 的细胞呈规则线性排列。等量 PBS 代替一抗进行免疫荧光阴性对照实验（图 18-4C）。

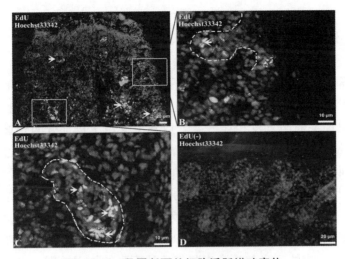

图 18-3　鼠尾断面处细胞活跃增殖定位

Fig. 18-3　Location of active cell proliferation in rat tail section

A：鼠尾离断 6 h 后，断面处细胞活跃增殖定位；B ~ C：局部放大图，D：阴性对照；绿色为干细胞分裂增殖标记物 EdU，红色为 Hoechst33342 细胞核染色；所有白色箭头为增殖细胞，B 中白色虚线为真皮乳头层，C 中白色虚线为毛囊；标尺：A 和 D 为 20 μm，B 和 C 为 10 μm

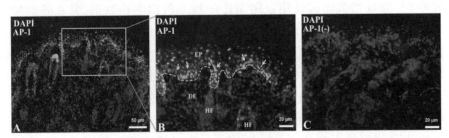

图 18-4　鼠尾创面愈合部位激活蛋白 AP-1 的表达

Figure 18-4 Expression of activator protein AP-1 in rat tail wound healing site

注：A：鼠尾创面愈合部位激活蛋白 AP-1 的表达；B：创面愈合放大部位激活蛋白 AP-1 的表达；C：激活蛋白 AP-1 免疫荧光阴性对照；图 A 中白色方框为图 B，白色箭头为表皮基底层，白色虚线为真皮乳头层；EP：表皮层，DE：真皮层，HF：毛囊；标尺：A 为 50 μm，B 和 C 为 20 μm

三、讨论

毛囊作为皮肤的主要附属器官在胚胎时期已经开始发育,毛囊是包围在毛发根部的囊状组织,内层是上皮组织性毛囊与表皮相连,外层是结缔组织性毛囊与真皮相连[16-17]。成熟毛囊由上皮部分的外根鞘和内根鞘以及真皮部分的毛乳头和真皮鞘组成[18]。毛囊的发育经过表皮和真皮之间一系列复杂的相互作用而形成,具有自我更新和周期性生长的特点,尤其是毛囊隆突部干细胞巢的形成过程更是毛囊各个部位细胞之间经过一系列的复杂作用,增殖,迁移而形成的[19-20]。在本实验研究中可以清晰地发现,鼠尾创面愈合后期,处于生长期的毛囊出现在愈合部位,且愈合部位的毛囊与正常皮肤部位的毛囊结构无差别。

本实验研究中,鼠尾结构血运丰富,创面发生后,流动的血液可以及时为创面处的细胞带来充足的氧气和丰富的营养物质,使得创面部位细胞可以正常进行新陈代谢,产生 ATP,为创面修复过程中干细胞的增殖迁移提供能量[21]。另外,鼠尾结构中含有大量的胶原蛋白,研究发现,胶原蛋白具有美容,修复创面,增加皮肤弹性,保持皮肤水分等功效[22-23],而且目前已有使用鼠尾制作的胶原蛋白生物制剂,并在各类细胞培养中广泛使用。因此鼠尾结构中的丰富血运与胶原蛋白的存在为鼠尾创面无疤痕愈合提供了良好的基础。

在皮肤无瘢痕愈合机制方面的研究中,到目前为止,皮肤无瘢痕愈合的机制依旧没有明确,创面无疤痕愈合的现象从目前的研究结果来看,创面无瘢痕这一现象主要发生在组织胚胎前中期,到胚胎后期一般无法达到创面的无瘢痕愈合结局[24-30]。而且研究胚胎创面无瘢痕愈合机制所需要的孕鼠量大,而且跟踪大量小鼠发情期,以及为小鼠受孕,并记录小鼠胚胎天数,工作量大,且极易出现混乱。同时对活体孕鼠子宫进行外科造创,然而造创后且缝合子宫的孕鼠后期生存率极低,手术操作不当会造成孕鼠伤口感染,导致孕鼠大量死亡,因此最终得到的实验结果并不是预期实验结果。但在本实验研究中,发现鼠尾创面可以达到无瘢痕愈合,且愈合外部形态正常,无色素沉着,显微镜下观察可以发现新生毛干从愈合部位的皮肤中伸出,鼠尾运动灵活自如,无其他异常活动。

针对创面愈合修复的皮肤替代物,目前已经成功研制[31]出含有真皮和表皮的人工皮肤,但这些人工皮肤并不含有毛囊,因此其保护屏障作用的能力大大缩小,众所周知,毛囊干细胞在皮肤损伤修复中发挥重要作用,不含毛囊的人工皮肤移植患处后,如果发生二次损害,将会对患者的创面形成难以愈合的瘢痕。而在本实验研究中,发现鼠尾创面愈合部位毛囊大量生长,且毛囊结构正常。目前,国内外众多研究学者使用毛囊真皮乳头细胞,毛囊外根鞘细胞进行不同比例的混合,然后注射无毛小鼠背部,尝试诱导出毛囊组织[32-33],虽然结果可以发现一些生长的毛囊样组织,但毛囊的形态观察并不清晰,所观察的毛囊样组织为成团样,并不能区分出毛囊结构,更没有毛干、皮脂腺、汗腺等毛囊附属物,因此也就不能成为研究毛囊再生机制的模型。而在本实验研究中所建立的鼠尾创面愈合模型,新生毛囊结构相对完整,具有毛干结构,但由于小鼠皮肤较薄,毛囊较小,因此皮脂腺和汗腺结构是否生成仍需进一步探究和观察。但目前所建立的鼠尾毛囊再生动物模型依旧可以为后续研究毛囊再生及无疤痕愈合机制提供一定的思路与方向。

另外,在细胞修复创面的研究层面上,研究者发现在皮肤创面中起到修复作用的细胞主要涉及皮肤源前体细胞,而且也发现皮肤源前体细胞是由神经脊干细胞分化而来,进而形成多种类型的皮肤干细胞,且目前皮肤干细胞种类经过特异蛋白鉴定也已进行了明确的分类如:毛囊干细胞,表皮干细胞,汗腺干细胞,黑色素干细胞以及真皮来源的多潜能间充质干细胞等[34-36]。其中位于毛囊隆突部的毛囊干细胞和表皮基底层的表皮干细胞的生物学功能是目前替代医学及再生医学的研究热点,尤其是在皮肤创面的无瘢痕愈合机制的研究上[37-39],探索毛囊干细胞与表皮干细胞更多的生物学功能更是研究的重点。在本实验研究中发现皮肤细胞的增殖活跃区主要在毛囊,真皮乳头层,表皮基底层这几个部位,研究发现真皮乳头层由表皮基底层细胞向真皮部位分裂增殖延伸而形成[40],而且众所周知,表皮基底层和毛囊中含有表皮干细胞和毛囊干细胞,因此实验研究中增殖活跃区中细胞中可能包含一定的皮肤干细胞。但是增殖的细胞具体是哪一种类型的干细胞,还需进一步进行特异蛋白进行标记和鉴定。

目前市面上具有多种用于细胞分裂增殖的标记物产品,但是大多数的细胞分裂增殖标记物都具有细胞毒性等有害问题,使得实验研究者在针对细胞分裂标记物的选择上不得不慎之又慎[41-42]。在本实验研究中,我们使用 EdU 标记物体内局部注射小鼠尾部进行创面部位细胞分裂增殖迁移的示踪。EdU 作为一种新兴细胞标记物[43]，因为其无毒及其他有害成分，已被广泛使用，它的机理是在细胞进行有丝分裂时 EdU 可以取代正常的 T 插入正在复制的 DNA 分子之中，并且不会导致 DNA 变性，插入 EdU 的 DNA 分子可以使用免疫荧光染色进行定位示踪。使得本实验研究结果更加明了，直观，数据更具有科学性。

综上所述：鼠尾创面部位皮肤细胞的增殖活跃主要在毛囊，真皮乳头层，表皮基底层部位进行细胞分裂，参与修复创面与皮肤再生，创面修复完成后，愈合处的皮肤表皮层和真皮乳头层细胞表达激活蛋白AP-1 强阳性，说明愈合部位这二部分细胞具有较强的分裂增殖能力；本实验研究为后期阐述皮肤源性前体细胞对创面的再生修复作用奠定基础，同时也为研究皮肤组织毛囊微器官的再生医学机制提供新的思路和方向。

参考文献

[1]Wu Y, Niu Y, Zhong S, et al. A preliminary investigation of the impact of oily skin on quality of life and concordance of self-perceived skin oiliness and skin surface lipids[J]. Int J Cosmet Sci, 2013, 35（5）：442-447.

[2]Iwona Driskell, Feride Oeztuerk-Winder, Peter Humphreys, et al. Genetically Induced Cell Death in Bulge Stem Cells Reveals Their Redundancy for Hair and Epidermal[J] Regeneration. Stem Cells, 2015 33（3）：988-998.

[3]Marfia G, Navone S E, Di Vito C. Mesenchymal stem cells: potential for therapy and treatment of chronic non-healing skin wounds[J]. Organogenesis, 2015, 11（4）：183-206.

[4]Hocking A M. The Role of chemokines in mesenchymal stem cell homing to wounds[J]. Adv Wound Care（NewRochelle）, 2015, 4（11）：623-630.

[5]Wang Y, Liu Z Y, Zhao Q, et al. Future application of hair follicle stem cells: capable in differentiation into sweat gland cells[J]. Chin Med J（Engl）, 2013, 126（18）：3545-3552.

[6]Purba T S, Haslam I S, Poblet E, et al. Human epithelial hair

follicle stem cells and their progeny: current state of knowledge, the widening gap in translational research and future challenges[J]. Bioessays, 2014, 36（5）: 513-525.

[7]Mokos Z B, Mosler E L. Advances in a rapidly emerging field of hair follicle stem cell research[J]. Collegium antropologicum, 2014, 38（1）: 373-378.

[8]Kamachi Y, Kondoh H. Sox proteins: regulators of cell fate specification and differentiation[J]. Development, 2013, 140（20）: 4129-4144.

[9]Zhiguang Gao, Jesse L. Cox, Joshua M. Gilmore, et al. Determination of Protein Interactome of Transcription Factor Sox2 i n Embryonic Stem Cells Engineered for Inducible Expression of Four Reprogramming Factors[J]. Angie Rizzino J Biol Chem, 2012, 287（14）: 11384-11397.

[10]Lien W H, Polak L, Lin M, et al.In vivo transcriptional governance of hair follicle stem cells by canonical Wnt regulators[J]. Nat Cell Biol, 2014, 16（2）: 179 -190.

[11]Rahmani W, Abbasi S, Hagner A, et al. Hair follicle dermal stem cells regenerate the dermal sheath, repopulate the dermal papilla, and modulate hair type[J]. Dev Cell, 2014, 31（5）: 543-558.

[12]Rompolas P, Mesa K R, Greco V. Spatial organization within a niche as a determinant of stem-cell fate[J]. Nature, 2013,502（7472）: 513-518.

[13] Leiros G J, Kusinsky A G, Drago H, et al. Dermal Papilla Cells Improve the Wound Healing Process and Generate Hair Bud-Like Structures in Grafted Skin Substitutes Using Hair Follicle Stem Cells[J]. Stem Cells Transl Med, 2014, 3（10）: 1209-1219.

[14]Najafzadeh N, Sagha M, Heydari Tajaddod S, et al. In vitro neural differentiation of CD34（+）stem cell populations in hair follicles by three different neural induction protocols[J]. Cell Dev Biol Anim, 2015, 51（2）: 192-203.

[15]Dunn C, Wiltshire C, MacLaren A, et al. Molecular mechanism and biological functions of c-Jun N-terminal kinase

signalling via the c-Jun transcription factor[J]. Cell Signal, 2002, 14（7）: 585-593.

[16]Norifumi T, Rajan J, Matthew R L, et al. Hopx expression defines a subset of multipotent hair follicle stem cells and a progenitor population primed to give rise to K6+niche cells[J]. Development, 2013, 140（8）: 1655-1664.

[17]Favaro R, Appolloni I, Pellegatta S, et al. Sox2 is required to maintain cancer stem cells in a mouse model of high-grade oligodendro-glioma[J]. Cancer Res, 2014, 74: 1833-1844.

[18]Chen P L, Chen W S, Li J, et al. Diagnostic utlity of neural stem and progenitor cell markers nestin and Sox2 in distinguishing nodal melanocytic nevi from metastatic melanomas[J]. Mod Pathol, 2013, 26（1）: 44-53.

[19]Jeong-Hyeon Lee, Won-Jae Lee, Ryoung-Hoon Jeon, et al. Development and Gene Expression of Porcine Cloned Embryos Derived from Bone Marrow Stem Cells with Overexpressing Oct4 and Sox2[J]. Cell Reprogram, 2014, 16（6）: 428-438.

[20] Hsu Y C, Li L, Fuchs E. Emerging interactions between skin stem cells and their niches[J]. Nat Med, 2014, 20（8）: 847-56..

[21] Lee J H, Koh H, Kim M, et al. Energy-dependent regulation of cell structure by AMP-activated protein kinase[J] . Nature, 2007, 447（7147）: 1018-1020.

[22]Kuwano M, Horibe Y, Kawashima Y. Effect of collagen cross-linking in collagen corneal shields on ocular drug de-Livery[J]. J Ocul Pharmacol Ther, 1997, 13（1）: 31-40.

[23]Yamada N, Uchinuma E, Kuroyanagi Y. Clinical evaluation of an allogeneic cultured dermal substitute composed of fibroblasts within a spongy collagen matrix[J]. Scand J Plast Reconstr Surg Hand Surg, 1999, 33（2）: 147-154.

[24]Das A, Sinha M, Datta S, et al. Monocyte and macrophage plasticity in tissue repair and regeneration[J]. Am J Pathol,2015,23（6）: 235-243.

[25]Biswas S K, Chittezhath M, Shalova I N, et al. Macrophage

polarization and plasticity in health and disease[J]. Immunol Res，2012，53（1/2/3）：11-24.

[26]Lo D D，Zimmermann A S，Nauta A，et al. Scarless fetal skin wound healing update[J]. Birth Defects Res C Embryo Today，2012，96（30）：237-247.

[27]Akita S，Akino K，Hirano A. Basic fi broblast growth factor in scarless wound healing[J]. Adv Wound Care（New Rochelle），2013，2（2）：44-49.

[28]Green S A，Simoes C M，Bronner M E. Evolution of vertebrates as viewed from the crest[J]. Nature，2015，520（7548）：474-82.

[29]Mozafari S，Laterza C，Roussel D，et al. Skin- derived neural precursors competitively generate functional myelin in adult demyelinated mice[J]. J Clin Invest，2015，125（9）：3642-56.

[30]Sato H，Ebisawa K，Takanari K，et al. Skin-derived precursor cells promote wound healing in diabetic mic[J]e. Ann Plast Surg，2015，74（1）：114-20.

[31] Ochalek M，Hleiss R S，Wohl A B J，et al. Characterization of lipid model membranes designed for studying impact of ceramide species on drug diffusion and penetration[J]. Eur J Pharm Biopharm，2012，81（1）：113- 120.

[32]Rahmani W，Abbasi S，Hagner A，et al. Hair follicle dermal stem cells regenerate the dermal sheath，repopulate the dermal papilla，and modulate hair type[J]. Dev Cell，2014，31（5）：543-58.

[33]Shu B，Xie J L，Xu Y B，et al. Directed differentiation of skin-derived precursors into fibroblast-like cells[J]. Int J Clin Exp Pathol，2014，7（4）：1478-86.

[34]Mehrabi M，Mansouri K，Hosseinkhani S，et al. Differentiation of human skin-derived precursor cells into functional islet-like insulin-producing cell clusters[J]. In Vitro Cell Dev Biol Anim，2015，51（6）：595-603.

[35]Thangapazham R L，Darling T N，Meyerle J.Alteration of skin properties with autologous dermal fibroblasts[J].Int J Molecul Sci，

2014,15（5）：8407-8427.

[36]Huang Z, Zhen Y, Yin W, et al. Shh promotes sweat gland cell maturation in three-dimensional culture[J]. Cell Tissue Banking, 2016, 17（2）：318-325.

[37]Boekema B, Boekestijn B, Breederveld R S.Evaluation of saline, RPMI and DMEM/F12 for storage of split-thickness skin grafts[J].Burns,2015,41（4）：848-852.

[38]Zhang C, Chen Y, Fu X. Sweat gland regeneration after burn injury：Is stem cell therapy a new hope[J]. Cytotherapy, 2015, 17（5）：526-535.

[39]Zhao Z, Xu M, Wu M, et al. Direct reprogramming of human fibroblasts into sweat gland-like cells[J]. Cell Cycle, 2015, 14（21）：3498-3505.

[40] Joannides A, Gaughwin P, Schwiening C, et al. Efficient generation of neural precursors from adult human skin：astrocytes promote neurogenesis from skin-derived stem cells[J]. Lancet. 2004；364（9429）：172-178.

[41]Ikeda R, Ling J, Cha M, et al. In situ patch-clamp recordings from Merkel cells in rat whisker hair follicles, an experimental protocol for studying tactile transduction in tactile-end organs[J]. Mol Pain. 2015, 11（23）：15-22.

[42] Bruns I, Lucas D, Pinho S, et al. Megakaryocytes regulate hematopoietic stem cell quiescence through CXCL4 secretion[J] . Nature Med, 2014, 20（11）：1315-1320.

[43] Andersen DC, Skovrind I, Christensen M L, et al. Stem cell survival is severely compromised by the thymidine analog EdU, an alternative to BrdU for proliferation assays and stem cell tracing[J]. Anal Bioanal Chem, 2013, 405（29）：9585-9591.